Node.js+Express+MongoDB+Vue.js 全栈开发实战

柳伟卫 著

清華大学出版社
北 京

内容简介

本书全面介绍Vue.js+Node.js全栈开发所使用的新技术，包括MongoDB、Express、Vue.js 3、Node.js、Naive UI、md-editor-v3、Nginx、basic-auth、JavaScript、TypeScript等开源技术栈，知识点涉及数据存储、模块、测试、缓冲区、事件处理、文件处理、HTTP编程、组件、模板、指令、监听器、表达式、事件、表单、HTTP 客户端等内容。本书内容丰富，案例新颖，学习难度由浅入深，层层推进，理论联系实际，具有较强的实操性。这些知识点既能满足当前企业级应用的开发需求，又可以最大限度地减轻开发者的负担。本书所介绍的知识较为前瞻，辅以大量的案例，令读者知其然并知其所以然。通过本书的学习，可以令读者拓展视野，提升职场竞争能力。

本书适合 Vue.js+Node.js 全栈开发初学者和进阶读者作为自学教程，也适合培训学校作为培训教材，还适合大、中专院校的相关专业作为教学参考书。

图书在版编目（CIP）数据

Node.js+Express+MongoDB+Vue.js 全栈开发实战/柳伟卫著. 一北京：清华大学出版社，2023.1
ISBN 978-7-302-62204-8

I. ①N··· II. ①柳··· III. ①网页制作工具－JAVA 语言－程序设计 IV. ①TP393.092.2②TP312.8

中国版本图书馆 CIP 数据核字（2022）第 220723 号

责任编辑：王金柱
封面设计：王　翔
责任校对：闫秀华
责任印制：宋　林

出版发行：清华大学出版社
网　　址：http://www.tup.com.cn，http://www.wqbook.com
地　　址：北京清华大学学研大厦 A 座　　邮　　编：100084
社 总 机：010-83470000　　邮　　购：010-62786544
投稿与读者服务：010-62776969，c-service@tup.tsinghua.edu.cn
质 量 反 馈：010-62772015，zhiliang@tup.tsinghua.edu.cn

印 装 者：三河市天利华印刷装订有限公司
经　　销：全国新华书店
开　　本：190mm×260mm　　印　　张：19　　字　　数：512 千字
版　　次：2023 年 1 月第 1 版　　印　　次：2023 年 1 月第 1 次印刷
定　　价：89.00 元

产品编号：093202-01

前　言

写作背景

JavaScript 是 Web 开发最为流行的编程语言，而 Node.js 的出现使得 JavaScript 可以在服务器端一展身手。结合 Vue.js 技术实现前端框架的组件化开发方式使得 Vue.js+Node.js 全栈开发变得盛行。笔者撰写了包括《Vue.js 3 企业级应用开发实战》《Node.js 企业级应用开发实战》在内的有关 Vue.js 和 Node.js 的图书，但将 Vue.js 和 Node.js 进行整合尚属首次。

本书介绍了 Vue.js+Node.js 全栈开发所使用的新技术，这些技术既能满足当前企业级应用的开发需求，又可以最大限度地减轻开发者的负担。通过本书的学习，可以令读者拓展视野，并提升职场竞争能力。本书主要面向计算机专业的学生、全栈开发爱好者及工程师。本书涉及的技术包括 MongoDB、Express、Vue.js、Node.js、Naive UI、md-editor-v3、Nginx、basic-auth、JavaScript、TypeScript 等，是市面上为数不多的介绍全栈技术开发的图书之一。

一书在手，肩挑全栈，事半功倍！

内容介绍

本书共 28 章，概要说明如下：

- 第 1 章为概述，介绍 Vue.js+Node.js 全栈开发架构所涉及的核心技术栈及周边技术栈的组成。
- 第 2~8 章为 Node.js 的基础及进阶，介绍 Node.js 的基础及核心内容。
- 第 9~11 章为 Express 的基础及进阶，介绍 Express 的基础及核心内容。
- 第 12~15 章为 MongoDB 的基础及进阶，介绍 MongoDB 的基础及核心内容。
- 第 16~24 章为 Vue.js 的基础及进阶，介绍 Vue.js 的基础及核心内容。
- 第 25~28 章为实战，演示如何从 0 开始实现一个综合实战案例——新闻头条。

特　色

本书具备以下特色：

- 知识面广。无论是前端的 Vue.js、Naive UI、md-editor-v3、basic-auth、JavaScript、TypeScript，还是后端的 MongoDB、Node.js、Express、Nginx，本书均有涉及。
- 版本新颖。本书所涉及的技术版本均为目前新版本。
- 案例丰富。全书共计 89 个知识点实例和 4 个综合实战案例。
- 全栈开发。熟习本书，可以掌握全栈开发技能。

资源下载

本书提供的源代码和 PPT 课件，可以扫描以下二维码下载：

若下载有问题，请发送电子邮件至 booksaga@126.com，邮件主题为“Node.js+Express+MongoDB+Vue.js 全栈开发实战”。

本书所采用的技术及相关版本

技术的版本是非常重要的，因为不同版本之间存在兼容性问题，而且不同版本的软件所对应的功能也是不同的。本书所列出的技术在版本上相对较新，都是经过笔者大量测试的。这样读者在自行编写代码时，可以参考本书所列出的版本，从而避免版本兼容性所产生的问题。建议读者将相关开发环境设置得与本书一致，或者不低于本书所列的配置。详细的版本配置，可以参阅本书“附录”中的内容。

勘误和交流

本书如有勘误，会在以下网址发布：

https://github.com/waylau/full-stack-development-with-vuejs-and-nodejs/issues

由于笔者能力有限、时间仓促，书中难免出现疏漏之处，欢迎读者批评指正。

致　谢

感谢清华大学出版社的各位工作人员为本书的出版所做的努力。

感谢我的父母、妻子和两个女儿。由于撰写本书，我牺牲了很多陪伴家人的时间，谢谢他们对我的理解和支持。

感谢关心和支持我的朋友、读者、网友。

柳伟卫

2022 年 12 月

目　　录

第 1 章

Vue.js+Node.js 全栈开发概述

本章主要介绍 Vue.js+Node.js 全栈开发架构的技术组成及技术优势，并介绍 Vue.js+Node.js 全栈开发应用所需要的开发工具。

1.1 Vue.js+Node.js 全栈开发核心技术栈的组成

Vue.js+Node.js 全栈开发架构是指以 MongoDB、Express、Vue.js 和 Node.js 四种技术为核心的技术栈，广泛应用于全栈 Web 开发。

曾几何时，业界流行使用 LAMP（Linux、Apache、MySQL 和 PHP）架构来快速开发中小网站。LAMP 是开放源代码的，而且使用简单、价格低廉，因此 LAMP 这个组合成为当时开发中小网站的首选，号称“平民英雄”。而今，随着 Node.js 的流行，使得 JavaScript 终于在服务器端拥有了一席之地。JavaScript 成为从前端到后端再到数据库层能够支持全栈开发的语言。而以 MongoDB、Express、Vue.js 和 Node.js 四种开源技术为基础的 Vue.js+Node.js 全栈开发架构，除了具备 LAMP 架构的一切优点外，还能支撑高可用、高并发的大型互联网应用的开发。

1.1.1 MongoDB

MongoDB 是强大的非关系型数据库（NoSQL）。与 Redis 或者 HBase 等不同，MongoDB 是一个介于关系数据库和非关系数据库之间的产品，是非关系数据库中功能最丰富，最像关系数据库的，旨在为 Web 应用提供可扩展的高性能数据存储解决方案。它支持的数据结构非常松散，是类似 JSON 的 BSON 格式，因此可以存储比较复杂的数据类型。MongoDB 最大的特点是其支持的查询语言非常强大，语法有点类似于面向对象的查询语言，几乎可以实现类似关系数据库单表查询的绝大部分功能，而且还支持对数据建立索引。

自 MongoDB 4.0 开始，MongoDB 开始支持事务管理。

在 Vue.js+Node.js 全栈开发架构中，MongoDB 承担着数据存储的角色。

1.1.2　Express

Express 是一个简洁而灵活的 Node.js Web 应用框架，提供了一系列强大的特性帮助用户创建各种 Web 应用。同时，Express 也是一款功能非常强大的 HTTP 工具。

使用 Express 可以快速地搭建一个功能完整的网站。其核心特性包括：

- 可以设置中间件来响应HTTP请求。
- 定义了路由表用于执行不同的HTTP请求动作。
- 可以通过向模板传递参数来动态渲染HTML页面。

在 Vue.js+Node.js 全栈开发架构中，Express 承担着构建 Web 服务的角色。

1.1.3　Vue.js

前端组件化开发是目前主流的开发方式，无论是 Angular、React 还是 Vue.js 都是如此。相较于 Angular、React 而言，Vue.js 用户使用起来更加简单，易于入门。

传统的 Vue.js 是采用 JavaScript 编写的，在新版的 Vue.js 3 中也支持 TypeScript。Vue.js 主要是面向开发渐进式的 Web 应用。

在 Vue.js+Node.js 全栈开发架构中，Vue.js 承担着 UI 客户端开发的角色。

1.1.4　Node.js

Node.js 是整个 Vue.js+Node.js 全栈开发架构的基石。Node.js 采用事件驱动和非阻塞 I/O 模型，使其变得轻微和高效，非常适合构建运行在分布式设备的数据密集型实时应用。自从有了 Node.js，JavaScript 不再只是前端开发的小角色，而是拥有了从前后台到数据库完整开发能力的全栈能手。JavaScript 和 Node.js 是相辅相成的，配合流行的 JavaScript 语言，使得 Node.js 拥有了更广泛的受众。

Node.js 能够火爆的另一个原因是 npm。npm 可以轻松管理项目依赖，同时也促进了 Node.js 生态圈的繁荣，因为 npm 让开发人员分享开源技术变得不再困难。

1.2　Vue.js+Node.js 全栈开发周边技术栈的组成

为了构建大型互联网应用，除了使用 Vue.js+Node.js 全栈开发架构的 4 种核心技术外，业界还常使用 Naive UI、md-editor-v3、Nginx 和 basic-auth 等周边技术。

1.2.1　Naive UI

Naive UI 是一款支持 Vue.js 3 的前端 UI 框架，有超过 70 个组件，可以有效减少代码的开发量，项目地址为 https://www.naiveui.com/。

Naive UI 全量使用 TypeScript 编写，因此可以和 TypeScript 项目无缝衔接。

顺便一提，它可以不需要导入任何 CSS 就能让组件正常工作。同时，Naive UI 是支持 Tree

Shaking（摇树优化）的。

在 Vue.js+Node.js 全栈开发架构中，Naive UI 将与 Vue.js 一起构建炫酷的 UI 界面。

1.2.2 md-editor-v3

Markdown 是一种可以使用普通文本编辑器编写的标记语言，通过简单的标记语法，它可以使普通文本内容具有一定的格式。因此，在内容管理类的应用中，经常采用 Markdown 编辑器来编辑网文内容。

md-editor-v3 是一款 Markdown 插件（项目地址为 https://github.com/imzbf/md-editor-v3），能够将 Markdown 格式的内容渲染为 HTML 格式的内容。最为重要的是，md-editor-v3 是支持 Vue.js 3 的，因此与 Vue.js 3 应用有着良好的兼容性。

在 Vue.js+Node.js 全栈开发架构中，md-editor-v3 将与 Vue.js 一起构建内容编辑器。

1.2.3 Nginx

在大型互联网应用中，经常使用 Nginx 作为 Web 服务器。

Nginx 是免费的、开源的、高性能的 HTTP 服务器和反向代理，同时也是 IMAP/POP3 代理服务器。Nginx 以其高性能、稳定性、丰富的功能集、简单的配置和低资源消耗而闻名。

Nginx 是为解决 C10K 问题[1]而编写的市面上仅有的几个服务器之一。与传统服务器不同，Nginx 不依赖于线程来处理请求。相反，它使用更加可扩展的事件驱动（异步）架构。这种架构在使用时负载很小，更重要的是可预测的内存量。即使在需要处理数千个并发请求的场景下，仍然可以从 Nginx 的高性能和占用内存少等方面获益。Nginx 可以说适用于各个方面，从最小的 VPS 一直到大型服务器集群。

在 Vue.js+Node.js 全栈开发架构中，Nginx 承担着 Vue.js 应用的部署以及负载均衡。

1.2.4 basic-auth

在企业级应用中，安全认证不可或缺。basic-auth 就是一款基于 Node.js 的基本认证框架（项目地址为 https://github.com/jshttp/basic-auth）。通过 basic-auth 简单几步就能实现基本认证信息的解析。

在 Vue.js+Node.js 全栈开发架构中，basic-auth 承担着安全认证的职责。

1.3 Vue.js+Node.js 全栈开发的优势

Vue.js+Node.js 全栈开发架构在企业级应用中被广泛采用，总结起来具备以下优势。

1 所谓 C10K 问题，指的是服务器同时支持成千上万个客户端的问题，也就是 Concurrent 10000 Connection 的简写。由于硬件成本的大幅度降低和硬件技术的进步，如果一台服务器同时能够服务更多的客户端，那么也就意味着服务每一个客户端的成本大幅度降低，从这个角度来看，C10K 问题显得非常有意义。

1. 开源

正如前两节所述，无论是 MongoDB、Express、Vue.js、Node.js 四种核心技术，还是 Naive UI、md-editor-v3、Nginx、basic-auth 等周边技术，Vue.js+Node.js 全栈开发架构所有的技术栈都是开源的。

开源技术相对于闭源技术而言有其优势：一方面，开源技术的源码是公开的，互联网公司在考察某项技术是否符合自身开发需求时，可以对源码进行分析；另一方面，开源技术相对于闭源技术而言，商用的成本相对比较低，这对于很多初创的互联网公司而言可以节省一大笔技术投入。因此，Vue.js+Node.js 全栈开发架构也被称为开发下一代大型互联网应用的“平民英雄”。

当然，你能够看到源码，并不意味着你可以解决所有问题。开源技术在技术支持上不能与闭源技术相提并论，毕竟闭源技术都有成熟的商业模式，会提供完善的商业支持。而开源技术更多依赖于社区对于开源技术的支持。如果在使用开源技术的过程中发现了问题，可以反馈给开源社区，但开源社区不会给你保证什么时候、什么版本能够修复发现的问题。所以，要使用开源技术，需要开发团队对开源技术有深刻的了解，最好能够吃透源码，这样在发现问题时才能够及时解决源码上的问题。

比如，在关系型数据库方面，同属于 Oracle 公司的 MySQL 数据库和 Oracle 数据库就是开源与闭源技术的两大代表，两者占据了全球数据库的占有率的前两名。MySQL 数据库主要是中小企业和云计算供应商广泛采用，而 Oracle 数据库则由于其稳定、高性能的特性，深受政府和银行等客户的信赖。

2. 跨平台

跨平台意味着开发和部署应用的成本降低。

试想一下，当今操作系统三足鼎立，分别是 Linux、macOS、Windows，如果开发者需要针对不同的操作系统平台开发不同的软件，那么开发成本势必会非常高，而且每个操作系统平台都有不同的版本、分支，仅仅做不同版本的适配都需要耗费极大的人力，更别提要针对不同的平台开发软件了。因此，跨平台可以节省开发成本。

同理，由于 Vue.js+Node.js 全栈开发架构开发的软件是跨平台的，因此无须担心在部署应用过程中的兼容性问题。开发者在本地开发环境所开发的软件，理论上是可以通过 CI（持续集成）的方式进行编译、测试部署，甚至可以直接一键部署到生产环境中，因而可以节省部署的成本。

Vue.js+Node.js 全栈开发架构的跨平台特性使其非常适合构建 Cloud Native 应用，特别是在当今容器技术常常作为微服务的宿主，而 Vue.js+Node.js 全栈开发架构的应用是支持 Docker 部署的。

3. 全栈开发

类似于系统架构师，全栈开发者应该比一般的软件工程师具有更广的知识面，是拥有全端软件设计思想并掌握多种开发技能的复合型人才，能够独当一面。相比于 Node.js 工程师、Vue.js 工程师偏重于某项技能而言，全栈开发意味着必须掌握整个架构的全部细节，要求全栈开发者能够从零开始构建全套完整的企业级应用。

作为一名全栈开发者，在开发时往往会做如下风险预测，并做好防御：

- 当前所开发的应用会部署到什么样的服务器、网络环境中？
- 服务哪里可能会崩？为什么会崩？
- 是否应该适当地使用云存储？
- 程序是否具备数据冗余？

- 程序是否具备可用性？
- 界面是否友好？
- 性能是否能够满足当前的要求？
- 哪些位置需要加日志，方便日志排查问题？

除了上述思考外，全栈开发者还要能够建立合理的、标准的关系模型，包括外键、索引、视图、查找表等。

全栈开发者要熟悉非关系型数据存储，并且知道它们相对关系型存储的优势所在。

当然，人的精力毕竟有限，所以想要成为全栈开发者并非易事。所幸 Vue.js+Node.js 全栈开发架构让这一切成为可能。Vue.js+Node.js 全栈开发架构以 Node.js 为整个技术栈的核心，而 Node.js 的编程语言是 JavaScript，这意味着开发者只需要掌握 JavaScript 这一种编程语言，即可打通所有 Vue.js+Node.js 全栈开发架构的技术，这不得不说是全栈开发者的福音。

4. 支持企业级应用

无论是 Node.js、Vue.js 还是 MongoDB，这些技术在大型互联网公司都被广泛采用。无数应用也证明了 Vue.js+Node.js 全栈开发架构是非常适合构建企业级应用的。企业级应用是指那些为商业组织、大型企业而创建并部署的解决方案及应用。这些大型企业级应用的结构复杂，涉及的外部资源众多，事务密集，数据量大，用户数多，有较强的安全性考虑。

Vue.js+Node.js 全栈开发架构用来开发企业级应用，不但具有强大的功能，还能够满足未来业务需求的变化，且易于升级和维护。

5. 支持构建微服务

微服务（Microservice）架构风格就像是把小的服务开发成单一应用的形式，运行在其自己的进程中，并采用轻量级的机制进行通信（一般是 HTTP 资源 API）。这些服务都是围绕业务能力来构建的，通过全自动部署工具来实现独立部署。这些服务可以使用不同的编程语言和不同的数据存储技术，并保持最小化集中管理。

Vue.js+Node.js 全栈开发架构非常适合构建微服务：

- Node.js本身提供了跨平台的能力，可以运行在自己的进程中。
- Express易于构建Web服务，并支持HTTP的通信。
- Node.js+MongoDB支持从前端到后端再到数据存储全栈开发能力。

开发人员可以轻易地通过 Vue.js+Node.js 全栈开发架构来构建并快速启动一个微服务应用。业界也提供了成熟的微服务解决方案来打造大型微服务架构系统，比如 Tars.js、Seneca 等。

6. 业界主流

Vue.js+Node.js 全栈开发架构所涉及的技术都是业界主流，主要体现在以下几个方面：

- MongoDB是在NoSQL数据库中排行第一的，而且用户量还在递增。
- 只要知道JavaScript就必然知道Node.js，而JavaScript是在开源界最流行的开发语言。
- 前端组件化开发是目前主流的开发方式，无论是Angular、React还是Vue.js都是如此。相比较而言，Vue.js使用起来会比较简单，且易于入门，特别适合企业级应用的开发。而且，从市场占有率来看，Vue.js的用户群体正在不断扩大。

- 在大型互联网应用中，经常使用Nginx作为Web服务器。Nginx也是目前使用最广泛的代理服务器。

1.4 开发工具的选择

如果你是一名前端工程师，那么可以不必花太多时间来安装 IDE，用你平时熟悉的 IDE 来开发 Vue.js+Node.js 全栈架构的应用即可，毕竟 Vue.js+Node.js 全栈架构的核心编程语言仍然是 JavaScript。比如，前端工程师经常会选择诸如 Visual Studio Code、Eclipse、WebStorm、Sublime Text 等。理论上，Vue.js+Node.js 全栈开发不会对开发工具有任何限制，甚至可以直接用文本编辑器来开发。

如果你是一名初级的前端工程师，或者不知道如何来选择 IDE，那么笔者建议你尝试一下 Visual Studio Code。Visual Studio Code 的下载地址为 https://code.visualstudio.com。Visual Studio Code 与 TypeScript 一样都是微软出品的，对 TypeScript 和 Vue.js、Node.js 编程有着一流的支持，而且这款 IDE 还是免费的，你可以随时下载使用。本书的示例也是基于 Visual Studio Code 编写的。

选择适合自己的 IDE 有助于提升编程质量和开发效率。

1.5 小　结

本章主要介绍 Vue.js+Node.js 全栈开发架构的技术组成及技术优势。Vue.js+Node.js 全栈开发架构的 4 种核心是指 MongoDB、Express、Vue.js 和 Node.js。业界还常使用 Naive UI、md-editor-v3、basic-auth 和 Nginx 等周边技术。

本章还介绍了 Vue.js+Node.js 全栈开发应用所具备的优势及需要的开发工具。

1.6 练 习 题

1. 请简述 Vue.js+Node.js 全栈开发架构的技术组成。
2. 请简述 Vue.js+Node.js 全栈开发周边技术栈的组成。
3. 请简述 Vue.js+Node.js 全栈开发的优势。

第 2 章

Node.js 基础

Node.js 是整个 Vue.js+Node.js 全栈开发架构的核心，是用于构建前端以及后端应用的基石。本章主要介绍 Node.js 的基础知识。

2.1 初识 Node.js

本节简单介绍 Node.js 的诞生史。

2.1.1 Node.js 简介

从 Node.js 的命名上可以看到，Node.js 的官方开发语言是 JavaScript。之所以选择使用 JavaScript，显然与 JavaScript 的开发人员多有关。众所周知，JavaScript 是伴随着互联网的发展而火爆起来的，也是前端开发人员必备的技能。同时，JavaScript 也是浏览器能直接运行的脚本语言。

但也正是 JavaScript 在浏览器端的强势，导致人们对于 JavaScript 的印象还停留在小脚本的角色，认为 JavaScript 只能干点前端展示的简单活。

直到 Chrome V8 引擎(https://v8.dev/)的出现，让 JavaScript 彻底翻了身。Chrome V8 是 JavaScript 渲染引擎，第一个版本随着 Chrome 浏览器的发布而发布（具体时间为 2008 年 9 月 2 日）。在运行 JavaScript 之前，相比其他的 JavaScript 引擎转换成字节码或解释执行，Chrome V8 将其编译成原生机器码（IA-32、x86-64、ARM 或者 MIPS CPUs），并且使用了如内联缓存等方法来提高性能。Chrome V8 可以独立运行，也可以嵌入 C++应用程序中运行。

随着 Chrome V8 引擎的声名鹊起，在 2009 年，Ryan Dahl 正式推出了基于 JavaScript 和 Chrome V8 引擎的开源 Web 服务器项目，命名为 Node.js，这使得 JavaScript 终于能够在服务器端拥有一席之地。Node.js 采用事件驱动和非阻塞 I/O 模型，非常适合构建运行在分布式设备的数据密集型实时应用。从此，JavaScript 成为从前端到后端再到数据库层能够支持全栈开发的语言。

Node.js 能够火爆的另一个原因是 npm。npm 可以轻松管理项目依赖，同时也促进了 Node.js 生态圈的繁荣，因为 npm 让开发人员分享开源技术变得不再困难。

2.1.2　为什么叫 Node.js

读者可能会好奇，Node.js 为什么要这么命名？其实一开始 Ryan Dahl 将他的项目命名为 Web.js，致力于构建高性能的 Web 服务。但是项目的发展超出了他最初的预期，项目演变成为构建网络应用的一个基础框架。

在大型分布式系统中，每个节点(在英文中翻译为 node)是用于构建整个系统的独立单元。因此，Ryan Dahl 将他的项目命名为 Node.js，期望用于快速构建大型应用系统。

2.2　Node.js 的特点

Node.js 被广大开发者所青睐，主要是因为 Node.js 包含以下特点。

2.2.1　异步 I/O

异步是相对于同步而言的。同步和异步描述的是用户线程与内核的交互方式：

- 同步是指用户线程发起I/O请求后，需要等待或者轮询内核I/O操作完成后才能继续执行。
- 异步是指用户线程发起I/O请求后仍继续执行，当内核I/O操作完成后会通知用户线程，或者调用用户线程注册的回调函数。

图 2-1 展示了异步 I/O 模型。

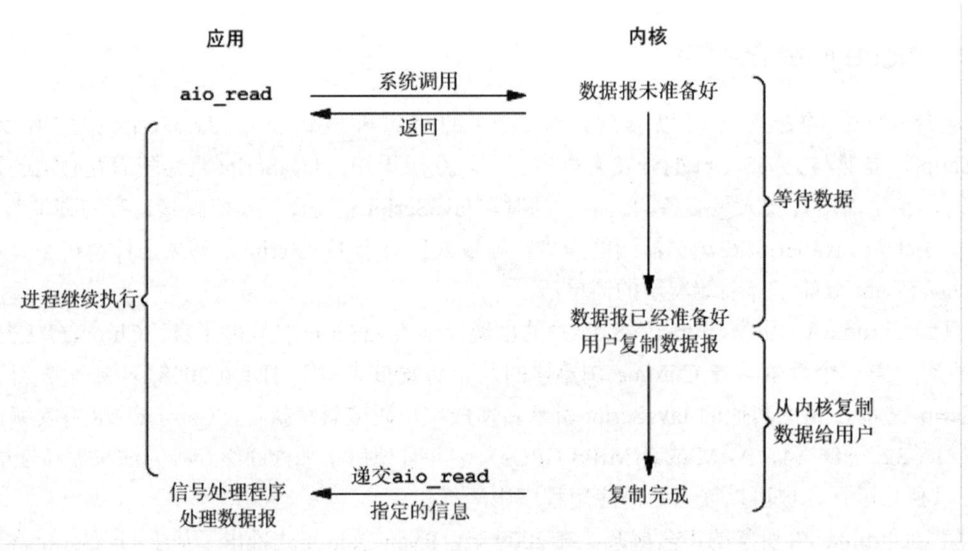

图 2-1　异步 I/O 模型

举一个通俗的例子，你打电话问书店老板有没有《Node.js 企业级应用开发实战》这本书卖。如果是同步通信机制，书店老板会说“你稍等，不要挂电话，我查一下”。然后书店老板跑过去书架上查，而你自己则在电话这边干等。等到书店老板查好了（可能是 5 秒，也可能是一天），在电话里面告诉你查询的结果。而如果是异步通信机制，书店老板直接告诉你“我查一下，查好了打电话给你”，然后直接挂电话了。查好后，他会主动打电话给你。而等回电的这段时间内，你可以去干其他事情。在这里，老板通过“回电”这种方式来回调。

通过上面的例子可以看到，异步的好处是显而易见的，它可以不必等待 I/O 操作完成，就可以去干其他的活，极大地提升了系统的效率。

读者欲了解更多有关同步、异步方面的内容，可以参阅笔者所著的《分布式系统常用技术及案例分析》。

2.2.2　事件驱动

对于 JavaScript 开发者而言，大家对于“事件”一词应该都不会陌生。用户在界面上单击一个按钮，就会触发一个“单击”事件。在 Node.js 中，事件的应用也是无处不在。

在传统的高并发场景中，其解决方案往往是使用多线程模型，也就是为每个业务逻辑提供一个系统线程，通过系统线程切换来弥补同步 I/O 调用时的时间开销。

而在Node.js中使用的是单线程模型，对于所有I/O都采用异步式的请求方式，避免了频繁的上下文切换。Node.js 在执行的过程中会维护一个事件队列，程序在执行时进入事件循环（Event Loop），等待下一个事件到来，每个异步式 I/O 请求完成后都会被推送到事件队列，等待程序进程进行处理。

Node.js 的异步机制是基于事件的，所有的磁盘 I/O 、网络通信、数据库查询都以非阻塞的方式请求，返回的结果由事件循环来处理。Node.js进程在同一时刻只会处理一个事件，完成后立即进入事件循环，检查并处理后面的事件，其运行原理如图 2-2 所示。

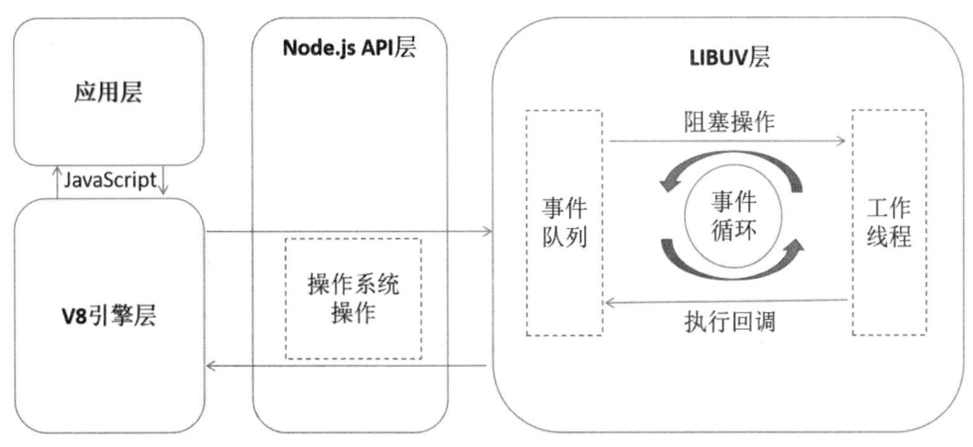

图 2-2　运行原理

这个图是整个 Node.js 的运行原理，从左到右，从上到下，Node.js被分为4层，分别是应用层、V8 引擎层、Node.js API 层和 LIBUV 层。

- 应用层：即JavaScript交互层，常见的就是Node.js的模块，比如http、fs等。
- V8引擎层：即利用V8引擎来解析JavaScript语法，进而和下层API交互。
- Node.js API层：为上层模块提供系统调用，一般由C语言来实现，和操作系统进行交互。。
- LIBUV层：是跨平台的底层封装，实现了事件循环、文件操作等，是Node.js实现异步的核心。

这样做的好处是 CPU 和内存在同一时间集中处理一件事，同时尽可能让耗时的 I/O 操作并行执行。对于低速连接攻击，Node.js 只是在事件队列中增加请求，等待操作系统的回应，因而不会有任何多线程开销，很大程度上可以提高 Web 应用的健壮性，防止恶意攻击。

注 意　事件驱动并非是 Node.js 的专利，比如在 Java 编程语言中，大名鼎鼎的 Netty 也是采用了事件驱动机制来提高系统的并发量。

2.2.3　单线程

从前面所介绍的事件驱动机制可以了解到，Node.js 只用了一个主线程来接收请求，但它接收请求以后并没有直接处理，而是放到了事件队列中，然后又去接收其他请求了，空闲的时候，再通过 Event Loop 来处理这些事件，从而实现了异步效果。当然，对于 I/O 类任务还需要依赖于系统层面的线程池来处理。因此，我们可以简单地理解为，Node.js 本身是一个多线程平台，而它对 JavaScript 层面的任务处理是单线程的。

无论是 Linux 平台还是 Windows 平台，Node.js 内部都是通过线程池来完成异步 I/O 操作的，而 LIBUV 针对不同平台的差异性实现了统一调用。因此，Node.js 的单线程仅仅是指 JavaScript 运行在单线程中，而并非 Node.js 平台是单线程。

I/O密集型与CPU密集型

前面提到，如果是 I/O 任务，Node.js 就把任务交给线程池来异步处理，因此 Node.js 适合处理 I/O 密集型任务。但不是所有的任务都是 I/O 密集型任务，当碰到 CPU 密集型任务时，即只用 CPU 计算的操作，比如要对数据加解密、数据压缩和解压等，这时 Node.js 就会亲自处理，一个一个地计算，前面的任务没有执行完，后面的任务就只能干等着，导致后面的任务被阻塞。即便是多 CPU 的主机，对于 Node.js 而言也只有一个 Event Loop，也就是只占用一个 CPU 内核，当 Node.js 被 CPU 密集型任务占用，导致其他任务被阻塞时，却还有 CPU 内核处于闲置状态，造成资源浪费。

因此，Node.js 并不适合 CPU 密集型任务。

2.2.4　可用性和扩展性

通过构建基于微服务的 Node.js 可以轻松实现应用的可用性和扩展性，特别是在当今 Cloud Native 盛行的年代，云环境都是基于“即用即付”的模式，云环境往往提供自动扩展的能力。这种能力通常被称为弹性，也被称为动态资源提供和取消。自动扩展是一种有效的方法，专门针对具有不同流量模式的微服务。例如，购物网站通常会在双十一的时候迎来服务的最高流量，服务实例当然也是最多的。如果平时也配置那么多的服务实例，显然就是浪费。Amazon 就是这样一个很好的示例，Amazon 总是会在某个时间段迎来流量的高峰，此时就会配置比较多的服务实例来应对高访问量。而在平时流量比较小的情况下，Amazon 就会将闲置的主机出租出去来收回成本。正是拥有这种强大的自动扩展的实践能力，造就了 Amazon 从一个网上书店摇身一变成为世界云计算巨头。自动扩展是一种基于资源使用情况自动扩展实例的方法，通过复制要缩放的服务来满足服务等级协议（Service Level Agreement，SLA）。

具备自动扩展能力的系统会自动检测流量的增加或者减少。如果是流量增加，则会增加服务实例，从而使其可用于流量处理。同样，当流量下降时，系统通过从服务中取回活动实例来减少服务实例的数量。如图 2-3 所示，通常会使用一组备用机器完成自动扩展。

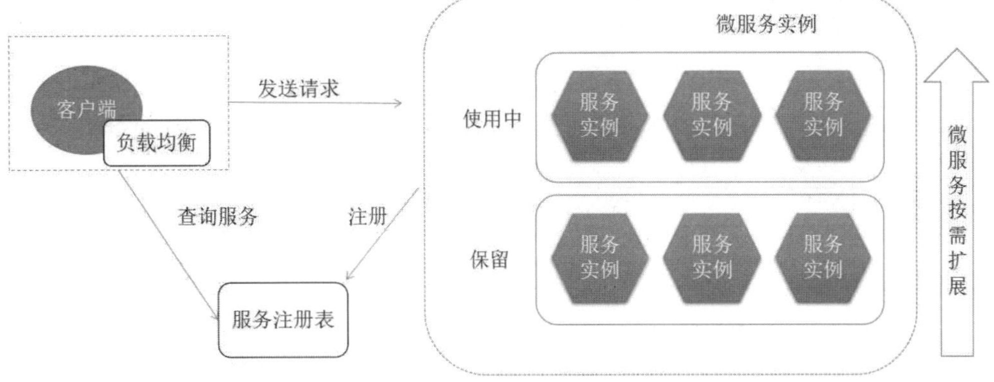

图 2-3　自动扩展

2.2.5　跨平台

与 Java 一样，Node.js 是跨平台的，这意味着你开发的应用能够运行在 Windows、macOS 和 Linux 等平台上，实现了"一次编写，到处运行"。很多 Node.js 开发者都是在 Windows 上开发的，再将代码部署到 Linux 服务器上。

特别是在 Cloud Native 应用中，容器技术常常作为微服务的宿主，而 Node.js 是支持 Docker 部署的。

2.3　安装 Node.js

在开始 Node.js 开发之前，必须设置好 Node.js 的开发环境。

2.3.1　安装 Node.js 和 npm

如果你的计算机里没有 Node.js 和 npm，请安装它们。Node.js 的下载地址为 https://nodejs.org/en/download/。

截至目前，Node.js 新版本为 17.3.0（包含 npm 8.3.0）。为了能够享受新的 Node.js 开发所带来的乐趣，请安装新版本的 Node.js 和 npm。

在安装完成之后，请在终端/控制台窗口中运行命令 node -v 和 npm -v，验证一下安装是否正确，如图 2-4 所示。

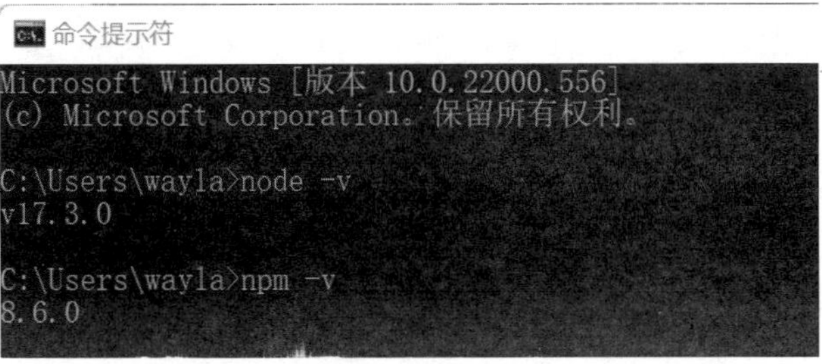

图 2-4　验证安装

2.3.2 Node.js 与 npm 的关系

如果你熟悉 Java，那么一定知道 Maven。Node.js 与 npm 的关系就如同 Java 与 Maven 的关系。

简而言之，Node.js 与 Java 一样都是运行应用的平台，都是运行在虚拟机中。Node.js 基于 Google V8 引擎，而 Java 是 JVM（Java 虚拟机）。

npm 与 Maven 类似，都是用于依赖管理。npm 管理 JS 库，而 Maven 管理 Java 库。

2.3.3 安装 npm 镜像

npm 默认从国外的 npm 源来获取和下载包信息。鉴于网络的原因，有时可能无法正常访问源，从而导致无法正常安装软件。

可以采用国内的 npm 镜像来解决网速慢的问题。在终端上，通过以下命令来设置 npm 镜像。以下演示设置淘宝的镜像的命令：

```
$ npm config set registry=http://registry.npm.taobao.org
```

更多设置方式可以参考笔者的博客（https://waylau.com/faster-npm/）。

2.4 第一个 Node.js 应用

Node.js 是可以直接运行 JavaScript 代码的。因此，创建一个 Node.js 应用是非常简单的，只需要编写一个 JavaScript 文件即可。

2.4.1 实例 1：创建 Node.js 应用

在工作目录下创建一个名为 hello-world 的目录，作为我们的工程目录。而后在 hello-world 目录下创建名为 hello-world.js 的 JavaScript 文件，作为主应用文件。在该文件中写下第一段 Node.js 代码：

```
var hello = 'Hello World';
console.log(hello);
```

你会发现 Node.js 应用其实就是用 JavaScript 语言编写的，因此只要有 JavaScript 的开发经验，上述代码的含义一眼就能看明白。

- 首先，我们用一个变量hello定义了一个字符串。
- 其次，借助console对象将hello的值打印到控制台。

上述代码几乎是所有编程语言必写的入门示例，用于在控制台输出“Hello World”字样。

2.4.2 实例 2：运行 Node.js 应用

在 Node.js 中可以直接执行 JavaScript 文件，具体操作如下：

```
$ node hello-world.js

Hello World
```

可以看到，控制台输出了我们所期望的“Hello World”字样。

当然，为了简便，也可以不指定文件类型，Node.js 会自动查找“.js”文件。因此，上述命令等同于：

```
$ node hello-world

Hello World
```

通过上述示例可以看到，创建一个 Node.js 的应用是非常简单的，也可以通过简单的命令来运行 Node.js 应用。这也是为什么互联网公司以及在微服务架构中会选用 Node.js。毕竟，Node.js 带给开发人员的感觉就是轻量、快速，熟悉的语法规则可以让开发人员轻易上手。

本节的例子可以在 hello-world/hello-world.js 文件中找到。

2.5 小 结

本章主要介绍 Node.js 的基础知识，包括 Node.js 简介、特点及安装过程。本章还演示了如何创建第一个 Node.js 应用。

2.6 练习题

1. 请简述 Node.js 的特点。
2. 请在本地安装 Node.js。
3. 请尝试创建第一个 Node.js 应用。

第 3 章

Node.js 模块——大型项目管理之道

模块化是简化大型项目的开发方式。通过模块化将大型项目分解为功能内聚的子模块，每个模块专注于特定的业务。模块之间又能通过特定的方式进行交互，相互协作完成系统功能。

本章介绍 Node.js 的模块化机制。

3.1 理解模块化机制

为了让 Node.js 的文件可以相互调用，Node.js 提供了一个简单的模块系统。

模块是 Node.js 应用程序的基本组成部分，文件和模块是一一对应的。换言之，一个 Node.js 文件就是一个模块，这个文件可能是 JavaScript 代码、JSON 或者编译过的 C/C++扩展。

在 Node.js 应用中，主要有两种定义模块的格式：

- CommonJS规范：该规范是自Node.js创建以来，一直使用的基于传统模块化的格式。
- ES6模块：在ES6中，使用新的import关键字来定义模块。由于目前ES6是所有JavaScript都支持的标准，因此Node.js技术指导委员会致力于为ES6模块提供一流的支持。

3.1.1 理解 CommonJS 规范

CommonJS 规范的提出主要是为了弥补 JavaScript 没有标准的缺陷，已达到像 Python、Ruby 和 Java 那样具备开发大型应用的基础能力，而不是停留在开发浏览器端小脚本程序的阶段。

CommonJS 模块规范主要分为三部分：模块引用、模块定义、模块标识。

1. 模块引用

如果在 main.js 文件中使用如下语句：

```
var math = require('math');
```

意为使用 require()方法引入 math 模块，并赋值给变量 math。事实上，命名的变量名和引入的模块名不必相同，就像这样：

```
var Math = require('math');
```

赋值的意义在于，main.js 中将仅能识别 Math，因为这是已经定义的变量，并不能识别 math，因为 math 没有定义。

上面的例子中，require 的参数仅仅是模块名字的字符串，没有带路径，引用的是 main.js 所在当前目录下的 node_modules 目录下的 math 模块。如果当前目录没有 node_modules 目录或者 node_modules 目录里面没有安装 math 模块，便会报错。

如果要引入的模块在其他路径，就需要使用相对路径或者绝对路径，例如：

```
var sum = require('./sum.js')
```

上面的例子中引入了当前目录下的 sum.js 文件，并赋值给了 sum 变量。

2. 模块定义

- module对象：在每一个模块中，module对象代表该模块自身。
- export属性：module对象的一个属性，它向外提供接口。

仍然采用上一个示例，假设 sum.js 中的代码如下：

```
function sum (num1, num2){
    return  num1 + num2;
}
```

尽管 main.js 文件引入了 sum.js 文件，前者仍然无法使用后者中的 sum 函数，在 main.js 文件中 sum(3,5)这样的代码会报错，提示 sum 不是一个函数。 sum.js 中的函数要能被其他模块使用，就需要暴露一个对外的接口，export 属性用于完成这一工作。将 sum.js 中的代码修改如下：

```
function sum (num1, num2){
    return  num1 + num2;
}

module.exports.sum = sum;
```

main.js 文件就可以正常调用 sum.js 中的方法，比如下面的示例：

```
var sum = require('./sum.js');
var result = sum.sum(3, 5);

console.log(result);  // 8
```

这样的调用能够正常执行，前一个 sum 意为本文件中的 sum 变量代表的模块，后一个 sum 是引入模块的 sum 方法。

3. 模块标识

模块标识指的是传递给 require 方法的参数，必须是符合小驼峰命名的字符串，或者以“.”“..”开头的相对路径，或者是绝对路径。其中，所引用的 JavaScript 文件可以省略后缀“.js”，因此上述例子中：

```
var sum = require('./sum.js');
```

等同于：

```
var sum = require('./sum');
```

CommonJS 模块机制避免了 JavaScript 编程中常见的全局变量污染的问题。每个模块拥有独立的空间，它们互不干扰。图 3-1 展示了模块之间的引用。

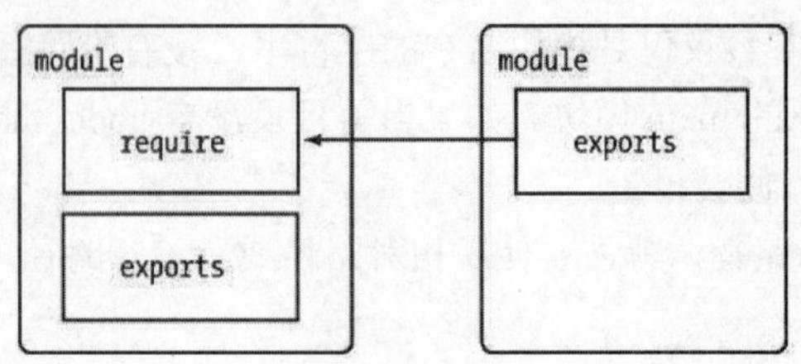

图 3-1 模块引用

3.1.2 理解 ES6 模块

虽然 CommonJS 模块机制很好地为 Node.js 提供了模块化的机制，但这种机制只适用于服务端，针对浏览器端，CommonJS 是无法适用的。为此，ES6 规范推出了模块，期望用标准的方式来统一所有 JavaScript 应用的模块化。

1. 基本的导出

可以使用 export 关键字将已发布代码部分公开给其他模块。最简单的方法就是将 export 放置在任意变量、函数或类声明之前。以下是一些导出的示例：

```
// 导出数据
export var color = "red";
export let name = "Nicholas";
export const magicNumber = 7;

// 导出函数
export function sum(num1, num2) {
      return num1 + num1;
}

// 导出类
export class Rectangle {
   constructor(length, width) {
   this.length = length;
   this.width = width;
   }
}

// 定义一个函数，并导出一个函数引用
function multiply(num1, num2) {
      return num1 * num2;
}
export { multiply };
```

其中：

- 除了export关键字之外，每个声明都与正常形式完全一样。每个被导出的函数或类都有名称，这是因为导出的函数声明与类声明必须要有名称。不能使用这种语法来导出匿名函数或匿名类，除非使用了default关键字。
- 观察multiply()函数，它并没有在定义时被导出，而是通过导出引用的方式进行了导出。

2. 基本的导入

一旦有了包含导出的模块，就能在其他模块内使用 import 关键字来访问已被导出的功能。

import 语句有两部分，一是需要导入的标识符，二是需要导入的标识符的来源模块。下面是导入语句的基本形式：

```
import { identifier1, identifier2 } from "./example.js";
```

在 import 之后的花括号指明了从给定模块导入对应的绑定，from 关键字则指明了需要导入的模块。模块由一个表示模块路径的字符串（module specifier，被称为模块说明符）来指定。

当从模块导入了一个绑定时，该绑定表现得就像使用了 const 的定义。这意味着你不能再定义另一个同名变量（包括导入另一个同名绑定），也不能在对应的 import 语句之前使用此标识符，更不能修改它的值。

3. 重命名的导出与导入

可以在导出模块中进行重命名。如果想用不同的名称来导出，则可以使用 as 关键字来定义新的名称：

```
function sum(num1, num2) {
    return num1 + num2;
}
export { sum as add };
```

上面的例子中，sum()函数被作为 add()导出，前者是本地名称（local name），后者则是导出名称（exported name）。这意味着当另一个模块要导入此函数时，它必须改用 add 这个名称：

```
import {add} from './example.js'
```

可以在导入时重命名。在导入时同样可以使用 as 关键字进行重命名：

```
import { add as sum } from './example.js'
console.log(typeof add); // "undefined"
console.log(sum(1, 2)); // 3
```

此代码导入了 add()函数，并使用了导入名称（import name）将其重命名为 sum()（本地名称）。这意味着在此模块中并不存在名为 add 的标识符。

3.1.3　CommonJS 和 ES6 模块的异同点

下面总结 CommonJS 和 ES6 模块的异同点。

1. CommonJS

- 对于基本数据类型，属于复制，即会被模块缓存。同时，在另一个模块中可以对该模块输出的变量重新赋值。
- 对于复杂数据类型，属于浅拷贝。由于两个模块引用的对象指向同一个内存空间，因此对该模块的值进行修改时会影响另一个模块。
- 当使用require命令加载某个模块时，就会运行整个模块的代码。
- 当使用require命令加载同一个模块时，不会再执行该模块，而是取缓存中的值。也就是说，CommonJS模块无论加载多少次，都只会在第一次加载时运行一次，以后再加载，就返回第一次运行的结果，除非手动清除系统缓存。
- 循环加载时，属于加载时执行，即脚本代码在require的时候，就会全部执行。一旦出现某个模块被“循环加载”，就只输出已经执行的部分，还未执行的部分不会输出。

2. ES6模块

- ES6模块中的值属于动态只读引用。
- 对于只读来说，不允许修改引入变量的值，import的变量是只读的，不论是基本数据类型还是复杂数据类型。当模块遇到import命令时，就会生成一个只读引用。等到脚本真正执行时，再根据这个只读引用到被加载的那个模块里面去取值。
- 对于动态来说，原始值发生变化，import加载的值也会发生变化。不论是基本数据类型还是复杂数据类型。
- 循环加载时，ES6模块是动态引用的。只要两个模块之间存在某个引用，代码就能够执行。

3.1.4 Node.js 的模块实现

在 Node.js 中，模块分为两类：

- Node.js自身提供的模块，称为核心模块，比如fs、http等，就像Java中自身提供的核心类一样。
- 用户编写的模块，称为文件模块。

核心模块部分在 Node.js 源代码的编译过程中编译进了二进制执行文件。在 Node.js 进程启动时，核心模块就被直接加载进内存，所以这部分的模块引入时，文件定位和编译执行这两个步骤可以省略掉，并且在路径分析中优先判断，所以它的加载速度是最快的。

文件模块在运行时动态加载，需要完整的路径分析、文件定位、编译执行过程，加载速度比核心模块慢。

图 3-2 展示了 Node.js 加载模块的具体过程。

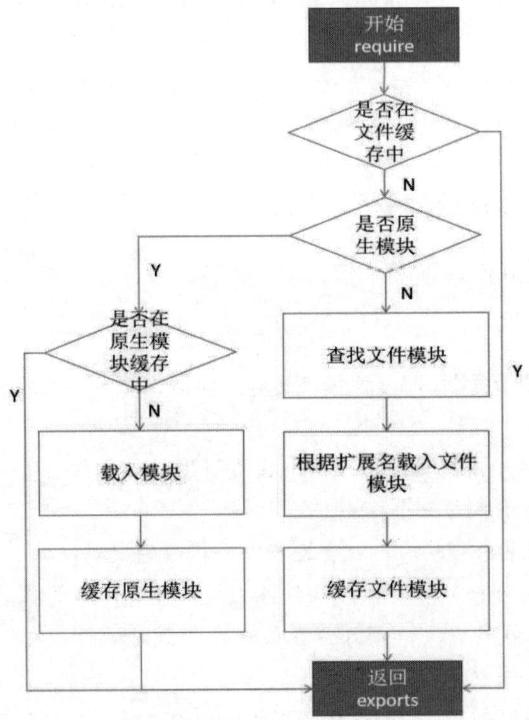

图 3-2　Node.js 加载模块的过程

Node.js 为了优化加载模块的速度，也像浏览器一样引入了缓存，对加载过的模块会保存到缓存内，下次再次加载时就会命中缓存，节省了对相同模块的多次重复加载。模块加载前会将需要加载的模块名转为完整路径名，查找到模块后再将完整路径名保存到缓存，下次再次加载该路径模块时就可以直接从缓存中取得。

从图 3-2 也能清楚地看到，模块加载时先查询缓存，缓存没找到再查询 Node.js 自带的核心模块，如果核心模块也没有查询到，再去用户自定义模块内查找。因此，模块加载的优先级是这样的：缓存模块>核心模块>用户自定义模块。

前文也讲了，require 加载模块时，require 参数的标识符可以省略文件类型，比如 require("./sum.js")等同于 require("./test")。在省略类型时，Node 首先会认为它是一个 JS 文件，如果没有查找到该 JS 文件，然后会去查找 JSON 文件，如果还没有查找到该 JSON 文件，最后会去查找 Node 文件，如果连 Node 文件都没有查找到，就会抛出异常。其中，Node 文件是指用 C/C++编写的扩展文件。由于 Node.js 是单线程执行的，在加载模块时是线程阻塞的，因此为了避免长期阻塞系统，如果不是 JS 文件的话，在 require 的时候就把文件类型加上，这样 Node.js 就不会再去一一尝试了。

因此 require 加载无文件类型的优先级是：JS 文件>JSON 文件>Node 文件。

3.2　使用 npm 管理模块

npm 是随同 Node.js 一起安装的包管理工具。包是在模块的基础上更深一步的封装。Node.js 的包类似于 Java 的类库，能够独立用于发布、更新。npm 解决了包的发布和获取问题。常见的使用场景有以下几种：

- 允许用户从npm服务器下载别人编写的第三方包到本地使用。
- 允许用户从npm服务器下载并安装别人编写的命令行程序到本地使用。
- 允许用户将自己编写的包或命令行程序上传到npm服务器供别人使用。

Node.js 已经集成了 npm，所以 Node 安装好之后，npm 也一并安装好了。

3.2.1　使用 npm 命令安装模块

npm 安装 Node.js 模块的语法格式如下：

```
$ npm install <Module Name>
```

比如以下实例，使用 npm 命令安装 less：

```
$ npm install less
```

安装好之后，less 包就放在了工程目录下的 node_modules 目录中，因此在代码中只需要使用 require('less')的方式就好，无须指定第三方包路径。以下是示例：

```
var less = require('less');
```

3.2.2 全局安装与本地安装

npm 的包安装分为本地安装（local）和全局安装（global）两种，具体选择哪种安装方式取决于你想怎样使用这个包。如果想将它作为命令行工具使用，比如 gulp-cli，那么可以全局安装它；如果要把它作为自己包的依赖，则可以局部安装它。

1. 本地安装

以下是本地安装的命令：

```
$ npm install less
```

将安装包放在./node_modules（运行 npm 命令时所在的目录）下。如果没有 node_modules 目录，则会在当前执行 npm 命令的目录下生成 node_modules 目录。

可以通过 require()来引入本地安装的包。

2. 全局安装

以下是全局安装的命令：

```
$ npm install less -g
```

执行了全局安装后，安装包会放在/usr/local 下或者 Node.js 的安装目录下。

全局安装的包是可以直接在命令行中使用的。

3.2.3 查看安装信息

可以使用"npm list –g"命令来查看所有全局安装的模块：

```
C:\Users\wayla>npm list -g
C:\Users\wayla\AppData\Roaming\npm
+-- @vue/cli@4.5.11
+-- cypress@7.4.0
+-- gitbook-cli@2.3.2
+-- rimraf@3.0.2
`-- typescript@4.2.2
......
```

如果要查看某个模块的版本号，则可以使用如下命令：

```
C:\Users\wayla>npm list -g typescript
C:\Users\wayla\AppData\Roaming\npm
+-- @vue/cli@4.5.11
| `-- @vue/cli-ui@4.5.11
|   +-- typescript@3.9.9
|   `-- vue-cli-plugin-apollo@0.21.3
|     +-- ts-node@8.10.2
|     | `-- typescript@3.9.9 deduped
|     `-- typescript@3.9.9 deduped
`-- typescript@4.2.2
```

3.2.4　卸载模块

可以使用以下命令来卸载 Node.js 模块：

```
$ npm uninstall express
```

卸载后，可以到 node_modules 目录下查看包是否还存在，或者使用以下命令查看：

```
$ npm ls
```

3.2.5　更新模块

可以使用以下命令更新模块：

```
$ npm update express
```

3.2.6　搜索模块

使用以下命令来搜索模块：

```
$ npm search express
```

3.2.7　创建模块

创建模块，package.json 文件是必不可少的。可以使用 npm 初始化模块，该模块下就会生成 package.json 文件：

```
$ npm init
```

接下来可以使用以下命令在 npm 资源库中注册用户（使用邮箱注册）：

```
$ npm adduser
```

接下来可以使用以下命令来发布模块：

```
$ npm publish
```

模块发布成功后，就可以跟其他模块一样使用 npm 来安装。

3.3　Node.js 核心模块

核心模块为 Node.js 提供了基本的 API，这些核心模块被编译为二进制分发，并在 Node.js 进程启动时自动加载。

了解核心模块是掌握 Node.js 的基础。常用的核心模块有：

- buffer：用于二进制数据的处理。
- events：用于事件处理。
- fs：用于与文件系统交互。
- http：用于提供HTTP服务器和客户端。

- net：提供异步网络API，用于创建基于流的TCP或IPC服务器和客户端。
- path：用于处理文件和目录的路径。
- timers：提供定时器功能。
- tls：提供基于OpenSSL构建的传输层安全性（Transport Layer Security，TLS）和安全套接字层（Secure Sockets Layer，SSL）协议的实现。
- dgram：提供UDP数据报套接字的实现。

……

本书的后续章节还会对 Node.js 的核心模块做进一步的讲解。

3.4 小 结

本章介绍了 Node.js 的模块化机制。在 Node.js 应用中是通过 npm 来管理模块的。

本章也简单介绍了 Node.js 的核心模块。

3.5 练 习 题

1. 请简述 Node.js 的模块化机制的实现原理。
2. 如何通过 npm 来管理模块？
3. 请简述 Node.js 的核心模块有哪些。

第 4 章

Node.js 测试

TDD（Test Driven Development，测试驱动开发）是敏捷开发中的一项核心实践和技术。TDD 的原理是在开发功能代码之前先编写单元测试用例代码，测试代码确定需要编写什么产品代码。

因此，在正式讲解 Node.js 的核心功能前，我们先来了解一下 Node.js 是如何进行测试的。

4.1 严格模式和遗留模式

测试工作的重要性不言而喻。Node.js 内嵌了对于测试的支持，那就是 assert 模块。

assert 模块提供了一组简单的断言测试，可用于测试不变量。assert 模块在测试时可以使用严格模式（strict）或者遗留模式（legacy），但建议仅使用严格模式。该模式可以让开发人员发现代码中未曾注意到的错误，并能更快、更方便地调试程序。

以下是使用遗留模式和严格模式的对比：

```
// 遗留模式
const assert = require('assert');

// 严格模式
const assert = require('assert').strict;
```

相比于遗留模式，使用严格模式唯一的区别就是要多加“.strict”。

另一种方式是，方法级别使用严格模式。比如下面的遗留模式的例子：

```
// 遗留模式
const assert = require('assert');

// 使用严格模式的方法
assert.strictEqual(1, 2); // false
```

等同于下面使用严格模式的例子：

```
// 使用严格模式
```

```
const assert = require('assert').strict;
assert.equal(1, 2); // false
```

4.2 实例3：断言的使用

新建一个名为assert-strict的示例，用于演示不同断言使用的场景。

```
// 使用遗留模式
const assert = require('assert');

// 生成AssertionError对象
const { message } = new assert.AssertionError({
    actual: 1,
    expected: 2,
    operator: 'strictEqual'
});

// 验证错误信息输出
try {
    // 验证两个值是否相等
    assert.strictEqual(1, 2); // false
} catch (err) {
    // 验证类型
    assert(err instanceof assert.AssertionError); // true

    // 验证值
    assert.strictEqual(err.message, message); // true
    assert.strictEqual(err.name, 'AssertionError [ERR_ASSERTION]'); // false
    assert.strictEqual(err.actual, 1); // true
    assert.strictEqual(err.expected, 2); // true
    assert.strictEqual(err.code, 'ERR_ASSERTION'); // true
    assert.strictEqual(err.operator, 'strictEqual'); // true
    assert.strictEqual(err.generatedMessage, true); // true
}
```

其中：

- strictEqual用于严格比较两个值是否相等。在上面的例子中，strictEqual(1,2)的结果是false。可以比较数值、字符串或者对象。
- assert(err instanceof assert.AssertionError);用于验证是否是AssertionError的实例。上面例子的结果是true。
- AssertionError上并没有对name属性赋值，因此strictEqual(err.name,'AssertionError [ERR_ASSERTION]');的结果是false。

以下是运行示例时控制台输出的内容：

```
D:\workspaceGithub\full-stack-development-with-vuejs-and-nodejs\samples\assert-strict>node main.js
node:assert:123
```

```
    throw new AssertionError(obj);
    ^

AssertionError [ERR_ASSERTION]: Expected values to be strictly equal:
+ actual - expected

+ 'AssertionError'
- 'AssertionError [ERR_ASSERTION]'
                 ^
    at Object.<anonymous>
(D:\workspaceGithub\full-stack-development-with-vuejs-and-nodejs\samples\assert-s
trict\main.js:21:12)
    at Module._compile (node:internal/modules/cjs/loader:1097:14)
    at Object.Module._extensions..js (node:internal/modules/cjs/loader:1149:10)
    at Module.load (node:internal/modules/cjs/loader:975:32)
    at Function.Module._load (node:internal/modules/cjs/loader:822:12)
    at Function.executeUserEntryPoint [as runMain]
(node:internal/modules/run_main:81:12)
    at node:internal/main/run_main_module:17:47 {
  generatedMessage: true,
  code: 'ERR_ASSERTION',
  actual: 'AssertionError',
  expected: 'AssertionError [ERR_ASSERTION]',
  operator: 'strictEqual'
}

Node.js v17.3.0
```

从输出中可以看到，所有断言结果为 false（失败）的地方都打印出来了，以提示用户哪些测试用例是不通过的。

4.3　了解 AssertionError

在上述例子中，我们通过 new assert.AssertionError(options)实例化了一个 AssertionError 对象。其中，options 参数包含如下属性：

- message<string>：如果提供，则将错误消息设置为此值。
- actual<any>：错误实例上的actual属性将包含此值。在内部用于actual错误输入，例如使用assert.strictEqual()。
- expected<any>：错误实例上的expected属性将包含此值。在内部用于expected错误输入，例如使用assert.strictEqual()。
- operator<string>：错误实例上的operator属性将包含此值。在内部用于表明用于比较的操作（或触发错误的断言函数）。
- stackStartFn<Function>：如果提供，则生成的堆栈跟踪将忽略此函数之前的帧。

AssertionError 继承自 Error，因此拥有 message 和 name 属性。除此之外，AssertionError 还包括以

下属性：

- actual<any>：设置为实际值，例如使用assert.strictEqual()。
- expected<any>：设置为期望值，例如使用assert.strictEqual()。
- generatedMessage<boolean>：表明消息是否是自动生成的。
- code<string>：始终设置为字符串ERR_ASSERTION，以表明错误实际上是断言错误。
- operator<string>：设置为传入的运算符值。

4.4 实例 4：使用 deepStrictEqual

assert.deepStrictEqual 用于测试实际参数和预期参数之间的深度是否相等。深度相等意味着子对象的可枚举的自身属性也通过以下规则进行递归计算：

- 使用SameValue[1]（使用Object.is()）来比较原始值。
- 对象的类型标签应该相同。
- 使用严格相等模式比较来比较对象的原型。
- 只考虑可枚举的自身属性。
- 始终比较Error的名称和消息，即使这些不是可枚举的属性。
- 自身可枚举的Symbol属性也会进行比较。
- 对象封装器作为对象和解封装后的值都进行比较。
- Object属性的比较是无序的。
- Map键名与Set子项的比较是无序的。
- 当两边的值不相同或遇到循环引用时，递归停止。
- WeakMap和WeakSet的比较不依赖于它们的值。

以下是详细的用法示例：

```
// 使用严格相等模式
const assert = require('assert').strict;

// 1 !== '1'.
assert.deepStrictEqual({ a: 1 }, { a: '1' });
// AssertionError: Expected inputs to be strictly deep-equal:
// + actual - expected
//
//   {
// +   a: 1
// -   a: '1'
//   }

// 对象没有自己的属性
```

1 SameValue 比较的描述可见 https://tc39.github.io/ecma262/#sec-samevalue。

```
const date = new Date();
const object = {};
const fakeDate = {};
Object.setPrototypeOf(fakeDate, Date.prototype);

// [[Prototype]]不同
assert.deepStrictEqual(object, fakeDate);
// AssertionError: Expected inputs to be strictly deep-equal:
// + actual - expected
//
// + {}
// - Date {}

// 类型标签不同
assert.deepStrictEqual(date, fakeDate);
// AssertionError: Expected inputs to be strictly deep-equal:
// + actual - expected
//
// + 2019-04-26T00:49:08.604Z
// - Date {}

// 正确，因为符合 SameValue 比较
assert.deepStrictEqual(NaN, NaN);

// 未包装时数字不同
assert.deepStrictEqual(new Number(1), new Number(2));
// AssertionError: Expected inputs to be strictly deep-equal:
// + actual - expected
//
// + [Number: 1]
// - [Number: 2]

// 正确，对象和字符串未包装时是相同的
assert.deepStrictEqual(new String('foo'), Object('foo'));

// 正确
assert.deepStrictEqual(-0, -0);

// 对于 SameValue 比较而言，0 和-0 是不同的
assert.deepStrictEqual(0, -0);
// AssertionError: Expected inputs to be strictly deep-equal:
// + actual - expected
//
// + 0
// - -0

const symbol1 = Symbol();
const symbol2 = Symbol();

// 正确，所有对象上都是相同的 Symbol
assert.deepStrictEqual({ [symbol1]: 1 }, { [symbol1]: 1 });
```

```
assert.deepStrictEqual({ [symbol1]: 1 }, { [symbol2]: 1 });
// AssertionError [ERR_ASSERTION]: Inputs identical but not reference equal:
//
// {
//   [Symbol()]: 1
// }

const weakMap1 = new WeakMap();
const weakMap2 = new WeakMap([[{}, {}]]);
const weakMap3 = new WeakMap();
weakMap3.unequal = true;

// 正确，因为无法比较条目
assert.deepStrictEqual(weakMap1, weakMap2);

// 失败，因为 weakMap3 有一个 unequal 属性，而 weakMap1 没有这个属性
assert.deepStrictEqual(weakMap1, weakMap3);
// AssertionError: Expected inputs to be strictly deep-equal:
// + actual - expected
//
//   WeakMap {
// +   [items unknown]
// -   [items unknown],
// -   unequal: true
//   }
```

本章的例子可以在 deep-strict-equal/main.js 文件中找到。

4.5 小 结

本章介绍了 Node.js 的测试。Node.js 内嵌了 assert 模块，用于对测试的支持。assert 模块支持严格模式和遗留模式。

本章也演示了断言、AssertionError、deepStrictEqual 的用法。

4.6 练 习 题

1. 请简述严格模式和遗留模式的区别。
2. 编写一个断言的用法示例。
3. 编写一个 deepStrictEqual 的用法示例。

第 5 章

Node.js 缓冲区——高性能 IO 处理的秘诀

缓冲区的设定是为了提升 IO 处理的性能，因此缓冲区在 IO 处理中扮演者非常重要的角色。

本章介绍使用 Node.js 的 Buffer（缓冲区）类来处理二进制数据。

5.1 了解 Buffer

出于历史原因，早期的 JavaScript 语言没有用于读取或操作二进制数据流的机制。因为 JavaScript 最初被设计用于处理 HTML 文档，而文档主要是由字符串组成的。

但随着 Web 的发展，Node.js 需要处理诸如数据库通信、操作图像或者视频以及上传文件等复杂的业务。可以想象，仅仅使用字符串来完成上述任务将会变得相当困难。在早期，Node.js 通过将每个字节编码为文本字符来处理二进制数据，这种方式既浪费资源，速度又缓慢，还不可靠，并且难以控制。

因此，Node.js 引入了 Buffer 类，用于在 TCP 流、文件系统操作和上下文中与八位字节流（octet streams）进行交互。

之后，随着 ECMAScript 2015 的发布，对于 JavaScript 二进制的处理有了质的改善。ECMAScript 2015 定义了一个 TypedArray(类型化数组)，期望提供一种更加高效的机制来访问和处理二进制数据。基于 TypedArray，Buffer 类将以更优化和适合 Node.js 的方式来实现 Uint8Array API。

5.1.1 了解 TypedArray

TypedArray 对象描述了基础二进制数据缓冲区的类数组视图，没有名为 TypedArray 的全局属性，也没有直接可见的 TypedArray 构造函数。相反，有许多不同的全局属性，其值是特定元素类型的类型化数组构造函数，示例如下：

```
// 创建 TypedArray
const typedArray1 = new Int8Array(8);
typedArray1[0] = 32;

const typedArray2 = new Int8Array(typedArray1);
typedArray2[1] = 42;

console.log(typedArray1);
// 输出: Int8Array [32, 0, 0, 0, 0, 0, 0, 0]

console.log(typedArray2);
// 输出: Int8Array [32, 42, 0, 0, 0, 0, 0, 0]
```

表 5-1 总结了所有 TypedArray 的类型及取值范围。

表 5-1　TypedArray 的类型及取值范围

类　型	取值范围	字 节 数	对应的 C 语言类型
Int8Array	-128 ~ 127	1	int8_t
Uint8Array	0 ~ 255	1	uint8_t
Uint8ClampedArray	0 ~ 255	1	uint8_t
Int16Array	-32768 ~ 32767	2	int16_t
Uint16Array	0 ~ 65535	2	uint16_t
Int32Array	-2147483648 ~ 2147483647	4	int32_t
Uint32Array	0 ~ 4294967295	4	uint32_t
Float32Array	1.2E-38 ~ 3.4E38	4	float
Float64Array	5E-324 ~ 1.8E308	8	double
BigInt64Array	-2^63 ~ 2^63 - 1	8	int64_t (signed long long)
BigUint64Array	0 ~ 2^64 - 1	8	uint64_t (unsigned long long)

更多有关 TypedArray 的内容可以参阅文档 https://developer.mozilla.org/en-US/docs/Web/JavaScript/Reference/Global_Objects/TypedArray。

5.1.2　Buffer 类

Buffer 类是基于 Uint8Array 的，因此其值范围是 0~255 的整数数组。

以下是创建 Buffer 实例的一些使用示例：

```
// 创建一个长度为 10 的零填充缓冲区
const buf1 = Buffer.alloc(10);

// 创建一个长度为 10 的填充 0x1 的缓冲区
const buf2 = Buffer.alloc(10, 1);

// 创建一个长度为 10 的未初始化缓冲区
// 这比调用 Buffer.alloc() 更快，但返回了缓冲区实例
// 但有可能包含旧数据，可以通过 fill() 或 write() 来覆盖旧值
const buf3 = Buffer.allocUnsafe(10);
```

```
// 创建包含[0x1, 0x2, 0x3]的缓冲区
const buf4 = Buffer.from([1, 2, 3]);

// 创建包含 UTF-8 字节的缓冲区[0x74, 0xc3, 0xa9, 0x73, 0x74]
const buf5 = Buffer.from('tést');

// 创建一个包含 Latin-1 字节的缓冲区[0x74, 0xe9, 0x73, 0x74]
const buf6 = Buffer.from('tést', 'latin1');
```

Buffer 可以简单地理解为数组结构，因此可以用常见的 for...of 语法来迭代缓冲区实例。以下是示例：

```
const buf = Buffer.from([1, 2, 3]);

for (const b of buf) {
  console.log(b);
}
// 输出：
//   1
//   2
//   3
```

5.2 创建缓冲区

在 Node.js 6.0.0 版本之前，创建缓冲区的方式是通过 Buffer 的构造函数来创建实例。以下是示例：

```
// Node.js 6.0.0 版本之前实例化 Buffer
const buf1 = new Buffer() ;
const buf2 = new Buffer(10);
```

上述例子中，使用 new 关键字创建 Buffer 实例，它根据提供的参数返回不同的 Buffer。其中，将数字作为第一个参数传递给 Buffer()会分配一个指定大小的新 Buffer 对象。在 Node.js 8.0.0 之前，为此类 Buffer 实例分配的内存未初始化，并且可能包含敏感数据，因此随后必须使用 buf.fill(0)或写入整个 Buffer 来初始化此类 Buffer 实例。

因此，初始化缓存区其实有两种方式：创建快速但未初始化的缓冲区与创建速度更慢但更安全的缓冲区。但这两种方式并未在 API 上明显地体现出来，因此可能会导致开发人员误用，引发不必要的安全问题。因此，初始化缓冲区的安全 API 与非安全 API 之间需要有更明确的区分。

5.2.1 初始化缓冲区的 API

为了使 Buffer 实例的创建更可靠且更不容易出错，新的 Buffer()构造函数的各种形式已被弃用，并由单独的 Buffer.from()、Buffer.alloc()和 Buffer.allocUnsafe()替换。

新的 API 包含以下几种：

- Buffer.from(array)返回一个新的Buffer，其中包含提供的8位字节的副本。

- Buffer.from(arrayBuffer [, byteOffset [, length]])返回一个新的Buffer，它与给定的ArrayBuffer共享相同的已分配内存。
- Buffer.from(buffer)返回一个新的Buffer，其中包含给定Buffer的内容副本。
- Buffer.from(string [, encoding])返回一个新的Buffer，其中包含提供的字符串的副本。
- Buffer.alloc(size [, fill [, encoding]]) 返回指定大小的新初始化 Buffer。此方法比Buffer.allocUnsafe(size)慢，但保证新创建的Buffer实例永远不会包含可能敏感的旧数据。
- Buffer.allocUnsafe(size)和Buffer.allocUnsafeSlow(size)分别返回指定大小的新未初始化缓冲区。由于缓冲区未初始化，因此分配的内存段可能包含敏感的旧数据。如果size小于或等于Buffer.poolSize的一半，则Buffer.allocUnsafe()返回的缓冲区实例可以从共享内部内存池中分配。Buffer.allocUnsafeSlow()返回的实例从不使用共享内部内存池。

5.2.2 实例 5：理解数据的安全性

正如前面的 API 所描述的，API 在使用时要区分场景，毕竟不同的 API 对于数据的安全性有所差异。以下是使用 Buffer 的 alloc 方法和 allocUnsafe 方法的例子。

```
// 创建一个长度为 10 的零填充缓冲区
const safeBuf = Buffer.alloc(10, 'waylau');

console.log(safeBuf.toString()); // waylauwayl

// 数据有可能包含旧数据
const unsafeBuf = Buffer.allocUnsafe(10); // ╖Qbf

console.log(unsafeBuf.toString());
```

输出内容如下：

```
waylauwayl
   ╖Qbf
```

可以看到，allocUnsafe 分配的缓存区里面包含旧数据，而且旧数据的值是不确定的。之所以产生这种旧数据的原因是，调用 Buffer.allocUnsafe()和 Buffer.allocUnsafeSlow()时分配的内存段未初始化（它不会被清零）。虽然这种设计使得内存分配非常快，但分配的内存段可能包含敏感的旧数据。使用由 Buffer.allocUnsafe()创建的缓冲区而不完全覆盖内存，可以允许在读取缓冲区内存时泄漏此旧数据。虽然使用 Buffer.allocUnsafe()有明显的性能优势，但必须格外小心，以避免将安全漏洞引入应用程序。

如果想清理旧数据，则可以使用 fill 方法。示例如下：

```
// 数据有可能包含旧数据
const unsafeBuf = Buffer.allocUnsafe(10);

console.log(unsafeBuf.toString());

const unsafeBuf2 = Buffer.allocUnsafe(10);

// 用 0 填充清理掉旧数据
unsafeBuf2.fill(0);
```

```
console.log(unsafeBuf2.toString());
```

通过填充零的方式（fill(0)）可以成功清理掉 allocUnsafe 分配的缓冲区中的旧数据。

注 意

安全和性能是天平的两端，要获取相对的安全，就要牺牲相对的性能。因此，开发人员在选择使用安全或者非安全的方法时，一定要基于自己的业务场景来考虑。

本节的例子可以在 buffer-demo/safe-and-unsafe.js 文件中找到。

5.2.3 启用零填充

可以使用--zero-fill-buffers 命令行选项启动 Node.js，这样所有新分配的 Buffer 实例在创建时默认为零填充，包括 new Buffer(size)、Buffer.allocUnsafe()、Buffer.allocUnsafeSlow() 和 new SlowBuffer(size)。

以下是启用零填充的示例：

```
node --zero-fill-buffers safe-and-unsafe
```

正如前文所述，使用零填充虽然可以获得数据上的安全，但是以牺牲性能为代价的，因此使用此标志可能会对性能产生重大负面影响。建议仅在必要时使用--zero-fill-buffers 选项。

5.2.4 实例 6：指定字符编码

当字符串数据存储在 Buffer 实例中或从 Buffer 实例中提取时，可以指定字符编码。

```
// 以 UTF-8 编码初始化缓冲区数据
const buf = Buffer.from('Hello World!你好，世界！', 'utf8');

// 转为十六进制字符
console.log(buf.toString('hex'));
// 输出：48656c6c6f20576f726c6421e4bda0e5a5bdefbc8ce4b896e7958cefbc81

// 转为 Base64 编码
console.log(buf.toString('base64'));
// 输出：SGVsbG8gV29ybGQh5L2g5aW977yM5LiW55WM77yB
```

上述例子中，在初始化缓冲区数据时使用 UTF-8，而后在提取缓冲区数据时，转为十六进制字符和 Base64 编码。

Node.js 当前支持的字符编码包括：

- ascii：仅适用于7位ASCII数据。此编码速度很快，如果设置则会剥离高位。
- utf8：多字节编码的Unicode字符。许多网页和其他文档格式都使用UTF-8。涉及中文字符时，建议采用该编码。
- utf16le：2或4字节，little-endian编码的Unicode字符。
- ucs2：utf16le的别名。
- base64：Base64编码。从字符串创建缓冲区时，此编码也将正确接受RFC 4648规范指定的

URL和文件名安全字母[1]。

- latin1：将Buffer编码为单字节编码字符串的方法。
- binary：latin1的别名。
- hex：将每个字节编码为两个十六进制字符。

本节例子可以在 buffer-demo/character-encodings.js 文件中找到。

5.3 实例 7：切分缓冲区

Node.js 提供了切分缓冲区的方法 buf.slice([start[, end]])。其中参数的含义如下：

- start<integer>指定新缓冲区开始的索引，默认值是0。
- end<integer>指定缓冲区结束的索引（不包括），默认值buf.length。

返回新的 Buffer，它引用与原始内存相同的内存，但是由起始和结束索引进行偏移和切分。以下是示例：

```
const buf1 = Buffer.allocUnsafe(26);

for (let i = 0; i < 26; i++) {
  // 97 在 ASCII 中的值是'a'
  buf1[i] = i + 97;
}

const buf2 = buf1.slice(0, 3);

console.log(buf2.toString('ascii', 0, buf2.length));
// 输出：abc

buf1[0] = 33; // 33 在 ASCII 中的值是'!'

console.log(buf2.toString('ascii', 0, buf2.length));
// 输出：!bc
```

如果指定大于 buf.length 的结束索引，将返回结束索引等于 buf.length 相同的结果。示例如下：

```
const buf = Buffer.from('buffer');

console.log(buf.slice(-6, -1).toString());
// 输出：buffe
// 等同于：buf.slice(0, 5)

console.log(buf.slice(-6, -2).toString());
// 输出：buff
// 等同于：buf.slice(0, 4)
```

1 有关 RFC 4648 规范的内容可见 https://tools.ietf.org/html/rfc4648。

```
console.log(buf.slice(-5, -2).toString());
// 输出：uff
// 等同于：buf.slice(1, 4)
```

修改新的 Buffer 片段将会同时修改原始 Buffer 中的内存，因为两个对象分配的内存是相同的。示例如下：

```
const oldBuf = Buffer.from('buffer');
const newBuf = oldBuf.slice(0, 3);

console.log(newBuf.toString()); // buf

// 修改新的 Buffer
newBuf[0] = 97;  // 97 在 ASCII 中的值是'a'

console.log(oldBuf.toString()); // auffer
```

本节的例子可以在 buffer-demo/buffer-slice.js 文件中找到。

5.4　实例 8：连接缓冲区

Node.js 提供了连接缓冲区的方法 Buffer.concat(list[, totalLength])。其中参数的含义如下：

- list <Buffer[]> | <Uint8Array[]>指待连接的Buffer或者Uint8Array实例的列表。
- totalLength <integer>指连接完成后list里面的Buffer实例的长度。

返回新的 Buffer，它是连接 list 里面所有 Buffer 实例的结果。如果 list 没有数据项或者 totalLength 为 0，则返回的新 Buffer 的长度也是 0。

在上述连接方法中，totalLength 可以指定，也可以不指定。如果不指定的话，会从 list 中计算 Buffer 实例的长度。如果指定了的话，即便 list 中连接之后的 Buffer 实例长度超过了 totalLength，最终返回的 Buffer 实例长度也只会是 totalLength 长度。考虑到计算 Buffer 实例的长度会有一定的性能损耗，建议在能够提前预知长度的情况下指定 totalLength。

以下是连接缓冲区的示例：

```
// 创建三个 Buffer 实例
const buf1 = Buffer.alloc(1);
const buf2 = Buffer.alloc(4);
const buf3 = Buffer.alloc(2);
const totalLength = buf1.length + buf2.length + buf3.length;

console.log(totalLength); // 7

// 连接三个 Buffer 实例
const bufA = Buffer.concat([buf1, buf2, buf3], totalLength);

console.log(bufA); // <Buffer 00 00 00 00 00 00 00>

console.log(bufA.length); // 7
```

本节的例子可以在 buffer-demo/buffer-concat.js 文件中找到。

5.5　实例 9：比较缓冲区

Node.js 提供了比较缓冲区的方法 Buffer.compare(buf1, buf2)。将 buf1 与 buf2 进行比较通常是为了对 Buffer 实例的数组进行排序。以下是示例：

```
const buf1 = Buffer.from('1234');
const buf2 = Buffer.from('0123');
const arr = [buf1, buf2];

console.log(arr.sort(Buffer.compare));
// 输出: [ <Buffer 30 31 32 33>, <Buffer 31 32 33 34> ]
```

上述结果等同于：

```
const arr = [buf2, buf1];
```

比较还有另一种用法，即比较两个 Buffer 实例。以下是示例：

```
const buf1 = Buffer.from('1234');
const buf2 = Buffer.from('0123');

console.log(buf1.compare(buf2));
// 输出 1
```

将 buf1 与 buf2 进行比较，并返回一个数字，指示 buf1 在排序之前、之后还是与目标相同。比较是基于每个缓冲区中的实际字节序列。

- 如果buf2与buf1相同，则返回0。
- 如果在排序时buf2应该在buf1之前，则返回1。
- 如果在排序后buf2应该在buf1之后，则返回-1。

本节的例子可以在 buffer-demo/buffer-compare.js 文件中找到。

5.6　缓冲区编解码

编写一个网络应用程序避免不了要使用编解码器。编解码器的作用就是将原始字节数据与目标程序数据格式进行互转，因为网络中都是以字节码的数据形式来传输数据的。编解码器又可以细分为两类：编码器和解码器。

5.6.1　编码器和解码器

编码器和解码器都实现了字节序列与业务对象转化。那么，两者如何区分呢?

从消息角度看，编码器是转换消息格式为适合传输的字节流，而相应的解码器是将传输数据转换为程序的消息格式。

从逻辑上看，编码器是从消息格式转化为字节流，是出站（outbound）操作，而解码器是将字节流转换为消息格式，是入站（inbound）操作。

5.6.2 实例 10：缓冲区解码

Node.js 缓冲区解码都是使用 read 方法。以下是常用的解码 API：

- buf.readBigInt64BE([offset])
- buf.readBigInt64LE([offset])
- buf.readBigUInt64BE([offset])
- buf.readBigUInt64LE([offset])
- buf.readDoubleBE([offset])
- buf.readDoubleLE([offset])
- buf.readFloatBE([offset])
- buf.readFloatLE([offset])
- buf.readInt8([offset])
- buf.readInt16BE([offset])
- buf.readInt16LE([offset])
- buf.readInt32BE([offset])
- buf.readInt32LE([offset])
- buf.readIntBE(offset, byteLength)
- buf.readIntLE(offset, byteLength)
- buf.readUInt8([offset])
- buf.readUInt16BE([offset])
- buf.readUInt16LE([offset])
- buf.readUInt32BE([offset])
- buf.readUInt32LE([offset])
- buf.readUIntBE(offset, byteLength)
- buf.readUIntLE(offset, byteLength)

上述 API 从方法命名上就能看出其用意。以 buf.readInt8([offset])方法为例，该 API 是从缓冲区读取 8 位整型数据。以下是一个使用示例：

```
const buf = Buffer.from([-1, 5]);

console.log(buf.readInt8(0));
// 输出: -1

console.log(buf.readInt8(1));
// 输出: 5

console.log(buf.readInt8(2));
// 抛出 ERR_OUT_OF_RANGE 异常
```

其中，offset 用于指示数据在缓冲区的索引的位置。如果 offset 超过了缓冲区的长度，则会抛出 ERR_OUT_OF_RANGE 异常信息。

本节的例子可以在 buffer-demo/buffer-read.js 文件中找到。

5.6.3　实例 11：缓冲区编码

Node.js 缓冲区编码都是使用 write 方法。以下是常用的编码 API：

- buf.write(string[, offset[, length]][, encoding])
- buf.writeBigInt64BE(value[, offset])
- buf.writeBigInt64LE(value[, offset])
- buf.writeBigUInt64BE(value[, offset])
- buf.writeBigUInt64LE(value[, offset])
- buf.writeDoubleBE(value[, offset])
- buf.writeDoubleLE(value[, offset])
- buf.writeFloatBE(value[, offset])
- buf.writeFloatLE(value[, offset])
- buf.writeInt8(value[, offset])
- buf.writeInt16BE(value[, offset])
- buf.writeInt16LE(value[, offset])
- buf.writeInt32BE(value[, offset])
- buf.writeInt32LE(value[, offset])
- buf.writeIntBE(value, offset, byteLength)
- buf.writeIntLE(value, offset, byteLength)
- buf.writeUInt8(value[, offset])
- buf.writeUInt16BE(value[, offset])
- buf.writeUInt16LE(value[, offset])
- buf.writeUInt32BE(value[, offset])
- buf.writeUInt32LE(value[, offset])
- buf.writeUIntBE(value, offset, byteLength)
- buf.writeUIntLE(value, offset, byteLength)

上述 API 从方法命名上就能看出其用意。以 buf.writeInt8(value[, offset])方法为例，该 API 是将 8 位整型数据写入缓冲区。以下是一个使用示例：

```
const buf = Buffer.allocUnsafe(2);

buf.writeInt8(2, 0);
buf.writeInt8(4, 1);

console.log(buf);
// 输出：<Buffer 02 04>
```

上述例子最终在缓冲区的数据为[02, 04]。

本节的例子可以在 buffer-demo/buffer-write.js 文件中找到。

5.7 小　结

本章详细介绍了 Node.js 缓冲区的用法，包括创建缓冲区、切分缓冲区、连接缓冲区、比较缓冲区以及缓冲区编解码。

5.8 练 习 题

1. 请简述 Buffer 类的作用。
2. 请编写一个创建缓冲区的示例。
3. 请编写一个切分缓冲区的示例。
4. 请编写一个连接缓冲区的示例。
5. 请编写一个比较缓冲区的示例。
6. 请编写一个缓冲区编解码的示例。

第 6 章

Node.js 事件处理

Node.js 吸引人的一个非常大的原因是，Node.js 是异步事件驱动的。通过异步事件驱动机制，Node.js 应用拥有了高并发处理能力。

本章介绍 Node.js 的事件处理。

6.1 理解事件和回调

在 Node.js 应用中，事件无处不在。例如，net.Server 会在每次有新连接时触发事件，fs.ReadStream 会在打开文件时触发事件，stream 会在数据可读时触发事件。

在 Node.js 的事件机制里面主要有三类角色：

- 事件（Event）。
- 事件发射器（Event Emitter）。
- 事件监听器（Event Listener）。

所有能触发事件的对象在 Node.js 中都是 EventEmitter 类的实例。这些对象有一个 eventEmitter.on() 函数，用于将一个或多个函数绑定到命名事件上。事件的命名通常是驼峰式的字符串。

当 EventEmitter 对象触发一个事件时，所有绑定在该事件上的函数都会被同步地调用。

以下是一个简单的 EventEmitter 实例，绑定了一个事件监听器。

```
const EventEmitter = require('events');

class MyEmitter extends EventEmitter {}

const myEmitter = new MyEmitter();

// 注册监听器
```

```
myEmitter.on('event', () => {
  console.log('触发事件');
});

// 触发事件
myEmitter.emit('event');
```

在上述例子中，eventEmitter.on()用于注册监听器，eventEmitter.emit()用于触发事件。其中，eventEmitter.on()是一个典型的异步编程模式，而且与回调函数密不可分，而回调函数就是后继传递风格[1]的一种体现。后继传递风格是一种控制流通过参数传递的风格。简单地说就是把后继，也就是下一步要运行的代码封装成函数，通过参数传递的方式传给当前运行的函数。

所谓回调，就是“回头再调”的意思。在上述例子中，myEmitter 先注册了 event 事件，同时绑定了一个匿名的回调函数。该函数并不是马上执行，而是需要等到事件触发了以后再执行。

6.1.1　事件循环

Node.js 是单进程单线程应用程序，但是因为 V8 引擎提供的异步执行回调接口，通过这些接口可以处理大量的并发，所以性能非常高。

Node.js 几乎每一个 API 都支持回调函数。

Node.js 基本上所有的事件机制都是用设计模式中的观察者模式实现的。

Node.js 单线程类似于进入一个 while(true)事件循环，直到没有事件观察者退出，每个异步事件都生成一个事件观察者，如果有事件发生就调用该回调函数。

6.1.2　事件驱动

图 6-1 展示了事件驱动模型。

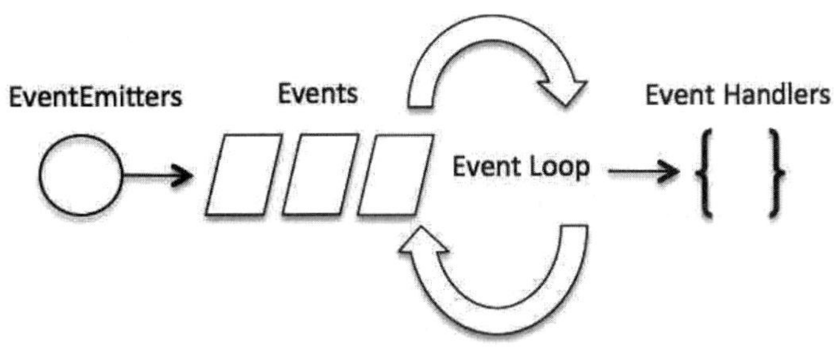

图 6-1　事件驱动模型

Node.js 使用事件驱动模型，当服务器接收到请求，就把它关闭，然后进行处理，去服务下一个请求。当这个请求完成后，它被放回处理队列，当到达队列开头时，这个结果被返回给用户。

这个模型非常高效，可扩展性非常强，因为服务器一直接受请求而不等待任何读写操作。

在事件驱动模型中会生成一个主循环来监听事件，当检测到事件时触发回调函数。

整个事件驱动的流程有点类似于观察者模式，事件相当于一个主题（Subject），而所有注册到这个事件上的处理函数相当于观察者（Observer）。

---

1 有关后继传递风格可见 http://en.wikipedia.org/wiki/Continuation-passing_style。

6.2 事件发射器

在 Node.js 中，事件发射器是定义在 events 模块的 EventEmitter 类。获取 EventEmitter 类的方式如下：

```
const EventEmitter = require('events');
```

当 EventEmitter 类实例新增监听器时，会触发 newListener 事件；当移除已存在的监听器时，则触发 removeListener 事件。

6.2.1 实例 12：将参数和 this 传给监听器

eventEmitter.emit()方法可以传任意数量的参数到监听器函数。当监听器函数被调用时，this 关键词会被指向监听器所绑定的 EventEmitter 实例。以下是示例：

```
const EventEmitter = require('events');

class MyEmitter extends EventEmitter {}

const myEmitter = new MyEmitter();

myEmitter.on('event', function(a, b) {
  console.log(a, b, this, this === myEmitter);
  // 输出
  // a b MyEmitter {
  //   _events: [Object: null prototype] { event: [Function] },
  //   _eventsCount: 1,
  //   _maxListeners: undefined
  // } true
});

myEmitter.emit('event', 'a', 'b');
```

也可以使用 ES6 的 lambda 表达式作为监听器。但 this 关键词不会指向 EventEmitter 实例。以下是示例：

```
const EventEmitter = require('events');

class MyEmitter extends EventEmitter { }

const myEmitter = new MyEmitter();

myEmitter.on('event', (a, b) => {
   console.log(a, b, this);
   // 输出: a b {}
});

myEmitter.emit('event', 'a', 'b');
```

本节的例子可以在 events-demo/parameter-this.js 和 events-demo/parameter-lambda.js 文件中找到。

6.2.2　实例 13：异步与同步

EventEmitter 会按照监听器注册的顺序同步地调用所有监听器，所以必须确保事件排序正确，且避免竞态条件。可以使用 setImmediate()或 process.nextTick()切换到异步模式：

```
const EventEmitter = require('events');

class MyEmitter extends EventEmitter { }

const myEmitter = new MyEmitter();

myEmitter.on('event', (a, b) => {
    setImmediate(() => {
        console.log('异步进行');
    });
});

myEmitter.emit('event', 'a', 'b');
```

本节的例子可以在 events-demo/set-immediate.js 文件中找到。

6.2.3　实例 14：仅处理事件一次

当使用 eventEmitter.on()注册监听器时，监听器会在每次触发命名事件时被调用。

```
const myEmitter = new MyEmitter();
let m = 0;

myEmitter.on('event', () => {
  console.log(++m);
});

myEmitter.emit('event');
// 输出：1

myEmitter.emit('event');
// 输出：2
```

使用 eventEmitter.once()可以注册最多可调用一次的监听器。当事件被触发时，监听器会被注销，然后调用。

```
const EventEmitter = require('events');

class MyEmitter extends EventEmitter { }

const myEmitter = new MyEmitter();
let m = 0;

myEmitter.once('event', () => {
    console.log(++m);
});
```

```
myEmitter.emit('event');
// 打印: 1
myEmitter.emit('event');
// 不触发
```

本节的例子可以在 events-demo/emitter-once.js 文件中找到。

6.3 事件类型

Node.js 的事件是由不同的类型进行区分的。

6.3.1 事件类型的定义

观察在前面章节所涉及的示例：

```
const EventEmitter = require('events');

class MyEmitter extends EventEmitter {}

const myEmitter = new MyEmitter();

// 注册监听器
myEmitter.on('event', () => {
  console.log('触发事件');
});

// 触发事件
myEmitter.emit('event');
```

事件的类型是由字符串表示的。在上述示例中，事件的类型是 event。

事件类型可以定义为任意的字符串，但约定俗成的是，事件类型通常是由不包含空格的小写单词组成的。

由于事件类型定义的灵活性，我们无法通过编程来判断事件发射器到底能够发射哪些类型的事件，因为事件发射器 API 不会提供内省机制，所以只能通过 API 文档来查看它能够发射的事件类型有哪些。

6.3.2 内置的事件类型

事件类型可以灵活定义，但有一些事件是由 Node.js 本身定义的，比如前面章节所涉及的 newListener 事件和 removeListener 事件。当 EventEmitter 类实例新增监听器时，会触发 newListener 事件；当移除已存在的监听器时，则触发 removeListener 事件。

还有一类特殊的事件是指 error 事件。

6.3.3 实例 15：error 事件

当 EventEmitter 实例出错时，应该触发 error 事件。

如果没有为error事件注册监听器，则当error事件触发时会抛出错误，打印堆栈跟踪并退出Node.js进程。

```
const EventEmitter = require('events');

class MyEmitter extends EventEmitter { }

const myEmitter = new MyEmitter();

// 模拟触发 error 事件
myEmitter.emit('error', new Error('错误信息'));
// 抛出错误
```

执行程序，可以看到控制台抛出了如下错误信息：

```
D:\workspaceGithub\full-stack-development-with-vuejs-and-nodejs\samples\event
s-demo>node error-event
node:events:368
     throw er; // Unhandled 'error' event
     ^

Error: 错误信息
   at Object.<anonymous>
(D:\workspaceGithub\full-stack-development-with-vuejs-and-nodejs\samples\events-d
emo\error-event.js:13:25)
 [90m   at Module._compile (node:internal/modules/cjs/loader:1097:14)[39m
 [90m   at Object.Module._extensions..js
(node:internal/modules/cjs/loader:1149:10)[39m
 [90m   at Module.load (node:internal/modules/cjs/loader:975:32)[39m
 [90m   at Function.Module._load (node:internal/modules/cjs/loader:822:12)[39m
 [90m   at Function.executeUserEntryPoint [as runMain]
(node:internal/modules/run_main:81:12)[39m
 [90m   at node:internal/main/run_main_module:17:47[39m
Emitted 'error' event on MyEmitter instance at:
   at Object.<anonymous>
(D:\workspaceGithub\full-stack-development-with-vuejs-and-nodejs\samples\events-d
emo\error-event.js:13:11)
 [90m   at Module._compile (node:internal/modules/cjs/loader:1097:14)[39m
   [... lines matching original stack trace ...]
 [90m   at node:internal/main/run_main_module:17:47[39m

Node.js v17.3.0
```

上述错误如果没有进一步处理，则极易导致 Node.js 进程崩溃。为了防止进程崩溃，有两种解决方式。

1. 使用domain模块

早期 Node.js 的 domain 模块用于简化异步代码的异常处理，可以捕捉处理 try-catch 无法捕捉的异常。引入 domain 模块的语法格式如下：

```
var domain = require("domain")
```

domain 模块会把多个不同 I/O 操作作为一个组。在发生一个错误事件或抛出一个错误时 domain 对象会被通知，所以不会丢失上下文环境，也不会导致程序错误立即退出。

以下是一个 domain 的示例：

```
var domain = require('domain');
var connect = require('connect');

var app = connect();

//引入一个 domain 的中间件，将每一个请求都包裹在一个独立的 domain 中
//domain 来处理异常
app.use(function (req,res, next) {
  var d = domain.create();
  //监听 domain 的错误事件
  d.on('error', function (err) {
    logger.error(err);
    res.statusCode = 500;
    res.json({sucess:false, messag: '服务器异常'});
    d.dispose();
  });

  d.add(req);
  d.add(res);
  d.run(next);
});

app.get('/index', function (req, res) {
  //处理业务
});
```

需要注意的是，domain 模块已经废弃了，不再推荐使用了。

2. 为error事件注册监听器

作为最佳实践，应该始终为 error 事件注册监听器。

```
const EventEmitter = require('events');

class MyEmitter extends EventEmitter { }

const myEmitter = new MyEmitter();

// 为 error 事件注册监听器
myEmitter.on('error', (err) => {
    console.error('错误信息');
});

// 模拟触发 error 事件
myEmitter.emit('error', new Error('错误信息'));
```

本节的例子可以在 events-demo/error-event.js 文件中找到。

6.4 事件的操作

本节介绍 Node.js 事件的常用操作。

6.4.1 实例 16：设置最大监听器

默认情况下，每个事件可以注册最多 10 个监听器，可以使用 emitter.setMaxListeners(n)方法改变单个 EventEmitter 实例的限制，也可以使用 EventEmitter.defaultMaxListeners 属性来改变所有 EventEmitter 实例的默认值。

需要注意的是，设置 EventEmitter.defaultMaxListeners 要谨慎，因为这个设置会影响所有 EventEmitter 实例，包括之前创建的。因而，推荐优先使用 emitter.setMaxListeners(n)而不是 EventEmitter.defaultMaxListeners。

虽然可以设置最大监听器，但这个限制不是硬性的。EventEmitter 实例可以添加超过限制的监听器，只是会向 stderr 输出跟踪警告，表明检测到可能的内存泄漏。对于单个 EventEmitter 实例，可以使用 emitter.getMaxListeners()和 emitter.setMaxListeners()暂时消除警告：

```
emitter.setMaxListeners(emitter.getMaxListeners() + 1);

emitter.once('event', () => {
  // 做一些操作
  emitter.setMaxListeners(Math.max(emitter.getMaxListeners() - 1, 0));
});
```

如果想显示此类警告的堆栈跟踪信息，可以使用-trace-warnings 命令行参数。

触发的警告可以通过 process.on('warning')进行检查，并具有附加的 emitter、type 和 count 属性，分别指向事件触发器实例、事件名称以及附加的监听器数量。其 name 属性设置为 MaxListenersExceededWarning。

6.4.2 实例 17：获取已注册的事件的名称

可以通过 emitter.eventNames()方法来返回已注册监听器的事件名数组。数组中的值可以为字符串或 Symbol。以下是示例：

```
const EventEmitter = require('events');

class MyEmitter extends EventEmitter { }

const myEmitter = new MyEmitter();

myEmitter.on('foo', () => {});
myEmitter.on('bar', () => {});

const sym = Symbol('symbol');
myEmitter.on(sym, () => {});

console.log(myEmitter.eventNames());
```

上述程序在控制台输出的内容为：

```
[ 'foo', 'bar', Symbol(symbol) ]
```

本节的例子可以在 events-demo/event-names.js 文件中找到。

6.4.3 实例 18：获取监听器数组的副本

可以通过 emitter.listeners(eventName)方法来返回名为 eventName 的事件的监听器数组的副本。以下是示例：

```
const EventEmitter = require('events');

class MyEmitter extends EventEmitter { }

const myEmitter = new MyEmitter();

myEmitter.on('foo', () => {});

console.log(myEmitter.listeners('foo'));
```

上述程序在控制台输出的内容为：

```
[ [Function] ]
```

本节的例子可以在 events-demo/event-listeners.js 文件中找到。

6.4.4 实例 19：将事件监听器添加到监听器数组的开头

通过 emitter.on(eventName, listener)方法，监听器 listener 会被添加到监听器数组的末尾。通过 emitter.prependListener()方法，事件监听器将被添加到监听器数组的开头。以下是示例：

```
const EventEmitter = require('events');

class MyEmitter extends EventEmitter { }

const myEmitter = new MyEmitter();

myEmitter.on('foo', () => console.log('a'));
myEmitter.prependListener('foo', () => console.log('b'));
myEmitter.emit('foo');
```

默认情况下，事件监听器会按照添加的顺序依次调用。由于 prependListener 方法让监听器提前到了数组的开头，因此该监听器会被优先执行。因此控制台输出内容为：

```
b
a
```

注 意

注册监听器时，不会检查监听器是否已被添加过。因此，多次调用并传入相同的 eventName 与 listener 会导致 listener 被添加多次，这是合法的。

本节的例子可以在 events-demo/prepend-listener.js 文件中找到。

6.4.5 实例 20：移除监听器

通过 emitter.removeListener(eventName, listener)方法从名为 eventName 的事件的监听器数组中移除指定的 listener。以下是示例：

```
const EventEmitter = require('events');

class MyEmitter extends EventEmitter { }

const myEmitter = new MyEmitter();

let listener1 = function () {
    console.log('监听器 listener1');
}

// 获取监听器的个数
let getListenerCount = function () {

    let count = myEmitter.listenerCount('foo');
    console.log("监听器监听个数为: " + count);
}

myEmitter.on('foo', listener1);

getListenerCount();

myEmitter.emit('foo');

// 移除监听器
myEmitter.removeListener('foo', listener1);

getListenerCount();
```

在上述示例中，通过 listenerCount()方法来获取监听器的个数。通过 removeListener()前后的监听器个数的对比，可以看到 removeListener()方法已经移除掉了 foo 监听器。

以下是控制台的输出内容：

```
监听器监听个数为：1
监听器 listener1
监听器监听个数为：0
```

removeListener()最多只会从监听器数组中移除一个监听器。如果监听器被多次添加到指定 eventName 的监听器数组中，则必须多次调用 removeListener()才能移除所有实例。

如果想要快捷地删除某个 eventName 所有的监听器，则可以使用 emitter.removeAllListeners([eventName])方法。

```
const EventEmitter = require('events');

class MyEmitter extends EventEmitter { }

const myEmitter = new MyEmitter();
```

```
let listener1 = function () {
    console.log('监听器 listener1');
}

// 获取监听器的个数
let getListenerCount = function () {

    let count = myEmitter.listenerCount('foo');
    console.log("监听器监听各数为: " + count);
}

// 添加多个监听器
myEmitter.on('foo', listener1);
myEmitter.on('foo', listener1);
myEmitter.on('foo', listener1);


getListenerCount();

// 移除所有监听器
myEmitter.removeAllListeners(['foo']);

getListenerCount();
```

在上述示例中，通过 listenerCount()方法来获取监听器的各数。通过 removeListener()前后的监听器各数的对比，可以看到 removeListener()方法已经移除掉了 foo 监听器。

以下是控制台的输出内容：

```
监听器监听个数为: 3
监听器监听个数为: 0
```

本节的例子可以在 events-demo/remove-listener.js 文件中找到。

6.5 小 结

本章介绍了 Node.js 事件处理机制的原理、事件发射器、事件类型以及常用事件的操作。

6.6 练 习 题

1. 请简述 Node.js 事件处理机制的原理。
2. 请编写一个事件发射器的使用示例。
3. 请简述常见的内置事件类型。
4. 请编写一个 error 事件的使用示例。
5. 请编写一个操作事件的示例。

第 7 章 Node.js 文件处理

本章介绍如何基于 Node.js 的 fs 模块来实现文件的处理操作。

7.1 了解 fs 模块

Node.js 对应文件处理的能力主要由 fs 模块来提供。fs 模块提供了一组 API，用以模仿标准 UNIX（POSIX）函数的方式与文件系统进行交互。

使用 fs 模块的方式如下：

```
const fs = require('fs');
```

7.1.1 同步与异步操作文件

所有文件系统操作都具有同步和异步的形式。

异步的形式总是将完成回调作为最后一个参数。传给完成回调的参数取决于具体方法，但第一个参数始终预留用于异常。如果操作成功完成，则第一个参数将为 null 或 undefined。以下是一个异常操作文件系统的示例：

```
const fs = require('fs');

fs.unlink('/tmp/hello', (err) => {
  if (err) throw err;
  console.log('已成功删除 /tmp/hello');
});
```

使用同步的操作发生的异常会立即抛出，可以使用 try/catch 处理，也允许冒泡。以下是一个同步操作文件系统的示例：

```
const fs = require('fs');

try {
  fs.unlinkSync('/tmp/hello');
  console.log('已成功删除 /tmp/hello');
} catch (err) {
  // 处理错误
}
```

使用异步的方法时无法保证顺序。因此，以下操作容易出错，因为 fs.stat()操作可能在 fs.rename()操作之前完成：

```
fs.rename('/tmp/hello', '/tmp/world', (err) => {
  if (err) {
    throw err;
  }

  console.log('重命名完成');
});

fs.stat('/tmp/world', (err, stats) => {
  if (err) {
    throw err;
  }

  console.log('文件属性: ${JSON.stringify(stats)}');
});
```

要正确地为这些操作排序，则将 fs.stat()调用移动到 fs.rename()操作的回调中：

```
fs.rename('/tmp/hello', '/tmp/world', (err) => {
  if (err) {
    throw err;
  }

  fs.stat('/tmp/world', (err, stats) => {
    if (err) {
      throw err;
    }

    console.log('文件属性: ${JSON.stringify(stats)}');
  });
});
```

在繁忙的进程中，强烈建议使用这些调用的异步版本。同步的版本将阻塞整个进程，直到它们完成（停止所有连接）。

虽然不推荐这样使用，但大多数 fs 函数允许省略回调参数，在这种情况下，使用一个会重新抛出错误的默认回调。要获取原始调用点的跟踪，则设置 NODE_DEBUG 环境变量。

不推荐在异步的 fs 函数上省略回调函数，因为可能导致将来抛出错误。

```
$ cat script.js
function bad() {
  require('fs').readFile('/');
```

```
}
bad();

$ env NODE_DEBUG=fs node script.js
fs.js:88
      throw backtrace;
      ^
Error: EISDIR: illegal operation on a directory, read
   <stack trace.>
```

7.1.2　文件描述符

在 POSIX 系统上，对于每个进程，内核都维护着一张当前打开着的文件和资源的表格。每个打开的文件都分配了一个称为文件描述符（File Descriptor）的简单数字标识符。在系统层，所有文件系统操作都使用这些文件描述符来标识和跟踪每个特定的文件。Windows 系统使用了一个虽然不同但概念上类似的机制来跟踪资源。为了简化用户的工作，Node.js 抽象出操作系统之间的特定差异，并为所有打开的文件分配一个数字型的文件描述符。

fs.open()方法用于分配新的文件描述符。一旦被分配，则文件描述符可用于从文件读取数据、向文件写入数据，或请求关于文件的信息。以下是示例：

```
fs.open('/open/some/file.txt', 'r', (err, fd) => {
  if (err) {
     throw err;
  }

  fs.fstat(fd, (err, stat) => {
    if (err) {
       throw err;
    }

    // 始终关闭文件描述符
    fs.close(fd, (err) => {
      if (err) {
         throw err;
      }
    });
  });
});
```

大多数操作系统限制在任何给定时间内可能打开的文件描述符的数量，因此当操作完成时关闭描述符至关重要。如果不这样做将导致内存泄漏，甚至最终导致应用程序崩溃。

7.2　处理文件路径

大多数 fs 操作接受的文件路径可以指定为字符串、Buffer 或使用 file:协议的 URL 对象。

7.2.1　字符串形式的路径

字符串形式的路径被解析为标识绝对或相对文件名的 UTF-8 字符序列。相对路径将相对于 process.cwd()指定的当前工作目录进行解析。

在 POSIX 上使用绝对路径的示例：

```
const fs = require('fs');

fs.open('/open/some/file.txt', 'r', (err, fd) => {
  if (err) {
     throw err;
  }

  fs.close(fd, (err) => {
    if (err) {
       throw err;
    }
  });
});
```

在 POSIX 上使用相对路径（相对于 process.cwd()）的示例：

```
const fs = require('fs');

fs.open('file.txt', 'r', (err, fd) => {
  if (err) {
     throw err;
  }

  fs.close(fd, (err) => {
    if (err) {
       throw err;
    }
  });
});
```

7.2.2　Buffer 形式的路径

使用 Buffer 指定的路径主要用于将文件路径视为不透明字节序列的某些 POSIX 操作系统。在这样的系统上，单个文件路径可以包含使用多种字符编码的子序列。与字符串路径一样，Buffer 路径可以是相对路径或绝对路径。

在 POSIX 上使用绝对路径的示例：

```
fs.open(Buffer.from('/open/some/file.txt'), 'r', (err, fd) => {
  if (err) {
     throw err;
  }

  fs.close(fd, (err) => {
    if (err) {
       throw err;
```

```
    }
  });
});
```

在 Windows 上，Node.js 遵循每个驱动器工作目录的概念。当使用没有反斜杠的驱动器路径时，可以观察到此行为。例如，fs.readdirSync('c:\\')可能会返回与 fs.readdirSync('c:')不同的结果。

7.2.3 URL 对象的路径

对于大多数 fs 模块的函数，path 或 filename 参数可以传入遵循 WHATWG 规范的 URL 对象[1]。Node.js 仅支持使用 file:协议的 URL 对象。以下是使用 URL 对象的示例：

```
const fs = require('fs');
const fileUrl = new URL('file:///tmp/hello');

fs.readFileSync(fileUrl);
```

注 意

file:的 URL 始终是绝对路径。

使用 WHATWG 规范的 URL 对象可能会采用特定于平台的行为。比如在 Windows 上，带有主机名的 URL 转换为 UNC 路径，而带有驱动器号的 URL 转换为本地绝对路径。没有主机名和驱动器号的 URL 将导致抛出错误。观察下面的示例：

```
// 在 Windows 上

// - 带有主机名的 WHATWG 文件的 URL 转换为 UNC 路径
// file://hostname/p/a/t/h/file => \\hostname\p\a\t\h\file
fs.readFileSync(new URL('file://hostname/p/a/t/h/file'));

// - 带有驱动器号的 WHATWG 文件的 URL 转换为绝对路径
// file:///C:/tmp/hello => C:\tmp\hello
fs.readFileSync(new URL('file:///C:/tmp/hello'));

// - 没有主机名的 WHATWG 文件的 URL 必须包含驱动器号
fs.readFileSync(new URL('file:///notdriveletter/p/a/t/h/file'));
fs.readFileSync(new URL('file:///c/p/a/t/h/file'));
// TypeError [ERR_INVALID_FILE_URL_PATH]: File URL path must be absolute
```

带有驱动器号的 URL 必须使用驱动器号后面的分隔符，使用其他分隔符将导致抛出错误。

在所有其他平台上，不支持带有主机名的 URL，使用时将导致抛出错误：

```
// 在其他平台上

// - 不支持带有主机名的 WHATWG 文件的 URL
// file://hostname/p/a/t/h/file => throw!
fs.readFileSync(new URL('file://hostname/p/a/t/h/file'));
// TypeError [ERR_INVALID_FILE_URL_PATH]: must be absolute
```

1 有关 WHATWG 规范的 URL 对象可见 https://url.spec.whatwg.org。

```
// - WHATWG 文件的 URL 转换为绝对路径
// file:///tmp/hello => /tmp/hello
fs.readFileSync(new URL('file:///tmp/hello'));
```

包含编码的斜杆字符（%2F）的 file: URL 在所有平台上都将导致抛出错误：

```
// 在 Windows 上
fs.readFileSync(new URL('file:///C:/p/a/t/h/%2F'));
fs.readFileSync(new URL('file:///C:/p/a/t/h/%2f'));
/* TypeError [ERR_INVALID_FILE_URL_PATH]: File URL path must not include encoded
\ or / characters */

// 在 POSIX 上
fs.readFileSync(new URL('file:///p/a/t/h/%2F'));
fs.readFileSync(new URL('file:///p/a/t/h/%2f'));
/* TypeError [ERR_INVALID_FILE_URL_PATH]: File URL path must not include encoded
/ characters */
```

在 Windows 上，包含编码的反斜杆字符（%5C）的 URL 将导致抛出错误：

```
// 在 Windows 上:
fs.readFileSync(new URL('file:///C:/path/%5C'));
fs.readFileSync(new URL('file:///C:/path/%5c'));
/* TypeError [ERR_INVALID_FILE_URL_PATH]: File URL path must not include encoded
\ or / characters */
```

7.3 打开文件

Node.js 提供了 fs.open(path[, flags[, mode]], callback)方法，用于异步打开文件。其中的参数说明如下：

- flags <string> | <number>：为所支持的文件系统标志，默认值是r。
- mode <integer>：为文件模式，其默认值是0o666（可读写）。在 Windows 上，只能操作写权限。

如果想同步打开文件，则使用 fs.openSync(path[, flags, mode])方法。

7.3.1 文件系统标志

文件系统标志选项采用字符串时，可用以下标志：

- a：打开文件用于追加。如果文件不存在，则创建该文件。
- ax：与a相似，但如果路径已存在，则失败。
- a+：打开文件用于读取和追加。如果文件不存在，则创建该文件。
- ax+：与a+相似，但如果路径已存在，则失败。
- as：以同步模式打开文件用于追加。如果文件不存在，则创建该文件。
- as+：以同步模式打开文件用于读取和追加。如果文件不存在，则创建该文件。

- r：打开文件用于读取。如果文件不存在，则出现异常。
- r+：打开文件用于读取和写入。如果文件不存在，则出现异常。
- rs+：以同步模式打开文件用于读取和写入。指示操作系统绕过本地的文件系统缓存。这对于在NFS挂载上打开文件时非常有用，因为它允许跳过可能过时的本地缓存。它对I/O性能有非常实际的影响，因此除非需要，否则不建议使用此标志。这不会将fs.open()或fsPromises.open()转换为同步的阻塞调用。如果需要同步的操作，则应使用fs.openSync()之类的。
- w：打开文件用于写入。如果文件不存在，则创建文件；如果文件已存在，则截断文件。
- wx：与w相似，但如果路径已存在，则失败。
- w+：打开文件用于读取和写入。如果文件不存在，则创建文件；如果文件已存在，则截断文件。
- wx+：与w+相似，但如果路径已存在，则失败。

文件系统标志也可以是一个数字，参阅 open(2)[1]文档。常用的常量定义在了 fs.constants 中。在 Windows 上，文件系统标志会被适当地转换为等效的标志，例如 O_WRONLY 转换为 FILE_GENERIC_WRITE，O_EXCL|O_CREAT 转换为能被 CreateFileW 接受的 CREATE_NEW。

特有的 x 标志可以确保路径是新创建的。在 POSIX 系统上，即使路径是一个符号链接且指向一个不存在的文件，它也会被视为已存在。该特有标志不一定适用于网络文件系统。

在 Linux 上，当以追加模式打开文件时，写入无法指定位置。内核会忽略位置参数，并始终将数据追加到文件的末尾。

如果要修改文件而不是覆盖文件，则标志模式应选为 r+模式而不是默认的 w 模式。

某些标志的行为是针对特定的平台的。例如，在 macOS 和 Linux 上使用 a+标志打开目录会返回一个错误。而在 Windows 和 FreeBSD 上，则返回一个文件描述符或 FileHandle。观察下面的示例：

```
// 在 macOS 和 Linux 上
fs.open('<目录>', 'a+', (err, fd) => {
  // => [Error: EISDIR: illegal operation on a directory, open <目录>]
});

// 在 Windows 和 FreeBSD 上
fs.open('<目录>', 'a+', (err, fd) => {
  // => null, <fd>
});
```

在 Windows 上，使用 w 标志打开现存的隐藏文件（通过 fs.open()、fs.writeFile() 或 fsPromises.open()）会抛出 EPERM。现存的隐藏文件可以使用 r+标志打开，用于写入。

调用 fs.ftruncate()或 fsPromises.ftruncate()可以用于重置文件的内容。

7.3.2　实例 21：打开文件的例子

以下是一个打开文件的例子：

```
const fs = require('fs');

fs.open('data.txt', 'r', (err, fd) => {
```

1 有关 open(2)文档的内容可见 http://man7.org/linux/man-pages/man2/open.2.html。

```
    if (err) {
        throw err;
    }

    fs.fstat(fd, (err, stat) => {
        if (err) {
            throw err;
        }

        // 始终关闭文件描述符
        fs.close(fd, (err) => {
            if (err) {
                throw err;
            }
        });
    });
});
```

该例子用于打开当前目录下的 data.txt 文件。若当前目录下不存在 data.txt 文件，则报如下异常：

```
D:\workspaceGitosc\nodejs-book\samples\fs-demo\fs-open.js:5
        throw err;
        ^

Error: ENOENT: no such file or directory, open
'D:\workspaceGitosc\nodejs-book\samples\fs-demo\data.txt'
```

若当前目录下存在 data.txt 文件，则程序能正常执行完成。

本节的例子可以在 fs-demo/fs-open.js 文件中找到。

7.4 读取文件

Node.js 为读取文件的内容提供了如下 API：

- fs.read(fd, buffer, offset, length, position, callback)
- fs.readSync(fd, buffer, offset, length, position)
- fs.readdir(path[, options], callback)
- fs.readdirSync(path[, options])
- fs.readFile(path[, options], callback)
- fs.readFileSync(path[, options])

这些 API 都包含异步方法，并提供与之对应的同步方法。

7.4.1 实例 22：用 fs.read 读取文件

fs.read(fd, buffer, offset, length, position, callback)方法用于异步地从 fd 指定的文件中读取数据。观察下面的示例：

```
const fs = require('fs');

fs.open('data.txt', 'r', (err, fd) => {
    if (err) {
        throw err;
    }


    var buffer = Buffer.alloc(255);

    // 读取文件
    fs.read(fd, buffer, 0, 255, 0, (err, bytesRead, buffer) => {
        if (err) {
            throw err;
        }

        // 打印出 buffer 中存入的数据
        console.log(bytesRead, buffer.slice(0, bytesRead).toString());

        // 始终关闭文件描述符
        fs.close(fd, (err) => {
            if (err) {
                throw err;
            }
        });
    });
});
```

上述例子使用 fs.open()方法来打开文件，接着通过 fs.read()方法读取文件中的内容，并转换为字符串打印到控制台。控制台输出内容如下：

```
128 江上吟—唐朝 李白
兴酣落笔摇五岳，诗成笑傲凌沧洲。
功名富贵若长在，汉水亦应西北流。
```

与 fs.read(fd, buffer, offset, length, position, callback)方法所对应的同步方法是 fs.readSync(fd, buffer, offset, length, position)。

本节的例子可以在 fs-demo/fs-read.js 文件中找到。

7.4.2　实例 23：用 fs.readdir 读取文件

fs.readdir(path[, options], callback)方法用于异步地读取目录中的内容。

观察下面的示例：

```
const fs = require("fs");

console.log("查看当前目录下所有的文件");

fs.(".", (err, files) => {
    if (err) {
        throw err;
    }
```

```
    // 列出文件名称
    files.forEach(function (file) {
        console.log(file);
    });
});
```

上述例子使用 fs.readdir()方法来获取当前目录所有的文件列表，并将文件名打印到控制台。控制台输出内容如下：

```
查看当前目录
data.txt
fs-open.js
fs-read-dir.js
fs-read.js
```

与 fs.readdir(path[, options], callback)方法所对应的同步方法是 fs.readdirSync(path[, options])。

本节的例子可以在 fs-demo/fs-read-dir.js 文件中找到。

7.4.3　实例 24：用 fs.readFile 读取文件

fs.readFile(path[, options], callback)方法用于异步地读取文件的全部内容。

观察下面的示例：

```
const fs = require('fs');

fs.readFile('data.txt', (err, data) => {
    if (err) {
        throw err;
    }

    console.log(data);
});
```

readFile 方法回调会传入两个参数：err 和 data，其中 data 是文件的内容。

由于没有指定字符编码，因此控制台输出的是原始的 Buffer：

```
<Buffer e6 b1 9f e4 b8 8a e5 90 9f e2 80 94 e2 80 94 e5 94 90 e6 9c 9d 20 e6 9d 8e e7 99 bd 0d 0a e5 85 b4 e9 85 a3 e8 90 bd e7 ac 94 e6 91 87 e4 ba 94 e5 b2 ... 78 more bytes>
```

如果 options 是字符串，并且已经指定字符编码，像下面这样：

```
const fs = require('fs');

// 指定为UTF-8
fs.readFile('data.txt', 'utf8', (err, data) => {
    if (err) {
        throw err;
    }

    console.log(data);
});
```

则能把字符串正常打印到控制台：

```
江上吟—唐朝 李白
兴酣落笔摇五岳，诗成笑傲凌沧洲。
功名富贵若长在，汉水亦应西北流。
```

与 fs.read(fd, buffer, offset, length, position, callback)所对应的异步方法是 fs.readSync(fd, buffer, offset, length, position)。

当 path 是目录时，fs.readFile()与 fs.readFileSync()的行为是针对特定平台的。在 macOS、Linux 和 Windows 上将返回错误，在 FreeBSD 上将返回目录内容。

```
// 在 macOS、Linux 和 Windows 上
fs.readFile('<目录>', (err, data) => {
  // => [Error: EISDIR: illegal operation on a directory, read <目录>]
});

// 在 FreeBSD 上
fs.readFile('<目录>', (err, data) => {
  // => null, <data>
});
```

由于 fs.readFile()函数会缓冲整个文件，因此为了最小化内存成本，尽可能通过 fs.createReadStream()进行流式传输。

本节的例子可以在 fs-demo/fs-read-file.js 文件中找到。

7.5 写入文件

Node.js 为写入文件的内容提供了如下 API：

- fs.write(fd, buffer[, offset[, length[, position]]], callback)
- fs.writeSync(fd, buffer[, offset[, length[, position]]])
- fs.write(fd, string[, position[, encoding]], callback)
- fs.writeSync(fd, string[, position[, encoding]])
- fs.writeFile(file, data[, options], callback)
- fs.writeFileSync(file, data[, options])

这些 API 都包含异步方法，并提供与之对应的同步方法。

7.5.1 实例 25：将 Buffer 写入文件

fs.write(fd, buffer[, offset[, length[, position]]], callback)方法用于将 buffer 写入 fd 指定的文件。其中：

- offset决定了buffer中要被写入的部位。
- length是一个整数，指定要写入的字节数。
- position指定文件开头的偏移量（数据应该被写入的位置）。如果typeof position !== 'number',

则数据会被写入当前的位置。

- 回调有三个参数：err、bytesWritten和buffer，其中bytesWritten指定buffer中被写入的字节数。

以下是 fs.write(fd, buffer[, offset[, length[, position]]], callback)方法的示例：

```
const fs = require('fs');

// 打开文件用于写入。如果文件不存在，则创建文件
fs.open('write-data.txt', 'w', (err, fd) => {
    if (err) {
        throw err;
    }


    let buffer = Buffer.from("《Node.js 企业级应用开发实战》");

    // 写入文件
    fs.write(fd, buffer, 0, buffer.length, 0, (err, bytesWritten, buffer) => {
        if (err) {
            throw err;
        }

        // 打印出 buffer 中存入的数据
        console.log(bytesWritten, buffer.slice(0, bytesWritten).toString());

        // 始终关闭文件描述符
        fs.close(fd, (err) => {
            if (err) {
                throw err;
            }
        });
    });
});
```

成功执行上述程序之后，可以发现在当前目录下已经新建了一个 write-data.txt 文件。打开该文件，可以看到如下内容：

```
《Node.js 企业级应用开发实战》
```

说明程序中的 Buffer 数据已经成功写入文件中。

在同一个文件上多次使用 fs.write()且不等待回调是不安全的。对于这种情况，建议使用 fs.createWriteStream()。

在 Linux 上，当以追加模式打开文件时，写入无法指定位置。内核会忽略位置参数，并始终将数据追加到文件的末尾。

与 fs.write(fd, buffer[, offset[, length[, position]]], callback)方法所对应的同步方法是 fs.writeSync(fd, buffer[, offset[, length[, position]]])。

本节的例子可以在 fs-demo/fs-write.js 文件中找到。

7.5.2 实例 26：将字符串写入文件

如果事先知道待写入文件的数据是字符串格式的话，可以使用 fs.write(fd, string[, position[, encoding]], callback)方法。该方法用于将字符串写入 fd 指定的文件。如果 string 不是一个字符串，则该值会被强制转换为字符串。其中：

- position指定文件开头的偏移量（数据应该被写入的位置）。如果typeof position !== 'number'，则数据会被写入当前的位置。
- encoding是期望的字符。默认值是'utf8'。
- 回调会接收到参数err、written和string。其中written指定传入的字符串中被要求写入的字节数。被写入的字节数不一定与被写入的字符串字符数相同。

以下是 fs.write(fd, string[, position[, encoding]], callback)方法的示例：

```
const fs = require('fs');

// 打开文件用于写入。如果文件不存在，则创建文件
fs.open('write-data.txt', 'w', (err, fd) => {
    if (err) {
        throw err;
    }


    let string = "《Node.js 企业级应用开发实战》";

    // 写入文件
    fs.write(fd, string, 0, 'utf8', (err, written, buffer) => {
        if (err) {
            throw err;
        }

        // 打印出存入的字节数
        console.log(written);

        // 始终关闭文件描述符
        fs.close(fd, (err) => {
            if (err) {
                throw err;
            }
        });
    });
});
```

成功执行上述程序之后，可以发现在当前目录下已经新建了一个 write-data.txt 文件。打开该文件，可以看到如下内容：

```
《Node.js 企业级应用开发实战》
```

说明程序中的字符串已经成功写入文件中。

在同一个文件上多次使用 fs.write()且不等待回调是不安全的。对于这种情况，建议使用 fs.createWriteStream()。

在 Linux 上，当以追加模式打开文件时，写入无法指定位置。内核会忽略位置参数，并始终将数据追加到文件的末尾。

在 Windows 上，如果文件描述符连接到控制台（例如 fd == 1 或 stdout），则无论使用何种编码，包含非 ASCII 字符的字符串，默认情况下都不会被正确地渲染。通过使用 chcp 65001 命令更改活动的代码页，可以将控制台配置为正确地渲染 UTF-8。

与 fs.write(fd, string[, position[, encoding]], callback)方法所对应的同步方法是 fs.writeSync(fd, string[, position[, encoding]])。

本节的例子可以在 fs-demo/fs-write-string.js 文件中找到。

7.5.3 实例 27：将数据写入文件

fs.writeFile(file, data[, options], callback)方法用于将数据异步地写入一个文件中，如果文件已存在，则覆盖该文件。

data 可以是字符串或 Buffer。

如果 data 是一个 Buffer，则 encoding 选项会被忽略；如果 options 是一个字符串，则它指定了字符编码。

以下是 fs.writeFile(file, data[, options], callback)方法的示例：

```
const fs = require('fs');

let data = "《Node.js 企业级应用开发实战》";

// 将数据写入文件。如果文件不存在，则创建文件
fs.writeFile('write-data.txt', data, 'utf-8', (err) => {
    if (err) {
        throw err;
    }
});
```

成功执行上述程序之后，可以发现在当前目录下已经新建了一个 write-data.txt 文件。打开该文件，可以看到如下内容：

```
《Node.js 企业级应用开发实战》
```

说明程序中的字符串已经成功写入文件中。

在同一个文件上多次使用 fs.writeFile()且不等待回调是不安全的。对于这种情况，建议使用 fs.createWriteStream()。

与 fs.writeFile(file, data[, options], callback)方法所对应的同步方法是 fs.writeFileSync(file, data[, options])。

本节的例子可以在 fs-demo/fs-write-file.js 文件中找到。

7.6 小　结

本章详细介绍了 Node.js 文件处理，内容包括路径的处理、打开文件、读取文件以及写入文件。

7.7 练习题

1. 请简述 fs 模块的作用。
2. 请编写一个打开文件的示例。
3. 请编写一个读取文件的示例。
4. 请编写一个写入文件的示例。

第 8 章

Node.js HTTP 编程

HTTP 协议是伴随着万维网而产生的传送协议，用于将服务器超文本传输到本地浏览器。目前，主流的互联网应用都是采用 HTTP 协议来发布 REST API 的，以实现客户端与服务器的轻松互联。

本章介绍如何基于 Node.js 来开发 HTTP 协议的应用。

8.1 创建 HTTP 服务器

在 Node.js 中，要使用 HTTP 服务器和客户端，可使用 http 模块。用法如下：

```
const http = require('http');
```

Node.js 中的 HTTP 接口旨在支持传统上难以使用的协议的许多特性，特别是大块的消息。接口永远不会缓冲整个请求或响应，用户能够流式传输数据。

8.1.1 实例 28：用 http.Server 创建服务器

HTTP 服务器主要由 http.Server 类来提供功能。该类继承自 net.Server，因此具备很多 net.Server 的方法和事件。比如，以下示例中的 server.listen()方法：

```
const http = require('http');

const hostname = '127.0.0.1';
const port = 8080;

const server = http.createServer((req, res) => {
  res.statusCode = 200;
  res.setHeader('Content-Type', 'text/plain');
  res.end('Hello World\n');
```

```
});

server.listen(port, hostname, () => {
  console.log(`服务器运行在 http://${hostname}:${port}/`);
});
```

上述代码中：

- http.createServer()创建了HTTP服务器。
- server.listen()方法用于指定服务器启动时所要绑定的端口。
- res.end()方法用于响应内容给客户端。当客户端访问服务器时，服务器将会返回“Hello World”文本内容给客户端。

在浏览器访问 http://127.0.0.1:8080/地址时所返回的界面内容如图 8-1 所示。

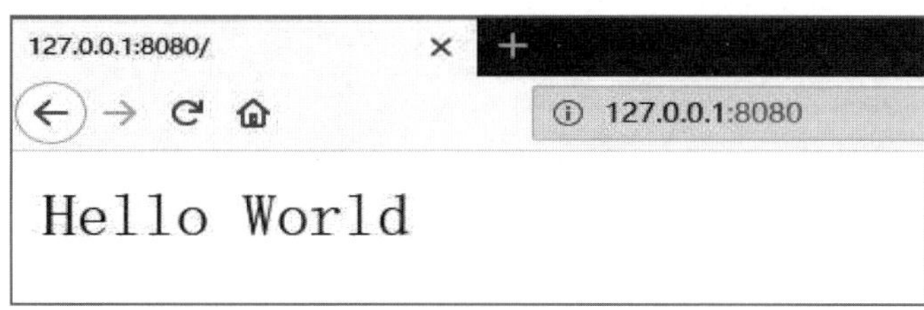

图 8-1　Hello World 程序

本节的例子可以在 http-demo/hello-world.js 文件中找到。

8.1.2　理解 http.Server 事件的用法

相比于 net.Server，http.Server 还具有以下额外的事件：

1. checkContinue事件

每次收到 HTTP Expect: 100-continue 的请求时都会触发。如果未监听此事件，服务器将自动响应 100 Continue。

处理此事件时，如果客户端继续发送请求主体，则调用 response.writeContinue()方法；如果客户端不继续发送请求主体，则生成适当的 HTTP 响应（例如 400 Bad Request）。

注 意

在触发和处理此事件时，不会触发 request 事件。

2. checkExpectation 事件

每次收到带有 HTTP Expect 请求头的请求时触发，其中值不是 100-continue。如果未监听此事件，则服务器将根据需要自动响应 417 Expectation Failed。

注 意

在触发和处理此事件时，不会触发 request 事件。

3. clientError 事件

如果客户端连接发出 error 事件，则会在 clientError 事件中转发该事件。此事件的侦听器负责关闭或者销毁底层套接字。例如，人们可能希望使用自定义 HTTP 响应更优雅地关闭套接字，而不是突然切断连接。

默认行为是尝试使用 HTTP 的 400 Bad Request 来关闭套接字，或者在 HPE_HEADER_OVERFLOW 错误的情况下尝试使用 431 Request Header Fields Too Large 关闭 HTTP。如果套接字不可写，则会立即销毁。

以下是一个监听的示例：

```
const http = require('http');

const server = http.createServer((req, res) => {
  res.end();
});
server.on('clientError', (err, socket) => {
  socket.end('HTTP/1.1 400 Bad Request\r\n\r\n');
});
server.listen(8000);
```

当 clientError 事件发生时，由于没有请求或响应对象，因此必须将发送的任何 HTTP 响应（包括响应头和有效负载）直接写入 socket 对象。必须注意确保响应是格式正确的 HTTP 响应消息。

4. close事件

服务器关闭时触发该 close 事件。

5. connect事件

该事件在每次客户端请求 HTTP CONNECT 方法时触发。如果未监听此事件，则请求 CONNECT 方法的客户端将关闭其连接。

触发此事件后，请求的套接字将没有 data 事件监听器，这意味着它需要绑定才能处理发送到该套接字上的服务器的数据。

6. connection事件

当一个新的 TCP 流被建立时触发该事件。socket 是一个 net.Socket 类型的对象。通常用户无须访问该事件。注意，因为协议解析器绑定到 socket 的方式，所以 socket 不会触发 readable 事件。socket 也可以通过 request.connection 访问。

用户也可以显式触发此事件，以将连接注入 HTTP 服务器。在这种情况下，可以传递任何 Duplex 流。

如果在此处调用 socket.setTimeout()，则当套接字已提供请求时（如果 server.keepAliveTimeout 为非零），超时将被 server.keepAliveTimeout 替换。

7. request事件

每次有请求时都会触发。请注意，在 HTTP Keep-Alive 连接的情况下，每个连接可能会有多个请求。

8. upgrade事件

每次客户端请求 HTTP 升级时都触发该事件。收听此事件是可选的，客户端无法坚持更改协议。

触发此事件后，请求的套接字将没有 data 事件侦听器，这意味着它需要绑定才能处理发送到该套接字上的服务器的数据。

8.2 处理 HTTP 常用操作

处理 HTTP 常用操作包括 GET、POST、PUT、DELETE 等。在 Node.js 中，这些操作方法被定义在 http.request()方法的请求参数中：

```
const http = require('http');

const req = http.request({
  host: '127.0.0.1',
  port: 8080,
  method: 'POST' // POST 操作
}, (res) => {
  res.resume();
  res.on('end', () => {
      console.log('请求完成！');
  });
});
```

上面的示例中，method 的值是 POST，意味着 http.request()方法将发送 POST 请求操作。method 的默认值是 GET。

8.3 请求对象和响应对象

HTTP 请求对象和响应对象在 Node.js 中被定义在 http.ClientRequest 和 http.ServerResponse 类中。

8.3.1 理解 http.ClientRequest 类

http.ClientRequest 对象是由 http.request()内部创建并返回的。它表示正在进行的请求，且其请求头已进入队列。请求头仍然可以使用 setHeader(name, value)、getHeader(name)或 removeHeader(name)改变。实际的请求头将与第一个数据块一起发送，或者当调用 request.end()时发送。

以下是创建 http.ClientRequest 对象 req 的示例：

```
const http = require('http');

const req = http.request({
  host: '127.0.0.1',
  port: 8080,
  method: 'POST' // POST 操作
}, (res) => {
  res.resume();
  res.on('end', () => {
```

```
    console.info('请求完成！');
  });
});
```

要获得响应，则为请求对象添加 response 事件监听器。当接收到响应头时，将会从请求对象触发 response 事件。response 事件执行时有一个参数，该参数是 http.IncomingMessage 的实例。

在 response 事件期间，可以添加监听器到响应对象，比如监听 data 事件。

如果没有添加 response 事件处理函数，则响应将被完全丢弃。如果添加了 response 事件处理函数，则必须消费完响应对象中的数据，比如通过调用 response.read()，或添加 data 事件处理函数，或通过调用.resume()方法来消费相应对象中的数据。在消费完数据之前不会触发 end 事件。此外，在读取数据之前，它将占用内存，最终可能导致进程内存不足的错误。

Node.js 不检查 Content-Length 和已传输的主体的长度是否相等。

http.ClientRequest 继承自 Stream，并另外实现以下内容。

1. 终止请求

request.abort()方法用于将请求标记为中止。调用此方法将导致响应中剩余的数据被丢弃并且套接字被销毁。

当请求被客户端中止时，可以触发 abort 事件。此事件仅在第一次调用 abort()方法时触发。

2. connect事件

每次服务器使用 connect 方法响应请求时将触发 connect 事件。如果未侦听此事件，则接收 connect 方法的客户端将关闭其连接。

下面的示例将演示如何监听 connect 事件：

```
const http = require('http');
const net = require('net');
const url = require('url');

// 创建 HTTP 代理服务器
const proxy = http.createServer((req, res) => {
  res.writeHead(200, { 'Content-Type': 'text/plain' });
  res.end('okay');
});
proxy.on('connect', (req, cltSocket, head) => {
  // 连接到原始服务器
  const srvUrl = url.parse(`http://${req.url}`);
  const srvSocket = net.connect(srvUrl.port, srvUrl.hostname, () => {
    cltSocket.write('HTTP/1.1 200 Connection Established\r\n' +
                    'Proxy-agent: Node.js-Proxy\r\n' +
                    '\r\n');
    srvSocket.write(head);
    srvSocket.pipe(cltSocket);
    cltSocket.pipe(srvSocket);
  });
});

// 代理服务器运行
proxy.listen(1337, '127.0.0.1', () => {
```

```
  // 创建一个到代理服务器的请求
  const options = {
    port: 1337,
    host: '127.0.0.1',
    method: 'CONNECT',
    path: 'www.google.com:80'
  };

  const req = http.request(options);
  req.end();

  req.on('connect', (res, socket, head) => {
    console.log('got connected!');

    // 创建请求
    socket.write('GET / HTTP/1.1\r\n' +
                 'Host: www.google.com:80\r\n' +
                 'Connection: close\r\n' +
                 '\r\n');
    socket.on('data', (chunk) => {
      console.log(chunk.toString());
    });
    socket.on('end', () => {
      proxy.close();
    });
  });
});
```

3. information事件

服务器发送 1xx 响应（不包括 101 Upgrade）时触发该事件。该事件的侦听器将接收包含状态代码的对象。

以下是使用 information 事件的案例：

```
const http = require('http');

const options = {
  host: '127.0.0.1',
  port: 8080,
  path: '/length_request'
};

// 创建请求
const req = http.request(options);
req.end();

req.on('information', (info) => {
  console.log(`Got information prior to main response: ${info.statusCode}`);
});
```

101 Upgrade 状态不会触发此事件，是因为它们与传统的 HTTP 请求/响应链断开了，例如在

WebSocket 中 HTTP 升级为 TLS 或 HTTP 2.0。如果想要接收到 101 Upgrade 的通知，则需要额外监听 upgrade 事件。

4. upgrade事件

每次服务器响应升级请求时触发该事件。如果未侦听此事件且响应状态代码为 101 Switching Protocols，则接收升级标头的客户端将关闭其连接。

以下是使用 upgrade 事件的示例：

```
const http = require('http');

// 创建一个 HTTP 服务器
const srv = http.createServer((req, res) => {
  res.writeHead(200, { 'Content-Type': 'text/plain' });
  res.end('okay');
});
srv.on('upgrade', (req, socket, head) => {
  socket.write('HTTP/1.1 101 Web Socket Protocol Handshake\r\n' +
              'Upgrade: WebSocket\r\n' +
              'Connection: Upgrade\r\n' +
              '\r\n');

  socket.pipe(socket);
});

// 服务器运行
srv.listen(1337, '127.0.0.1', () => {

  // 请求参数
  const options = {
    port: 1337,
    host: '127.0.0.1',
    headers: {
      'Connection': 'Upgrade',
      'Upgrade': 'websocket'
    }
  };

  const req = http.request(options);
  req.end();

  req.on('upgrade', (res, socket, upgradeHead) => {
    console.log('got upgraded!');
    socket.end();
    process.exit(0);
  });
});
```

5. request.end()

request.end([data[, encoding]][, callback])方法用于完成发送请求。如果部分请求主体还未发送，则将它们刷新到流中。如果请求被分块，则发送终止符“0”。

如果指定了 data，则相当于先调用 request.write(data, encoding)，再调用 request.end(callback)。

如果指定了 callback，则当请求流完成时将调用它。

6. request.setHeader()

request.setHeader(name, value)方法为请求头对象设置单个请求头的值。如果此请求头已存在于待发送的请求头中，则其值将被替换。这里可以使用字符串数组来发送具有相同名称的多个请求头，非字符串值将被原样保存。因此，request.getHeader()可能会返回非字符串值。但是非字符串值将转换为字符串以进行网络传输。

以下是该方法使用的示例：

```
request.setHeader('Content-Type', 'application/json');

request.setHeader('Cookie', ['type=ninja', 'language=javascript']);
```

7. request.write()

request.write(chunk[, encoding][, callback])用于发送一个请求主体的数据块。通过多次调用此方法，可以将请求主体发送到服务器，在这种情况下，建议在创建请求时使用['Transfer-Encoding', 'chunked']请求头行。其中：

- encoding参数是可选的，仅当chunk是字符串时才适用。默认值为utf8。
- callback参数是可选的，当刷新此数据块时调用，但仅当数据块非空时才会调用。

如果将整个数据成功刷新到内核缓冲区，则返回 true。如果全部或部分数据在用户内存中排队，则返回 false。当缓冲区再次空闲时，则触发 drain 事件。

当使用空字符串或 buffer 调用 write 函数时，则什么也不做，等待更多输入。

8.3.2　理解 http.ServerResponse 类

http.ServerResponse 对象由 HTTP 服务器在内部创建，而不是由用户创建。它作为第二个参数传给 request 事件。

ServerResponse 继承自 Stream，并额外实现以下内容：

1. close事件

该事件用于表示底层连接已终止。

2. finish事件

在响应发送后触发。更具体地说，当响应头和主体的最后一部分已被交给操作系统通过网络进行传输时，触发该事件。但这并不意味着客户端已收到任何信息。

3. response.addTrailers()

response.addTrailers(headers)方法用于将 HTTP 尾部响应头（一种在消息末尾的响应头）添加到响应中。

只有使用分块编码进行响应时才会触发尾部响应头，如果不是（例如请求是 HTTP/1.0），则它们将被静默丢弃。

需要注意的是，HTTP 需要发送 Trailer 响应头才能触发尾部响应头，并在其值中包含响应头字段列表。例如：

```
response.writeHead(200, { 'Content-Type': 'text/plain',
                          'Trailer': 'Content-MD5' });
response.write(fileData);
response.addTrailers({ 'Content-MD5': '7895bf4b8828b55ceaf47747b4bca667' });
response.end();
```

尝试设置包含无效字符的响应头字段名称或值将导致抛出 TypeError。

4. response.end()

response.end([data][, encoding][, callback])方法用于向服务器发出信号，表示已发送所有响应标头和正文，该服务器应考虑此消息在何时完成，必须在每个响应上调用 response.end()方法。

如果指定了 data，则它实际上类似于先调用 response.write(data, encoding)方法，接着调用 response.end()方法。

如果指定了 callback，则在响应流完成时调用它。

5. response.getHeader()

response.getHeader(name)方法用于读出已排队但未发送到客户端的响应头。需要注意的是，该名称不区分大小写。返回值的类型取决于提供给 response.setHeader()的参数。

以下是使用示例：

```
response.setHeader('Content-Type', 'text/html');
response.setHeader('Content-Length', Buffer.byteLength(body));
response.setHeader('Set-Cookie', ['type=ninja', 'language=javascript']);

const contentType = response.getHeader('content-type');// contentType 是
'text/html'。

const contentLength = response.getHeader('Content-Length');// contentLength 的
类型为数值。

const setCookie = response.getHeader('set-cookie');// setCookie 的类型为字符串数
组。
```

6. response.getHeaderNames()

该方法返回一个数组，其中包含当前传出的响应头的唯一名称。所有响应头名称都是小写的。

以下是使用示例：

```
response.setHeader('Foo', 'bar');
response.setHeader('Set-Cookie', ['foo=bar', 'bar=baz']);

const headerNames = response.getHeaderNames();// headerNames === ['foo',
'set-cookie']
```

7. response.getHeaders()

该方法用于返回当前传出的响应头的浅拷贝。由于是浅拷贝，因此可以更改数组的值而无须额外调用各种与响应头相关的 http 模块方法。返回对象的键是响应头名称，值是各自的响应头值。所有响应头名称都是小写的。

response.getHeaders()方法返回的对象不是从 JavaScript Object 原型继承的。这意味着典型的 Object 方法（如 obj.toString()、obj.hasOwnProperty()等）都没有定义并且不起作用。

以下是使用示例：

```
response.setHeader('Foo', 'bar');
response.setHeader('Set-Cookie', ['foo=bar', 'bar=baz']);

const headers = response.getHeaders();
// headers === { foo: 'bar', 'set-cookie': ['foo=bar', 'bar=baz'] }
```

8. response.setTimeout()

response.setTimeout(msecs[, callback])方法用于将套接字的超时值设置为 msecs。

如果提供了 callback，则会将其作为监听器添加到响应对象上的 timeout 事件中。

如果没有 timeout 监听器添加到请求、响应或服务器，则套接字在超时时将被销毁。如果有回调处理函数分配给请求、响应或服务器的 timeout 事件，则必须显式处理超时的套接字。

9. response.socket

该方法用于指向底层的套接字。通常用户不需要访问此属性。特别是，由于协议解析器附加到套接字的方式，套接字将不会触发 readable 事件。在调用 response.end()之后，此属性将为空。也可以通过 response.connection 来访问 socket。

以下是使用示例：

```
const http = require('http');

const server = http.createServer((req, res) => {
  const ip = res.socket.remoteAddress;
  const port = res.socket.remotePort;
  res.end('你的 IP 地址是 ${ip}，端口是 ${port}');
}).listen(3000);
```

10. response.write()

如果调用此 response.write(chunk[, encoding][, callback])方法并且尚未调用 response.writeHead()，则将切换到隐式响应头模式并刷新隐式响应头。

这会发送一块响应主体，可以多次调用该方法以提供连续的响应主体片段。

需要注意的是，在 http 模块中，当请求是 HEAD 请求时，则省略响应主体。同样地，204 和 304 响应不得包含消息主体。

chunk 可以是字符串或 Buffer。如果 chunk 是一个字符串，则第二个参数指定如何将其编码为字节流。当刷新此数据块时将调用 callback。

第一次调用 response.write()时，它会将缓冲的响应头信息和主体的第一个数据块发送给客户端。第二次调用 response.write()时，Node.js 假定数据将被流式传输，并分别发送新数据。也就是说，响应被缓冲到主体的第一个数据块。

如果将整个数据成功刷新到内核缓冲区，则返回 true。如果全部或部分数据在用户内存中排队，则返回 false。当缓冲区再次空闲时，则触发 drain 事件。

8.4 REST 概述

以 HTTP 为主的网络通信应用广泛，特别是 REST（Representational State Transfer，表述性状态转移）风格（RESTful）的 API，具有平台无关性、语言无关性等特点，在互联网应用、Cloud Native 架构中作为主要的通信协议。那么，到底什么样的 HTTP 算是 REST 呢？

8.4.1 REST 定义

一说到 REST，很多人的第一反应就是这是前端请求后台的一种通信方式，甚至有人将 REST 和 RPC 混为一谈，认为两者都是基于 HTTP 的。实际上，很少有人能详细讲述 REST 所提出的各个约束、风格特点及如何开始搭建 REST 服务。

REST 描述了一个架构样式的网络系统，如 Web 应用程序。它首次出现在 2000 年 Roy Fielding 的博士论文 *Architectural Styles and the Design of Network-based Software Architectures* 中。Roy Fielding 是 HTTP 规范的主要编写者之一，也是 Apache HTTP 服务器项目的共同创立者。所以这篇文章一经发表，就引起了极大的反响。很多公司或组织都宣称自己的应用服务实现了 REST API。但该论文实际上只是描述了一种架构风格，并未对具体的实现做出规范，所以各大厂商中不免存在浑水摸鱼或“挂羊头卖狗肉”的误用和滥用 REST 者。在这种背景下，Roy Fielding 不得不再次发文澄清，坦言了他的失望，并对 SocialSite REST API 提出了批评。同时他还指出，除非应用状态引擎是超文本驱动的，否则它就不是 REST 或 REST API。据此，他给出了 REST API 应该具备的条件：

- REST API不应该依赖于任何通信协议，尽管要成功映射到某个协议可能会依赖于元数据的可用性、所选的方法等。
- REST API不应该包含对通信协议的任何改动，除非是补充或确定标准协议中未规定的部分。
- REST API应该将大部分描述工作放在定义表示资源和驱动应用状态的媒体类型上，或定义现有标准媒体类型的扩展关系名和（或）支持超文本的标记。
- REST API绝不应该定义一个固定的资源名或层次结构（客户端和服务器之间的明显耦合）。
- REST API永远不应该有那些会影响客户端的“类型化”资源。
- REST API不应该要求有先验知识（Prior Knowledge），除了初始 URI 和适合目标用户的一组标准化的媒体类型外（即它能被任何潜在使用该 API 的客户端理解）。

8.4.2 REST 设计原则

REST 并非标准，而是一种开发 Web 应用的架构风格，可以将其理解为一种设计模式。REST 基于 HTTP、URI 及 XML 这些现有的且广泛流行的协议和标准，伴随着 REST 的应用，HTTP 得到了更加正确的使用。

REST 是指一组架构的约束条件和原则。满足这些约束条件和原则的应用程序或设计就是 REST 风格。相较于基于 SOAP 和 WSDL 的 Web 服务，REST 风格提供了更为简洁的实现方案。REST Web 服务(RESTful Web Service)是松耦合的，特别适用于创建在互联网上传播的轻量级的 Web 服务 API。REST 应用程序是以“资源表述的转移”（the Transfer of Representations of Resources）为中心来进行请求和响应的。数据和功能均被视为资源，并使用统一的资源标识符（URI）来访问资源。

网页中的链接就是典型的 URI。该资源由文档表述，并通过一组简单的、定义明确的操作来执行。例如，一个 REST 资源可能是一个城市当前的天气情况。该资源的表述可能是一个 XML 文档、图像文件或 HTML 页面。客户端可以检索特定表述，通过更新其数据来修改资源，或者完全删除该资源。

目前，越来越多的 Web 服务开始采用 REST 风格来设计和实现，比较知名的 REST 服务包括 Google 的 AJAX 搜索 API、Amazon 的 Simple Storage Service（Amazon S3）等。基于 REST 风格的 Web 服务需遵循以下基本设计原则，这会使 RESTful 应用程序更加简单、轻量，开发速度也更快：

（1）通过 URI 来标识资源。系统中的每一个对象或资源都可以通过唯一的 URI 来进行寻址，URI 的结构应该简单、可预测且易于理解，如定义目录结构式的 URI。

（2）统一接口。以遵循 RFC-2616 所定义的协议方式显式地使用 HTTP 方法，建立创建、检索、更新和删除（Create、Retrieve、Update 及 Delete，简称为 CRUD）操作与 HTTP 方法之间的一对一映射。

（3）若要在服务器上创建资源，则应该使用 POST 方法。

（4）若要检索某个资源，则应该使用 GET 方法。

（5）若要更新或添加资源，则应该使用 PUT 方法。

（6）若要删除某个资源，则应该使用 DELETE 方法。

（7）资源多重表述。URI 所访问的每个资源都可以使用不同的形式来表示（如 XML 或 JSON），具体的表现形式取决于访问资源的客户端，客户端与服务提供者使用一种内容协商机制（请求头与 MIME 类型）来选择合适的数据格式，以最小化彼此之间的数据耦合。在 REST 的世界中，资源即状态，而互联网就是一个巨大的状态机，每个网页都是它的一个状态；URI 是状态的表述；REST 风格的应用程序则是从一个状态迁移到下一个状态的状态转移过程。早期的互联网只有静态页面，通过超链接在静态网页之间跳转浏览模式就是一种典型的状态转移过程，即早期的互联网就是天然的 REST 风格。

（8）无状态。对服务器端的请求应该是无状态的，完整、独立的请求不要求服务器在处理请求时检索任何类型的应用程序上下文或状态。无状态约束使服务器的变化对客户端是不可见的，因为在两次连续的请求中，客户端并不依赖于同一台服务器。一个客户端从某台服务器上收到一份包含链接的文档，当它要进行一些处理时，这台服务器宕机了，可能是硬盘坏掉而被拿去修理，也可能是软件需要升级重启，如果这个客户端访问了从这台服务器接收的链接，那么它不会察觉到后台的服务器已经改变了。通过超链接实现有状态交互，即请求消息是自包含的（每次交互都包含完整的信息），有多种技术实现了不同请求间状态信息的传输，如 URI、Cookies 和隐藏表单字段等，状态可以嵌入应答消息中，这样一来，状态在接下来的交互中仍然有效。REST 风格应用可以实现交互，但它却天然地具有服务器无状态的特征。在状态迁移的过程中，服务器不需要记录任何 Session，所有的状态都通过 URI 的形式记录在了客户端。更准确地说，这里的无状态服务器是指服务器不保存会话状态（Session）；而资源本身则是天然的状态，通常是需要被保存的。这里的无状态服务器均指无会话状态服务器。

8.5 成熟度模型

正如前文所述，正确、完整地使用 REST 是困难的，关键在于 Roy Fielding 所定义的 REST 只是一种架构风格，并不是规范，所以也就缺乏可以直接参考的依据。好在 Leonard Richardson 改进了这方面的不足，他提出的关于 REST 的成熟度模型（Richardson Maturity Model）将 REST 的实现划分为不同的等级。图 8-2 展示了不同等级的成熟度模型。

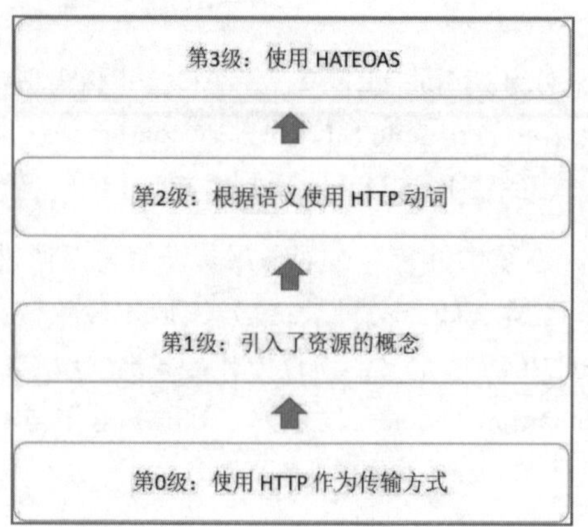

图 8-2　成熟度模型

8.5.1　第 0 级：使用 HTTP 作为传输方式

在第 0 级中，Web 服务只是使用 HTTP 作为传输方式，实际上只是远程过程调用（Remote Procedure Call，RPC）的一种具体形式。SOAP 和 XML-RPC 都属于此类。

比如，在一个医院挂号系统中，医院会通过某个 URI 来暴露出该挂号服务端点（Service Endpoint）。然后患者会向该 URL 发送一个文档作为请求，文档中包含请求的所有细节。

```
POST /appointmentService HTTP/1.1
[省略了其他头的信息...]

<openSlotRequest date = "2010-01-04" doctor = "mjones"/>
```

然后服务器会传回一个包含所需信息的文档：

```
HTTP/1.1 200 OK
[省略了其他头的信息...]

<openSlotList>
  <slot start = "1400" end = "1450">
    <doctor id = "mjones"/>
  </slot>
  <slot start = "1600" end = "1650">
    <doctor id = "mjones"/>
  </slot>
</openSlotList>
```

在这个例子中，我们使用了 XML，但是内容实际上可以是任何格式，比如 JSON、YAML、键值对等，或者其他自定义的格式。

有了这些信息，下一步就是创建一个预约。这同样可以通过向某个端点（Endpoint）发送一个文档来完成。

```
POST /appointmentService HTTP/1.1
```

```
[省略了其他头的信息...]

<appointmentRequest>
  <slot doctor = "mjones" start = "1400" end = "1450"/>
  <patient id = "jsmith"/>
</appointmentRequest>
```

如果一切正常的话，那么患者能够收到一个预约成功的响应：

```
HTTP/1.1 200 OK
[省略了其他头的信息...]

<appointment>
  <slot doctor = "mjones" start = "1400" end = "1450"/>
  <patient id = "jsmith"/>
</appointment>
```

如果发生了问题，比如有人在该患者前面预约上了，那么该患者会在响应体中收到某种错误信息：

```
HTTP/1.1 200 OK
[省略了其他头的信息...]

<appointmentRequestFailure>
  <slot doctor = "mjones" start = "1400" end = "1450"/>
  <patient id = "jsmith"/>
  <reason>Slot not available</reason>
</appointmentRequestFailure>
```

到目前为止，这都是非常直观的基于 RPC 风格的系统。它很简单，因为只有 POX（Plain Old XML）在这个过程中被传输。如果你使用 SOAP 或者 XML-RPC，原理上基本是相同的，唯一的不同是将 XML 消息包含在了某种特定的格式中。

8.5.2　第 1 级：引入了资源的概念

在第 1 级中，Web 服务引入了资源的概念，每个资源都有对应的标识符和表达式。所以相比将所有的请求发送到单个服务端点，现在我们会和单独的资源进行交互。

因此，在我们的首个请求中，对指定医生会有一个对应资源：

```
POST /doctors/mjones HTTP/1.1
[省略了其他头的信息...]

<openSlotRequest date = "2010-01-04"/>
```

响应会包含一些基本信息，但是每个时间窗口作为一个资源可以被单独处理：

```
HTTP/1.1 200 OK
[省略了其他头的信息...]

<openSlotList>
  <slot id = "1234" doctor = "mjones" start = "1400" end = "1450"/>
  <slot id = "5678" doctor = "mjones" start = "1600" end = "1650"/>
</openSlotList>
```

有了这些资源，创建一个预约就是向某个特定的时间窗口发送请求：

```
POST /slots/1234 HTTP/1.1
[省略了其他头的信息...]

<appointmentRequest>
  <patient id = "jsmith"/>
</appointmentRequest>
```

如果一切顺利，会收到和前面类似的响应：

```
HTTP/1.1 200 OK
[省略了其他头的信息...]

<appointment>
  <slot id = "1234" doctor = "mjones" start = "1400" end = "1450"/>
  <patient id = "jsmith"/>
</appointment>
```

8.5.3 第 2 级：根据语义使用 HTTP 动词

在第 2 级中，Web 服务使用不同的 HTTP 方法来进行不同的操作，并且使用 HTTP 状态码来表示不同的结果。例如 HTTP GET 方法用来获取资源，HTTP DELETE 方法用来删除资源。

在医院挂号系统中，获取医生的时间窗口信息意味着需要使用 GET。

```
GET /doctors/mjones/slots?date=20100104&status=open HTTP/1.1
Host: royalhope.nhs.uk
```

响应和之前使用 POST 发送请求时一致：

```
HTTP/1.1 200 OK
[省略了其他头的信息...]

<openSlotList>
  <slot id = "1234" doctor = "mjones" start = "1400" end = "1450"/>
  <slot id = "5678" doctor = "mjones" start = "1600" end = "1650"/>
</openSlotList>
```

像上面那样使用 GET 来发送一个请求是至关重要的。HTTP 将 GET 定义为一个安全的操作，它并不会对任何事物的状态造成影响。这也就允许我们可以以不同的顺序若干次调用 GET 请求，每次还能够获取到相同的结果。一个重要的结论就是它允许参与到路由中的参与者使用缓存机制，该机制是让目前的 Web 运转得如此良好的关键因素之一。HTTP 包含许多方法来支持缓存，这些方法可以在通信过程中被所有的参与者使用。通过遵守 HTTP 的规则，我们可以很好地利用该能力。

为了创建一个预约，我们需要使用一个能够改变状态的 HTTP 动词 POST 或者 PUT。这里使用一个和前面相同的 POST 请求：

```
POST /slots/1234 HTTP/1.1
[省略了其他头的信息...]

<appointmentRequest>
  <patient id = "jsmith"/>
</appointmentRequest>
```

如果一切顺利，服务会返回一个 201 响应来表明新增了一个资源。这是与第 1 级的 POST 响应完全不同的。在第 2 级的操作响应都有统一的返回状态码。

```
HTTP/1.1 201 Created
Location: slots/1234/appointment
[省略了其他头的信息...]

<appointment>
  <slot id = "1234" doctor = "mjones" start = "1400" end = "1450"/>
  <patient id = "jsmith"/>
</appointment>
```

在 201 响应中包含一个 Location 属性，它是一个 URI，将来客户端可以通过 GET 请求获取到该资源的状态。以上响应还包含该资源的信息，从而省去了一个获取该资源的请求。

当出现问题时，还有一个不同之处，比如某人预约了该时段：

```
HTTP/1.1 409 Conflict
[various headers]

<openSlotList>
  <slot id = "5678" doctor = "mjones" start = "1600" end = "1650"/>
</openSlotList>
```

在上例中，409 表明该资源已经被更新了。相比使用 200 作为响应码再附带一个错误信息，在第 2 级中我们会明确类似上面的响应方式。

8.5.4　第 3 级：使用 HATEOAS

在第 3 级中，Web 服务使用 HATEOAS。在资源的表达中包含链接信息，客户端可以根据链接来发现可以执行的动作。

从上述 REST 成熟度模型中可以看到，使用 HATEOAS 的 REST 服务是成熟度最高的，也是 Roy Fielding 所推荐的“超文本驱动”的做法。对于不使用 HATEOAS 的 REST 服务，客户端和服务器的实现之间是紧密耦合的。客户端需要根据服务器提供的相关文档来了解所暴露的资源和对应的操作。当服务器发生了变化，如修改了资源的 URI，客户端也需要进行相应的修改。而使用 HATEOAS 的 REST 服务时，客户端可以通过服务器提供的资源的表达来智能地发现可以执行的操作。当服务器发生了变化时，客户端并不需要做出修改，因为资源的 URI 和其他信息都是动态发现的。

下面是一个 HATEOAS 的例子：

```
{
  "id": 711,
  "manufacturer": "bmw",
  "model": "X5",
  "seats": 5,
  "drivers": [
   {
    "id": "23",
    "name": "Way Lau",
    "links": [
     {
```

```
        "rel": "self",
        "href": "/api/v1/drivers/23"
      }
    ]
  }
 ]
}
```

回到我们的医院挂号系统案例中，还是使用在第 2 级中使用过的 GET 作为首个请求：

```
GET /doctors/mjones/slots?date=20100104&status=open HTTP/1.1
Host: royalhope.nhs.uk
```

但是响应中添加了一个新元素：

```
HTTP/1.1 200 OK
[省略了其他头的信息...]

<openSlotList>
  <slot id = "1234" doctor = "mjones" start = "1400" end = "1450">
    <link rel = "/linkrels/slot/book"
          uri = "/slots/1234"/>
  </slot>
  <slot id = "5678" doctor = "mjones" start = "1600" end = "1650">
    <link rel = "/linkrels/slot/book"
          uri = "/slots/5678"/>
  </slot>
</openSlotList>
```

每个时间窗口信息现在都包含一个 URI 用来告诉我们如何创建一个预约。

超媒体控制（Hypermedia Control）的关键在于它告诉我们下一步能够做什么，以及相应资源的 URI。相比事先就知道了如何去哪个地址发送预约请求，响应中的超媒体控制直接在响应体中告诉了我们如何做。

预约的 POST 请求和第 2 级中类似：

```
POST /slots/1234 HTTP/1.1
[省略了其他头的信息...]

<appointmentRequest>
  <patient id = "jsmith"/>
</appointmentRequest>
```

然后在响应中包含一系列的超媒体控制，用来告诉我们后面可以进行什么操作：

```
HTTP/1.1 201 Created
Location: http://royalhope.nhs.uk/slots/1234/appointment
[省略了其他头的信息...]

<appointment>
  <slot id = "1234" doctor = "mjones" start = "1400" end = "1450"/>
  <patient id = "jsmith"/>
  <link rel = "/linkrels/appointment/cancel"
        uri = "/slots/1234/appointment"/>
  <link rel = "/linkrels/appointment/addTest"
```

```
        uri = "/slots/1234/appointment/tests"/>
    <link rel = "self"
        uri = "/slots/1234/appointment"/>
    <link rel = "/linkrels/appointment/changeTime"
        uri = "/doctors/mjones/slots?date=20100104@status=open"/>
    <link rel = "/linkrels/appointment/updateContactInfo"
        uri = "/patients/jsmith/contactInfo"/>
    <link rel = "/linkrels/help"
        uri = "/help/appointment"/>
</appointment>
```

超媒体控制的一个显著优点在于它能够在保证客户端不受影响的条件下，改变服务器返回的 URI 方案。只要客户端查询 addTest 这一 URI，后台开发团队就可以根据需要随意修改与之对应的 URI（除了最初的入口 URI 不能被修改外）。

另一个优点是它能够帮助客户端开发人员进行探索。其中的链接告诉了客户端开发人员下面可能需要执行的操作。它并不会告诉所有的信息，但是至少它提供了一个思考的起点，当有需要时，开发人员可以协议文档中查看相应的 URI。

同样地，它也让服务器端的团队可以通过向响应中添加新的链接来增加功能。如果客户端开发人员留意到了以前未知的链接，那么就能够激起他们的探索欲望。

8.6 实例 29：构建 REST 服务的例子

本节将基于 Node.js 来实现一个简单的“用户管理”应用，该应用能够通过 REST API 来实现用户的新增、修改、删除。

正如前面的章节所介绍的，REST API 与 HTTP 操作之间有一定的映射关系。在本例中，将使用 POST 来新增用户，使用 PUT 来修改用户，使用 DELETE 来删除用户。

应用的主流程结构如下：

```
const http = require('http');

const hostname = '127.0.0.1';
const port = 8080;

const server = http.createServer((req, res) => {

  req.setEncoding('utf8');
  req.on('data', function (chunk) {
    console.log(req.method + user);

    // 判断不同的方法类型
    switch (req.method) {
      case 'POST':
        // ...
        break;
      case 'PUT':
        // ...
```

```
        break;
      case 'DELETE':
        // ...
        break;
    }

  });

});

server.listen(port, hostname, () => {
  console.log('服务器运行在 http://${hostname}:${port}/');
});
```

8.6.1 新增用户

为了保存新增的用户，在程序中使用 Array 将用户存储在内存中。

```
let users = new Array();
```

当用户发送 POST 请求时，则在 users 数组中新增一个元素。代码如下：

```
let users = new Array();
let user;

const server = http.createServer((req, res) => {

  req.setEncoding('utf8');
  req.on('data', function (chunk) {
    user = chunk;
    console.log(req.method + user);

    // 判断不同的方法类型
    switch (req.method) {
      case 'POST':
        users.push(user);
        console.log(users);
        break;
      case 'PUT':
        // ...
        break;
      case 'DELETE':
        // ...
        break;
    }

  });

});
```

在本例中，为求简单，用户的信息只有用户名称。

8.6.2　修改用户

修改用户是指将 users 中的用户替换为指定的用户。 由于本例中只有用户名称一个信息，因此只是简单地将 users 的用户名称替换为传入的用户名称。

代码如下：

```
let users = new Array();
let user;

const server = http.createServer((req, res) => {

  req.setEncoding('utf8');
  req.on('data', function (chunk) {
    user = chunk;
    console.log(req.method + user);

    // 判断不同的方法类型
    switch (req.method) {
      case 'POST':
        users.push(user);
        console.log(users);
        break;
      case 'PUT':
        for (let i = 0; i < users.length; i++) {
          if (user == users[i]) {
            users.splice(i, 1, user);
            break;
          }
        }
        console.log(users);
        break;
      case 'DELETE':
        // ...
        break;
    }

  });

});
```

正如上面的代码所示，当用户发起 PUT 请求时，会使用传入的 user 替换掉 users 中相同用户名称的元素。

8.6.3　删除用户

删除用户是指将 users 中指定的用户从 users 中删除掉。

代码如下：

```
let users = new Array();
let user;

const server = http.createServer((req, res) => {

  req.setEncoding('utf8');
  req.on('data', function (chunk) {
    user = chunk;
    console.log(req.method + user);

    // 判断不同的方法类型
    switch (req.method) {
      case 'POST':
        users.push(user);
        console.log(users);
        break;
      case 'PUT':
        for (let i = 0; i < users.length; i++) {
          if (user == users[i]) {
            users.splice(i, 1, user);
            break;
          }
        }
        console.log(users);
        break;
      case 'DELETE':
        or (let i = 0; i < users.length; i++) {
          if (user == users[i]) {
            users.splice(i, 1);
            break;
          }
        }
        break;
    }

  });

});
```

8.6.4 响应请求

响应请求是指服务器处理完用户的请求之后，将信息返回给用户的过程。

在本例中，我们将内存中所有的用户信息作为响应请求的内容。

代码如下：

```
let users = new Array();
let user;
```

```
const server = http.createServer((req, res) => {

  req.setEncoding('utf8');
  req.on('data', function (chunk) {
    user = chunk;
    console.log(req.method + user);

    // 判断不同的方法类型
    switch (req.method) {
      case 'POST':
        users.push(user);
        console.log(users);
        break;
      case 'PUT':
        for (let i = 0; i < users.length; i++) {
          if (user == users[i]) {
            users.splice(i, 1, user);
            break;
          }
        }
        console.log(users);
        break;
      case 'DELETE':
        or (let i = 0; i < users.length; i++) {
          if (user == users[i]) {
            users.splice(i, 1);
            break;
          }
        }
        break;
    }

    // 响应请求
    res.statusCode = 200;
    res.setHeader('Content-Type', 'text/plain');
    res.end(JSON.stringify(users));
  });

});
```

8.6.5　运行应用

通过下面的命令来启动服务器：

```
$ node rest-service
```

启动成功之后，就可以通过 REST 客户端来进行 REST API 的测试。在本例中使用 RESTClient，这是一款 Firefox 插件。

1. 测试创建用户API

在 RESTClient 中，选择 POST 请求方法，填入“waylau”作为用户的请求内容，并执行“发送”。发送成功后，可以看到如图 8-3 所示的响应内容。

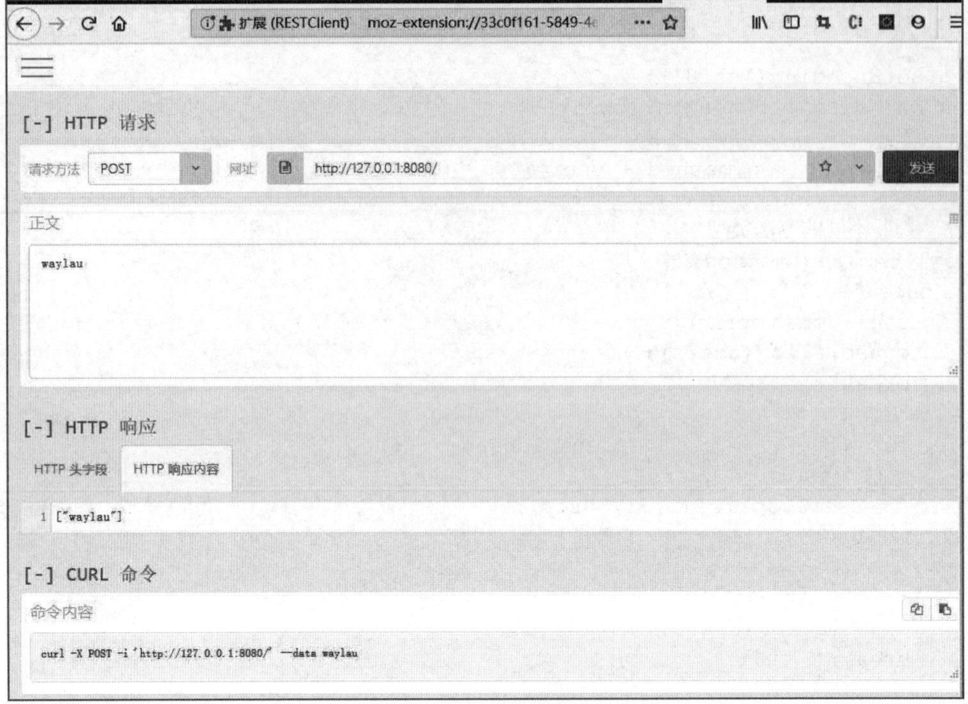

图 8-3　POST 创建用户

可以看到，已经将所添加的用户信息返回了，可以添加多个用户以便测试，如图 8-4 所示。

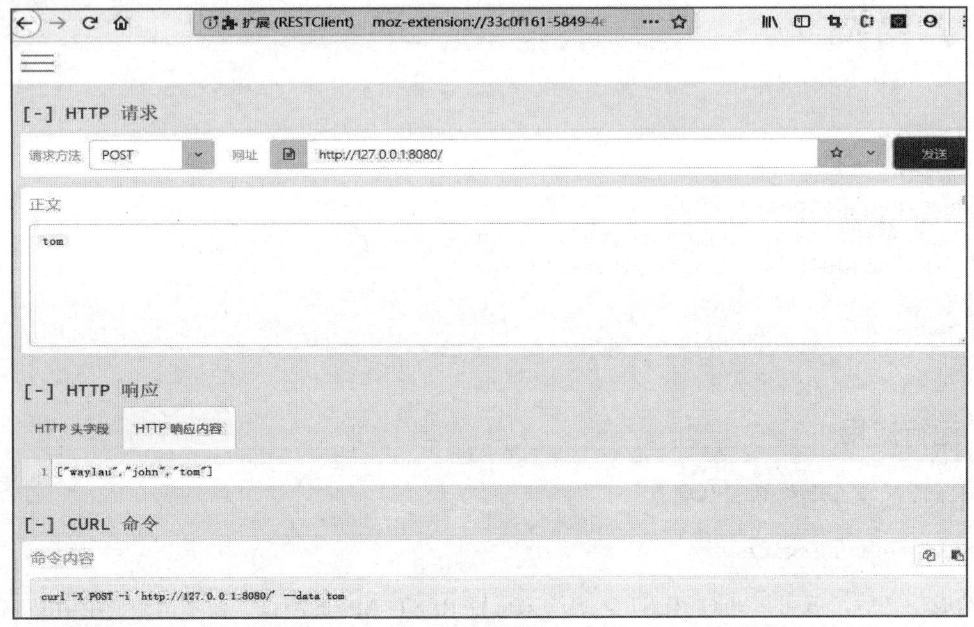

图 8-4　POST 创建多个用户

2. 测试修改用户API

在 RESTClient 中，选择 PUT 请求方法，填入“waylau”作为用户的请求内容，并执行“发送”。发送成功后，可以看到如图 8-5 所示的响应内容。

图 8-5　PUT 修改用户

虽然最终的响应结果看上去并无变化，实际上“waylau”的值已经替换过了。

3. 测试删除用户API

在 RESTClient 中，选择 DELETE 请求方法，填入“waylau”作为用户的请求内容，并执行“发送”。发送成功后，可以看到如图 8-6 所示的响应内容。

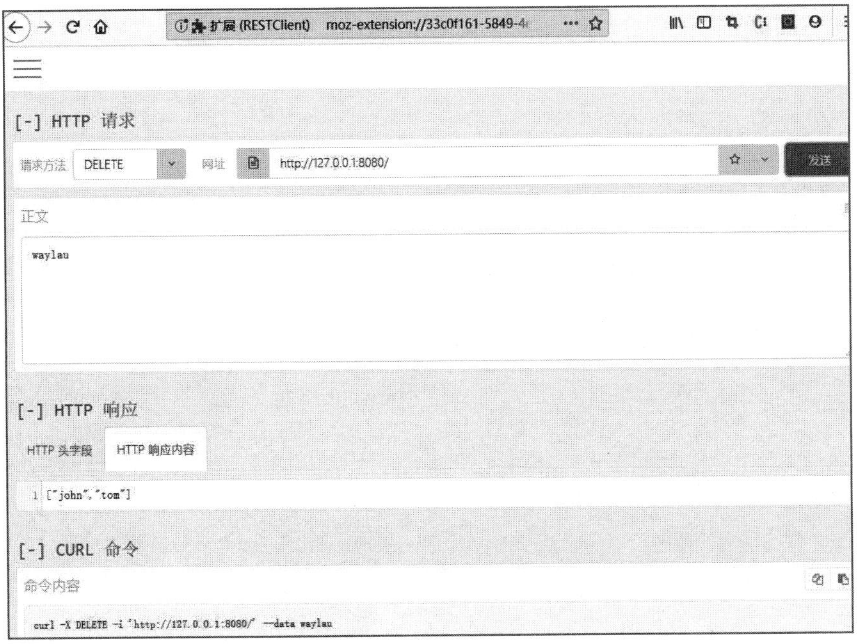

图 8-6　DELETE 删除用户

最终的响应结果可以看到“waylau”的信息被删除了。

本节的例子可以在 http-demo/rest-service.js 文件中找到。

8.7 小 结

本章介绍如何基于 Node.js 来开发 HTTP 协议的应用，内容涉及处理 HTTP 常用操作、理解请求对象和响应对象的概念、理解 REST 的概念及成熟度模型。

8.8 练 习 题

1. 请编写一个基于 Node.js 来创建服务器的例子。
2. 请简述 HTTP 常用操作。
3. 请简述请求对象和响应对象的概念。
4. 请简述 REST 的概念及成熟度模型。
5. 请编写一个 REST 服务的例子。

第 9 章

Express 基础

通过前面几章的学习，读者应该已经基本会使用 Node.js 来构建一些简单的 Web 应用示例。但实际上，这些示例离真实的项目差距还很大，归根结底是由于这些都是基于原生的 Node.js 的 API。这些 API 都太偏向底层，要实现真实的项目，还需要很多的工作要做。

中间件则是为了简化真实项目的开发而准备的。中间件的应用非常广泛，比如有 Web 服务器中间件、消息中间件、ESB 中间件、日志中间件、数据库中间件等。借助中间件可以快速实现项目中的业务功能，而无须关心中间件底层的技术细节。

本章介绍 Node.js 项目中常用的 Web 中间件——Express。

9.1 安装 Express

Express 是一个简洁而灵活的 Node.js Web 应用框架，提供了一系列强大的特性帮助用户创建各种 Web 应用。同时，Express 也是一款功能非常强大的 HTTP 工具。

使用 Express 可以快速地搭建一个功能完整的网站。其核心特性包括：

- 可以设置中间件来响应HTTP请求。
- 定义了路由表用于执行不同的HTTP请求动作。
- 可以通过向模板传递参数来动态渲染HTML页面。

接下来介绍如何安装 Express。

9.1.1 初始化应用目录

首先，初始化一个名为 express-demo 的应用：

```
$ mkdir express-demo
```

```
$ cd express-demo
```

9.1.2 初始化应用结构

接着，通过 npm init 来初始化该应用的代码结构：

```
$ npm init

This utility will walk you through creating a package.json file.
It only covers the most common items, and tries to guess sensible defaults.

See `npm help json` for definitive documentation on these fields
and exactly what they do.

Use `npm install <pkg>` afterwards to install a package and
save it as a dependency in the package.json file.

Press ^C at any time to quit.
package name: (express-demo)
version: (1.0.0)
description:
entry point: (index.js)
test command:
git repository:
keywords:
author: waylau.com
license: (ISC)
About to write to
D:\workspaceGithub\mean-book-samples\samples\express-demo\package.json:

{
  "name": "express-demo",
  "version": "1.0.0",
  "description": "",
  "main": "index.js",
  "scripts": {
    "test": "echo \"Error: no test specified\" && exit 1"
  },
  "author": "waylau.com",
  "license": "ISC"
}


Is this OK? (yes) yes
```

9.1.3 在应用中安装 Express

最后通过 npm install 命令来安装 Express：

```
$ npm install express --save

npm notice created a lockfile as package-lock.json. You should commit this file.
```

```
npm WARN express-demo@1.0.0 No description
npm WARN express-demo@1.0.0 No repository field.

+ express@4.17.1
added 50 packages from 37 contributors in 4.655s
```

9.2　实例 30：编写 Hello World 应用

在安装完 Express 之后，就可以通过 Express 来编写 Web 应用了。以下是一个简单版本的 Hello World 应用代码：

```
const express = require('express');
const app = express();
const port = 8080;

app.get('/', (req, res) => res.send('Hello World!'));

app.listen(port, () => console.log(`Server listening on port ${port}!`));
```

该示例非常简单，当服务器启动之后会占用 8080 端口。当用户访问应用的“/”路径时，会响应“Hello World!”字样的内容给客户端。

9.3　实例 31：运行 Hello World 应用

执行下面的命令，以启动服务器：

```
$ node index.js

Server listening on port 8080!
```

服务器启动之后，通过浏览器访问 http://localhost:8080/，可以看到如图 9-1 所示的内容。

图 9-1　可以看到“Hello World!”

本节的例子可以在 express-demo 目录下找到。

9.4 小 结

本章介绍了如何初始化 Express 应用，并演示了如何通过 Express 来编写、运行 Web 应用。

9.5 练 习 题

1. 请简述 Express 的作用。
2. 请通过 Express 来编写、运行 Web 应用示例。

第 10 章

Express 路由——页面的导航员

在 Web 服务器中，路由是为了在不同的页面直接进行导航。

本章介绍 Express 的路由功能。

10.1 路由方法

路由方法是从其中一个 HTTP 方法派生的，并附加到 express 类的实例。

以下代码是为应用程序根目录的 GET 和 POST 方法定义路由的示例。

```
// GET 请求到应用的根目录
app.get('/', (req, res) => res.send('GET request to the homepage!'));

// POST 请求到应用的根目录
app.post('/', (req, res) => res.send('POST request to the homepage!'));
```

Express 支持与所有 HTTP 请求方法相对应的方法，包括 get、post、put、delete 等。下面是有关完整方法列表：

- checkout
- copy
- delete
- get
- head
- lock
- merge
- mkactivity

- mkcol
- move
- m-search
- notify
- options
- patch
- post
- purge
- put
- report
- search
- subscribe
- trace
- unlock
- unsubscribe

路由方法all较为特殊，该方法用于在路由上为所有HTTP请求方法加载中间件函数。例如，无论是使用 GET、POST、PUT、DELETE 还是 http 模块支持的任何其他 HTTP 请求方法，都会对路由“/secret”的请求执行以下处理程序：

```
app.all('/secret', function (req, res, next) {
  console.log('Accessing the secret section ...')
  next()
})
```

10.2 路由路径

路由路径与请求方法相结合，便可以定义请求的端点。路由路径可以是字符串、字符串模式或正则表达式。

字符“?”“+”“*”和“()”是它们的正则表达式对应物的子集。连字符“-”和点“.”由字符串路径按字面解释。

如果需要在路径字符串中使用美元字符“$”，那么请将其包含在“([”和“])”内。例如，对“/data/$book”处请求的路径字符串将是“/data/([\$])book”。Express 使用 Path-To-RegExp 库（https://www.npmjs.com/package/path-to-regexp）来匹配路由路径。

10.2.1 实例 32：基于字符串的路由路径

以下是基于字符串的路由路径的一些示例。

下面是路由路径将匹配对根路由“/”的请求。

```
app.get('/', function (req, res) {
  res.send('root')
```

```
})
```

下面是路由路径将匹配对“/about”的请求。

```
app.get('/about', function (req, res) {
  res.send('about')
})
```

下面是路由路径将匹配对“/random.text”的请求。

```
app.get('/random.text', function (req, res) {
  res.send('random.text')
})
```

10.2.2　实例 33：基于字符串模式的路由路径

以下是基于字符串模式的路由路径的一些示例。

下面是路由路径将匹配 acd 和 abcd。

```
app.get('/ab?cd', function (req, res) {
  res.send('ab?cd')
})
```

下面是路由路径将匹配 abcd、abbcd、abbbcd 等。

```
app.get('/ab+cd', function (req, res) {
  res.send('ab+cd')
})
```

下面是路由路径将匹配 abcd、abxcd、abRANDOMcd、dab123cd 等。

```
app.get('/ab*cd', function (req, res) {
  res.send('ab*cd')
})
```

下面是路由路径将匹配 abe、abcde 等。

```
app.get('/ab(cd)?e', function (req, res) {
  res.send('ab(cd)?e')
})
```

10.2.3　实例 34：基于正则表达式的路由路径

以下是基于正则表达式的路由路径示例。

下面是路由路径将匹配其中包含 a 的任何内容。

```
app.get(/a/, function (req, res) {
  res.send('/a/')
})
```

下面是路由路径将匹配 butterfly 和 dragonfly，但不会匹配 butterflyman 和 dragonflyman 等。

```
app.get(/.*fly$/, function (req, res) {
  res.send('/.*fly$/')
})
```

10.3 路由参数

路由参数是命名的 URL 段，用于捕获在 URL 中的位置指定的值。捕获的值将填充在 req.params 对象中，路径参数的名称在路径中指定为其各自的键。

观察下面的请求：

```
Route path: /users/:userId/books/:bookId
Request URL: http://localhost:3000/users/34/books/8989
req.params: { "userId": "34", "bookId": "8989" }
```

要使用路由参数定义路由，只需在路由路径中指定路由参数，如下所示：

```
app.get('/users/:userId/books/:bookId', function (req, res) {
  res.send(req.params)
})
```

如果想要更好地控制路由参数，可以在括号“()”中附加正则表达式：

```
Route path: /user/:userId(\d+)
Request URL: http://localhost:3000/user/42
req.params: {"userId": "42"}
```

10.4 路由处理器

路由处理器可以提供多个回调函数，其行为类似于中间件来处理请求。唯一的例外是这些回调可能会调用“next('route')”来绕过剩余的路由回调。可以使用此机制对路径施加前置条件，然后在没有理由继续当前路由的情况下将控制权传递给后续路由。

路由处理程序可以是函数、函数数组或两者的组合形式，如以下示例所示。

10.4.1 实例 35：单个回调函数

单个回调函数可以处理路由。例如：

```
app.get('/example/a', function (req, res) {
  res.send('Hello from A!')
})
```

10.4.2 实例 36：多个回调函数

多个回调函数可以处理路由（确保指定下一个对象）。例如：

```
app.get('/example/b', function (req, res, next) {
  console.log('the response will be sent by the next function ...')
  next()
}, function (req, res) {
  res.send('Hello from B!')
})
```

10.4.3　实例 37：一组回调函数

一组回调函数可以处理路由。例如：

```
var cb0 = function (req, res, next) {
  console.log('CB0')
  next()
}

var cb1 = function (req, res, next) {
  console.log('CB1')
  next()
}

var cb2 = function (req, res) {
  res.send('Hello from C!')
}

app.get('/example/c', [cb0, cb1, cb2])
```

10.4.4　实例 38：独立函数和函数数组的组合

独立函数和函数数组的组合可以处理路由路径。例如：

```
var cb0 = function (req, res, next) {
  console.log('CB0')
  next()
}

var cb1 = function (req, res, next) {
  console.log('CB1')
  next()
}

app.get('/example/d', [cb0, cb1], function (req, res, next) {
  console.log('the response will be sent by the next function ...')
  next()
}, function (req, res) {
  res.send('Hello from D!')
})
```

10.5　响应方法

下面的响应对象上的方法可以向客户端发送响应，并终止请求-响应周期。如果没有从路由处理程序调用这些方法，则客户端请求将保持挂起状态。

- res.download()：提示下载文件。
- res.end()：结束响应过程。

- res.json()：发送JSON响应。
- res.jsonp()：使用JSONP支持发送JSON响应。
- res.redirect()：重定向请求。
- res.render()：渲染视图模板。
- res.send()：发送各种类型的回复。
- res.sendFile()：以八位字节流的形式发送文件。
- res.sendStatus()：设置响应状态代码并将其字符串表示形式作为响应主体发送。

10.6 实例 39：Express 构建 REST API

在 8.6 节中，我们通过 Node.js 的 http 模块实现了一个简单的用户管理应用。本节将演示如何基于 Express 来更加简洁地实现 REST API。

为了能顺利解析 JSON 格式的数据，需要引入下面的模块：

```
const express = require('express');
const app = express();
const port = 8080;
const bodyParser = require('body-parser');//用于 req.body 获取值的
app.use(bodyParser.json());
```

同时，我们在内存中定义了一个 Array 来模拟用户信息的存储：

```
// 存储用户信息
let users = new Array();
```

通过不同的 HTTP 操作来识别不同的对于用户的操作。我们将使用 POST 来新增用户，用 PUT 来修改用户，用 DELETE 来删除用户，用 GET 来获取所有用户的信息。代码如下：

```
// 存储用户信息
let users = new Array();

app.get('/', (req, res) => res.json(users).end());

app.post('/', (req, res) => {
    let user = req.body.name;

    users.push(user);

    res.json(users).end();
});

app.put('/', (req, res) => {
    let user = req.body.name;

    for (let i = 0; i < users.length; i++) {
        if (user == users[i]) {
            users.splice(i, 1, user);
            break;
        }
```

```
    }

    res.json(users).end();
});

app.delete('/', (req, res) => {
    let user = req.body.name;

    for (let i = 0; i < users.length; i++) {
        if (user == users[i]) {
            users.splice(i, 1);
            break;
        }
    }

    res.json(users).end();
});
```

本应用的完整代码如下：

```
const express = require('express');
const app = express();
const port = 8080;
const bodyParser = require('body-parser');//用于获取 req.body 的值
app.use(bodyParser.json());


// 存储用户信息
let users = new Array();

app.get('/', (req, res) => res.json(users).end());

app.post('/', (req, res) => {
    let user = req.body.name;

    users.push(user);

    res.json(users).end();
});

app.put('/', (req, res) => {
    let user = req.body.name;

    for (let i = 0; i < users.length; i++) {
        if (user == users[i]) {
            users.splice(i, 1, user);
            break;
        }
    }

    res.json(users).end();
});

app.delete('/', (req, res) => {
    let user = req.body.name;

    for (let i = 0; i < users.length; i++) {
        if (user == users[i]) {
            users.splice(i, 1);
            break;
        }
```

```
    }

    res.json(users).end();
});

app.listen(port, () => console.log(`Server listening on port ${port}!`));
```

本节的例子可以在 express-rest 目录下找到。

10.7　测试 Express 的 REST API

运行上述示例，并在 REST 客户端中进行 REST API 的调试。

10.7.1　测试创建用户 API

在 RESTClient 中，选择 POST 请求方法，填入“{"name":"waylau"}”作为用户的请求内容，并执行“发送”。发送成功后，可以看到已经将所添加的用户信息给返回了，如图 10-1 所示。也可以添加多个用户以便测试。

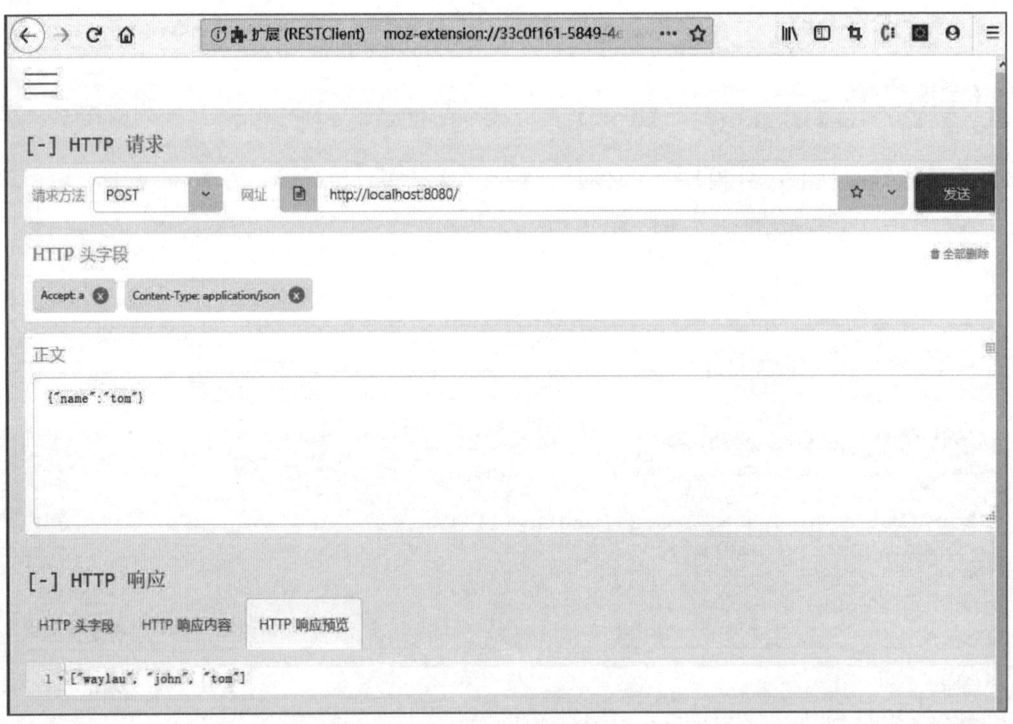

图 10-1　POST 创建用户

10.7.2　测试删除用户 API

在 RESTClient 中，选择 DELETE 请求方法，填入“{"name":"tom"}”作为用户的请求内容，并执行“发送”。发送成功后，可以看到如图 10-2 所示的响应内容。

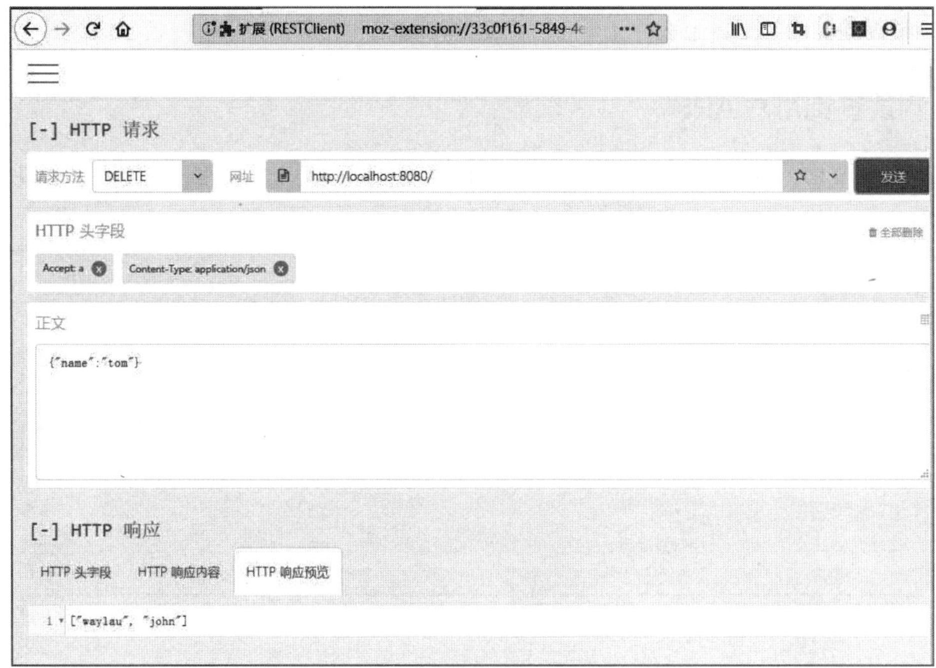

图 10-2 DELETE 删除用户

最终的响应结果可以看到 tom 的信息被删除了。

10.7.3 测试修改用户 API

在 RESTClient 中，选择 PUT 请求方法，填入“{"name":"john"}”作为用户的请求内容，并执行“发送”。发送成功后，可以看到如图 10-3 所示的响应内容。

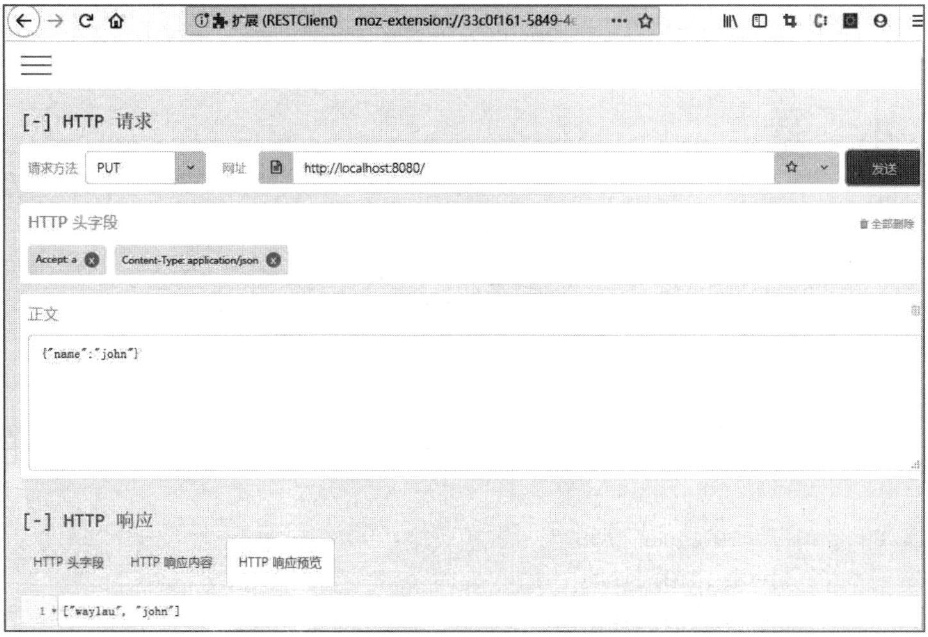

图 10-3 PUT 修改用户

虽然，最终的响应结果看上去并无变化，实际上“john”的值已经做过替换了。

10.7.4　测试查询用户 API

在 RESTClient 中，选择 GET 请求方法，并执行“发送”。发送成功后，可以看到如图 10-4 所示的响应内容。

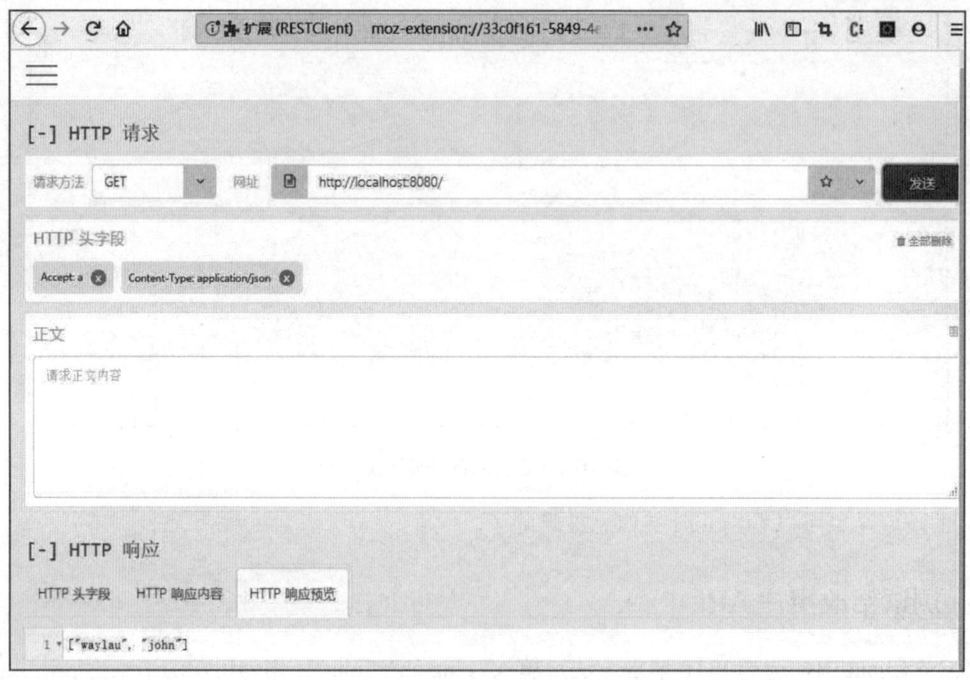

图 10-4　查询用户

最终，将内存中的所有用户信息都返回给了客户端。

10.8　小　结

本章介绍了 Express 在 Web 服务器中的路由功能，路由是为了在不同的页面直接进行导航，主要内容涉及路由方法、路由路径、路由参数、路由处理器、响应方法。

10.9　练 习 题

1. 请简述 Express 的路由功能的作用。
2. 请编写一个 Express 路由路径的例子。
3. 请编写一个 Express 路由处理器的例子。
4. 请编写一个 Express 构建 REST API 的例子。

第 11 章

Express 错误处理器

本章介绍 Express 对于错误的处理。错误处理是指 Express 如何捕获和处理在同步和异步发生时的错误。

Express 会提供默认的错误处理器，因此开发者无须编写自己的错误处理程序即可开始使用。当然，开发者也可以选择自定义错误处理器。

11.1 捕获错误

程序在运行过程中有可能会发生错误，而对于错误的处理至关重要。Express 可以捕获运行时的错误，处理也比较简单。

下面的示例展示了在 Express 中捕获并处理错误的过程。例如：

```
app.get('/', function (req, res) {
  throw new Error('BROKEN') // Express 会自己捕获这个错误
})
```

对于由路由处理器和中间件调用的异步函数返回的错误，必须将它们传递给 next()函数，这样 Express 就能捕获并处理它们。例如：

```
app.get('/', function (req, res, next) {
  fs.readFile('/file-does-not-exist', function (err, data) {
    if (err) {
      next(err) // 传递错误给 Express
    } else {
      res.send(data)
    }
  })
})
```

除字符串'route'外，将任何内容传递给 next()函数，Express 都会将当前请求视为错误，并将跳过任何剩余的非错误处理路由和中间件函数。

如果序列中的回调不提供数据，只提供错误，则可以按如下方式简化此代码：

```
app.get('/', [
  function (req, res, next) {
    fs.writeFile('/inaccessible-path', 'data', next)
  },
  function (req, res) {
    res.send('OK')
  }
])
```

在上面的示例中，next 作为 fs.writeFile 的回调提供，调用时有或没有错误。如果没有错误，则执行第二个处理程序，否则 Express 会捕获并处理错误。

必须捕获由路由处理器或中间件调用的异步代码中发生的错误，并将它们传递给 Express 进行处理。例如：

```
app.get('/', function (req, res, next) {
  setTimeout(function () {
    try {
      throw new Error('BROKEN')
    } catch (err) {
      next(err)
    }
  }, 100)
})
```

上面的示例使用 try-catch 块来捕获异步代码中的错误并将它们传递给 Express。如果省略 try-catch 块，Express 将不会捕获错误，因为它不是同步处理程序代码的一部分。

使用 promise 可以避免 try-catch 块的开销，或者使用返回 promise 的函数。例如：

```
app.get('/', function (req, res, next) {
  Promise.resolve().then(function () {
    throw new Error('BROKEN')
  }).catch(next) // 传递错误给 Express
})
```

由于 promise 会自动捕获同步错误和拒绝的 promise，因此可以简单地将 next 作为最终的 catch 处理程序，Express 将会捕获错误，因为 catch 处理程序会将错误作为第一个参数。

还可以使用一系列处理程序来缩减代码的规模。例如：

```
app.get('/', [
  function (req, res, next) {
    fs.readFile('/maybe-valid-file', 'utf-8', function (err, data) {
      res.locals.data = data
      next(err)
    })
  },
  function (req, res) {
    res.locals.data = res.locals.data.split(',')[1]
    res.send(res.locals.data)
```

```
  }
])
```

上面的例子有一些来自 readFile 调用的简单语句。如果 readFile 导致错误，要么它将错误传递给 Express，要么就快速返回到链中下一个错误处理器进行处理。

无论使用哪种方法，如果要调用 Express 错误处理器并使应用程序始终可用，则必须确保 Express 收到错误。

11.2　默认错误处理器

Express 内置了错误处理器，可以处理应用程序中可能遇到的任何错误。此默认错误处理器中间件函数添加在中间件函数堆栈的末尾。

如果将错误传递给 next()并且没有在自定义错误处理器中处理它，它将由内置错误处理器处理。错误将通过堆栈跟踪写入客户端。堆栈跟踪不包含在生产环境中。

如果在开始编写响应后调用 next()并出现错误，例如在将响应流式传输到客户端时遇到错误，则 Express 默认错误处理器将会关闭连接并使请求失败。

因此，开发者在添加自定义错误处理器时，必须在 header 已发送到客户端时委派给默认的 Express 错误处理器。示例如下：

```
function errorHandler (err, req, res, next) {
  if (res.headersSent) {
    return next(err)
  }
  res.status(500)
  res.render('error', { error: err })
}
```

请注意，如果因代码中的错误而多次调用 next()，则会触发默认错误处理器，即使自定义错误处理器中间件已就绪也是如此。

11.3　自定义错误处理器

自定义错误处理器的中间件函数的定义，与其他中间件函数有着相同的方式，除了错误处理函数有 4 个参数（err、req、res、next），而不是 3 个。例如：

```
app.use(function (err, req, res, next) {
  console.error(err.stack)
  res.status(500).send('Something broke!')
})
```

可以在其他 app.use()和路由调用之后定义错误处理中间件。例如：

```
var bodyParser = require('body-parser')
var methodOverride = require('method-override')
```

```
app.use(bodyParser.urlencoded({
  extended: true
}))
app.use(bodyParser.json())
app.use(methodOverride())
app.use(function (err, req, res, next) {
  // logic
})
```

中间件函数内的响应可以是任何格式，例如 HTML 错误页面、简单消息或 JSON 字符串。

也可以定义多个错误处理中间件函数，就像使用常规中间件函数一样。例如，为使用 XHR 和不使用 XHR 的请求定义错误处理器：

```
var bodyParser = require('body-parser')
var methodOverride = require('method-override')

app.use(bodyParser.urlencoded({
  extended: true
}))
app.use(bodyParser.json())
app.use(methodOverride())
app.use(logErrors)
app.use(clientErrorHandler)
app.use(errorHandler)
```

在上述示例中，通用 logErrors 可能会将请求和错误信息写入 stderr，例如：

```
function logErrors (err, req, res, next) {
  console.error(err.stack)
  next(err)
}
```

同样，在此示例中，clientErrorHandler 会将错误明确传递给下一个错误处理器。需要注意的是，在错误处理函数中，如果不调用 next，则开发者需要负责结束响应，否则这些请求将“挂起”，并且不符合垃圾回收的条件。

```
function clientErrorHandler (err, req, res, next) {
  if (req.xhr) {
    res.status(500).send({ error: 'Something failed!' })
  } else {
    next(err)
  }
}
```

errorHandler 用于捕获所有的错误。

```
function errorHandler (err, req, res, next) {
  res.status(500)
  res.render('error', { error: err })
}
```

如果是具有多个回调函数的路由处理程序，则可以使用 route 参数跳转到下一个路由处理程序。

例如：

```
app.get('/a_route_behind_paywall',
  function checkIfPaidSubscriber (req, res, next) {
    if (!req.user.hasPaid) {
      // 继续处理请求
      next('route')
    } else {
      next()
    }
  }, function getPaidContent (req, res, next) {
    PaidContent.find(function (err, doc) {
      if (err) return next(err)
      res.json(doc)
    })
  })
```

在上述示例中，将跳过 getPaidContent 处理程序，但其余的处理程序将继续执行。

11.4 小 结

本章介绍 Express 对于错误的处理，包括捕获和处理在同步和异步发生时的错误。Express 提供了默认的错误处理器，因此开发者直接使用默认的错误处理程序即可。

11.5 练 习 题

1. 请简述 Express 如何捕获运行时的错误。
2. 请简述如何使用 Express 的错误处理器。
3. 请简述如何自定义 Express 的错误处理器。

第 12 章

MongoDB 基础

MongoDB 是强大的非关系型数据库（NoSQL）。本章讲解 MongoDB 的基础知识。

12.1 MongoDB 简介

与 Redis 或者 HBase 等不同，MongoDB 是一个介于关系数据库和非关系数据库之间的产品，是非关系数据库中功能最丰富、最像关系数据库的，旨在为 Web 应用提供可扩展的高性能数据存储解决方案。它支持的数据结构非常松散，是类似 JSON 的 BSON 格式，因此可以存储比较复杂的数据类型。MongoDB 最大的特点是其支持的查询语言非常强大，其语法有点类似于面向对象的查询语言，几乎可以实现类似关系数据库单表查询的绝大部分功能，而且还支持对数据建立索引。

自 MongoDB 4.0 开始，MongoDB 开始支持事务管理。

MongoDB Server 是用 C++编写的、开源的、面向文档的数据库（Document Database），它的特点是高性能、高可用，以及可以实现自动化扩展，存储数据非常方便。其主要功能特性如下：

- MongoDB将数据存储为一个文档，数据结构由field-value（字段-值）对组成。
- MongoDB文档类似于JSON对象，字段的值可以包含其他文档、数组及文档数组。

MongoDB 的文档结构如图 12-1 所示。

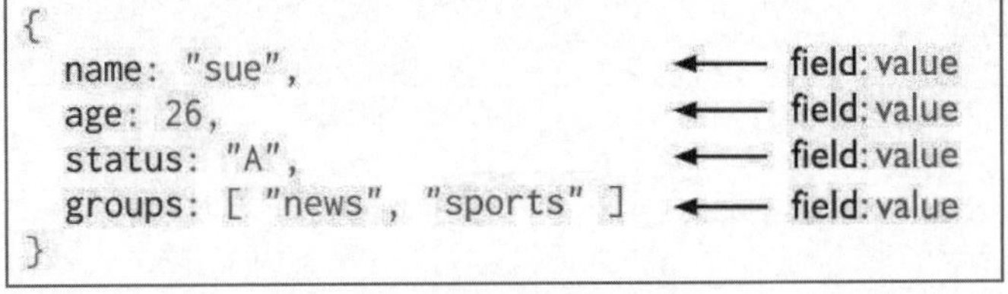

```
{
  name: "sue",                          ←— field: value
  age: 26,                              ←— field: value
  status: "A",                          ←— field: value
  groups: [ "news", "sports" ]          ←— field: value
}
```

图 12-1　MongoDB 的文档结构

使用文档的优点是：

- 文档（即对象）在许多编程语言里可以对应原生数据类型。
- 嵌入式文档和数组可以减少昂贵的连接操作。
- 动态模式支持流畅的多态性。

MongoDB 的特点是高性能、易部署、易使用，存储数据非常方便。下面总结其主要功能特性。

1. 高性能

MongoDB 中提供了高性能的数据持久化。尤其是：

- 对于嵌入式数据模型的支持，减少了数据库系统的I/O活动。
- 支持索引，用于快速查询。其索引对象可以是嵌入文档或数组的key。

2. 丰富的查询语言

MongoDB 支持丰富的查询语言，包括读取和写入操作（CRUD）以及：

- 数据聚合。
- 文本搜索和地理空间查询。

3. 高可用

MongoDB 的复制设备被称为 replica set，提供了如下功能：

- 自动故障转移。
- 数据冗余。

replica set 是一组保存相同数据集合的 MongoDB 服务器，提供了数据冗余并提高了数据的可用性。

4. 横向扩展

MongoDB 提供水平横向扩展并作为其核心功能部分：

- 将数据分片到一组计算机集群上。
- tag aware sharding（标签意识分片）允许将数据传到特定的碎片，比如在分片时考虑碎片的地理分布。

5. 支持多个存储引擎

MongoDB 支持多个存储引擎，例如：

- WiredTiger Storage Engine。
- MMAPv1 Storage Engine。

此外，MongoDB 中提供插件式存储引擎的 API，允许第三方来开发 MongoDB 的存储引擎。

12.2 安装 MongoDB

在 MongoDB 官网可以免费下载 MongoDB 服务器，地址是 https://www.mongodb.com/download-center/community。

本书演示的是在 Windows 下载的安装。

首先，根据你的系统下载 32 位或 64 位的.msi 文件，下载后双击该文件，按操作提示安装即可。在安装过程中，可以指定任意安装目录，通过单击 Custom 来设置。本例安装在 D:Files 目录。

接着配置服务。配置情况如图 12-2 所示。

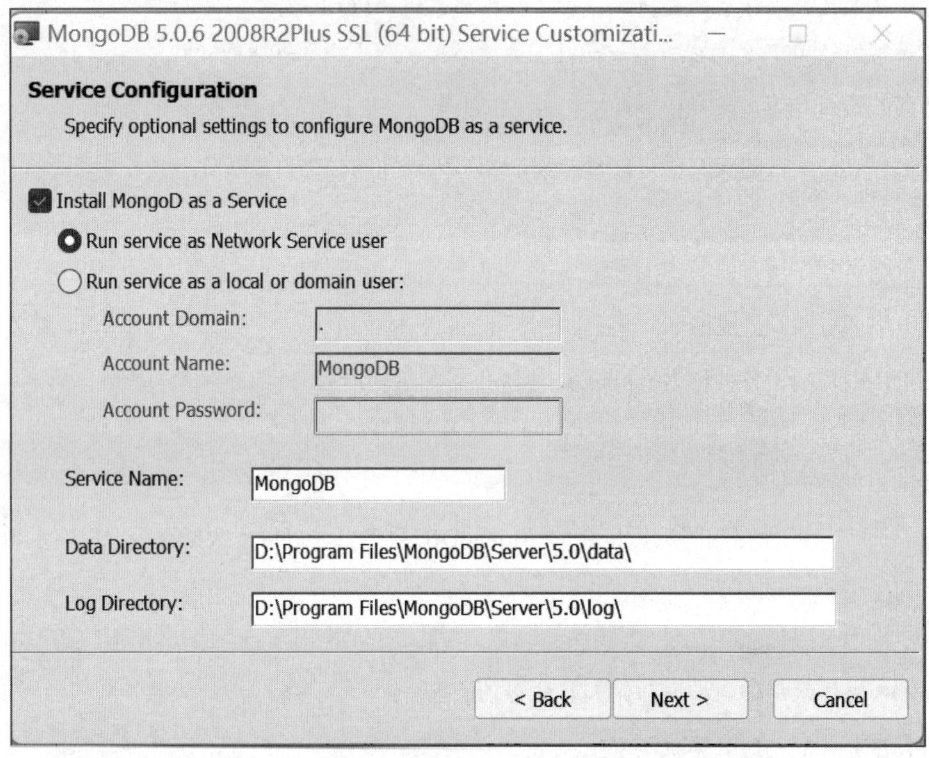

图 12-2 MongoDB 的安装配置

12.3 启动 MongoDB 服务

安装 MongoDB 成功之后，MongoDB 服务就会被安装到 Windows 中，可以通过 Windows 服务管理来对 MongoDB 服务进行管理，比如可以启动、关闭、重启 MongoDB 服务，也可以设置跟随 Windows 操作系统自动启动。

图 12-3 展示了 MongoDB 服务的管理界面。

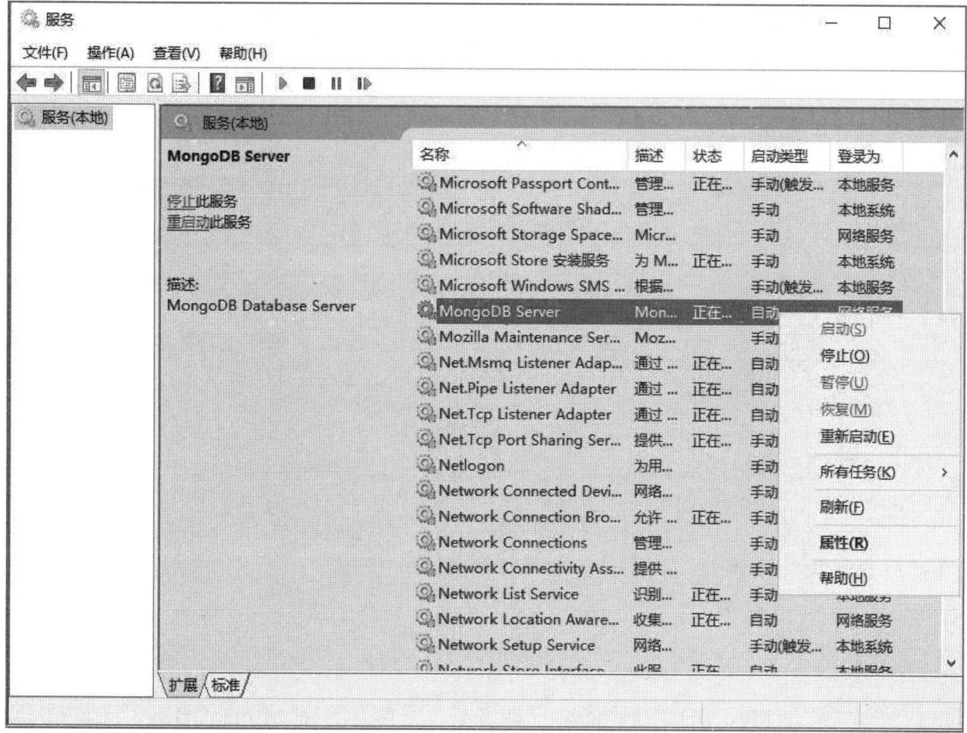

图 12-3 MongoDB 服务

12.4 连接到 MongoDB 服务器

MongoDB 服务成功启动之后，就可以通过 MongoDB 客户端来连接到 MongoDB 服务器了。切换到 MongoDB 安装目录的 bin 目录下，执行 mongo.exe 文件：

```
$ mongo.exe

MongoDB shell version v5.0.6
connecting to:
mongodb://127.0.0.1:27017/?compressors=disabled&gssapiServiceName=mongodb
Implicit session: session { "id" : UUID("0d2349d9-a5b3-4454-9ae3-6a415f594f59") }
MongoDB server version: 5.0.6
================
Warning: the "mongo" shell has been superseded by "mongosh",
which delivers improved usability and compatibility.The "mongo" shell has been
deprecated and will be removed in
an upcoming release.
For installation instructions, see
https://docs.mongodb.com/mongodb-shell/install/
================
---
The server generated these startup warnings when booting:
        2022-04-05T12:19:39.154+08:00: Access control is not enabled for the
```

```
database. Read and write access to data and configuration is unrestricted
    ---
    ---
            Enable MongoDB's free cloud-based monitoring service, which will then
receive and display
            metrics about your deployment (disk utilization, CPU, operation statistics,
etc).

            The monitoring data will be available on a MongoDB website with a unique
URL accessible to you
            and anyone you share the URL with. MongoDB may use this information to make
product
            improvements and to suggest MongoDB products and deployment options to you.

            To enable free monitoring, run the following command:
db.enableFreeMonitoring()
            To permanently disable this reminder, run the following command:
db.disableFreeMonitoring()
    ---

    >
```

mongo.exe 文件就是 MongoDB 自带的客户端工具，可以用来对 MongoDB 进行 CURD 操作。

12.5 小　结

本章讲解 MongoDB 的基础知识，内容包括 MongoDB 的基本概念、安装 MongoDB 并启动 MongoDB 服务，以及客户端连接到 MongoDB 服务器。

12.6 练 习 题

1. 请简述 MongoDB 的特征，以及与传统的关系型数据库有哪些不同。
2. 请在本地开发机上安装并启动 MongoDB 服务器。
3. 请使用 MongoDB 客户端来连接到 MongoDB 服务器。

第 13 章 MongoDB 常用操作

本章介绍 MongoDB 的常用操作。

13.1 显示已有的数据库

在安装完 MongoDB 之后，就可以通过自带的 mongo.exe 来对 MongoDB 进行基本操作了。

使用 show dbs 命令可以显示已有的数据库：

```
> show dbs
admin      0.000GB
config     0.000GB
local      0.000GB
```

使用 db 命令可以显示当前使用的数据库：

```
> db
test
```

在 MongoDB 新建时默认会有一个 test 数据库。

13.2 创建、使用数据库

use 命令有两个作用：

- 切换到指定的数据库。
- 在数据库不存在时，创建数据库。

因此，可以通过下面的命令来创建并使用数据库：

```
> use nodejsBook
switched to db nodejsBook
```

13.3 插入文档

插入文档（Document）可以分为两种：一种是插入单个文档，另一种是插入多个文档。在 MongoDB 的概念中，文档类似于 MySQL 表中的数据。

13.3.1 实例 40：插入单个文档

db.collection.insertOne()方法用于插入单个文档到集合（Collection）中。集合在 MongoDB 中的概念类似于 MySQL 中表的概念。

以下是插入一本书的信息的例子：

```
db.book.insertOne(
   { title: "分布式系统常用技术及案例分析", price: 99, press: "电子工业出版社", author:
   { age: 32, name: "柳伟卫" } }
)
```

在上述例子中，“book”就是一个集合。在该集合不存在的情况下，会自动创建名为“book”的集合。

执行插入命令之后，控制台的输出内容如下：

```
> db.book.insertOne(
...    { title: "分布式系统常用技术及案例分析", price: 99, press: "电子工业出版社",
       author: { age: 32, name: "柳伟卫" } }
... )
{
       "acknowledged" : true,
       "insertedId" : ObjcctId("5d0788c1da0dce67ba3b279d")
}
```

其中，文档中的“_id”字段如果没有指定，MongoDB 会自动给该字段赋值，其类型是 ObjectId。

为了查询上述插入的文档信息，可以使用 db.collection.find()方法。命令如下：

```
> db.book.find( { title: "分布式系统常用技术及案例分析" } )

{ "_id" : ObjectId("5d0788c1da0dce67ba3b279d"), "title" : "分布式系统常用技术及
案例分析", "price" : 99, "press" : "电子工业出版社", "author" : { "age" : 32, "name" :
"柳伟卫" } }
>
```

13.3.2 实例 41：插入多个文档

db.collection.insertMany()方法用于插入多个文档到集合中。

以下是插入多本书的信息的例子：

```
db.book.insertMany([
    { title: "Spring Boot 企业级应用开发实战", price: 98, press: "北京大学出版社",
    author: { age: 32, name: "柳伟卫" } },
    { title: "Spring Cloud 微服务架构开发实战", price: 79, press: "北京大学出版社",
    author: { age: 32, name: "柳伟卫" } },
    { title: "Spring 5 案例大全", price: 119, press: "北京大学出版社", author: { age:
    32, name: "柳伟卫" } }]
)
```

执行插入命令之后，控制台的输出内容如下：

```
> db.book.insertMany([
...     { title: "Spring Boot 企业级应用开发实战", price: 98, press: "北京大学出版社
", author: { age: 32, name: "柳伟卫" } },
...     { title: "Spring Cloud 微服务架构开发实战", price: 79, press: "北京大学出版社
", author: { age: 32, name: "柳伟卫" } },
...     { title: "Spring 5 案例大全", price: 119, press: "北京大学出版社", author: { age:
32, name: "柳伟卫" } }]
... )
{
        "acknowledged" : true,
        "insertedIds" : [
                ObjectId("5d078bd1da0dce67ba3b279e"),
                ObjectId("5d078bd1da0dce67ba3b279f"),
                ObjectId("5d078bd1da0dce67ba3b27a0")
        ]
}
```

其中，文档中的“_id”字段如果没有指定，MongoDB 会自动给该字段赋值，其类型是 ObjectId。为了查询上述插入的文档信息，可以使用 db.collection.find()方法。命令如下：

```
> db.book.find( {} )

{ "_id" : ObjectId("5d0788c1da0dce67ba3b279d"), "title" : "分布式系统常用技术及
案例分析", "price" : 99, "press" : "电子工业出版社", "author" : { "age" : 32, "name" :
"柳伟卫" } }
{ "_id" : ObjectId("5d078bd1da0dce67ba3b279e"), "title" : "Spring Boot 企业级
应用开发实战", "price" : 98, "press" : "北京大学出版社", "author" : { "age" : 32, "name" :
"柳伟卫" } }
{ "_id" : ObjectId("5d078bd1da0dce67ba3b279f"), "title" : "Spring Cloud 微服务
架构开发实战", "price" : 79, "press" : "北京大学出版社", "author" : { "age" : 32, "name" :
"柳伟卫" } }
{ "_id" : ObjectId("5d078bd1da0dce67ba3b27a0"), "title" : "Spring 5 案例大全",
"price" : 119, "press" : "北京大学出版社", "author" : { "age" : 32, "name" :
"柳伟卫" } }
```

13.4 查询文档

前面已经演示了使用 db.collection.find()方法来查询文档。除此之外，还有更多查询方式。

13.4.1　实例 42：嵌套文档查询

以下是一个嵌套文档的查询示例，用于查询指定作者的书籍：

```
> db.book.find( {author: { age: 32, name: "柳伟卫" }} )

{ "_id" : ObjectId("5d0788c1da0dce67ba3b279d"), "title" : "分布式系统常用技术及案例分析", "price" : 99, "press" : "电子工业出版社", "author" : { "age" : 32, "name" : "柳伟卫" } }
{ "_id" : ObjectId("5d078bd1da0dce67ba3b279e"), "title" : "Spring Boot 企业级应用开发实战", "price" : 98, "press" : "北京大学出版社", "author" : { "age" : 32, "name" : "柳伟卫" } }
{ "_id" : ObjectId("5d078bd1da0dce67ba3b279f"), "title" : "Spring Cloud 微服务架构开发实战", "price" : 79, "press" : "北京大学出版社", "author" : { "age" : 32, "name" : "柳伟卫" } }
{ "_id" : ObjectId("5d078bd1da0dce67ba3b27a0"), "title" : "Spring 5 案例大全", "price" : 119, "press" : "北京大学出版社", "author" : { "age" : 32, "name" : "柳伟卫" } }
```

上述查询从所有的文档中查询出了 author 字段等于“{ age: 32, name:"柳伟卫" }”的文档。

需要注意的是，整个嵌入式文档的等式匹配需要指定的文档的完全匹配，包括字段顺序。例如，以下查询将与集合中的任何文档都不匹配：

```
> db.book.find( {author: {name: "柳伟卫", age: 32}} )
```

13.4.2　实例 43：嵌套字段查询

要在嵌入/嵌套文档中的字段上指定查询条件，请使用点表示法。以下示例选择作者姓名是“柳伟卫”的所有文档：

```
> db.book.find( {"author.name": "柳伟卫"} )

{ "_id" : ObjectId("5d0788c1da0dce67ba3b279d"), "title" : "分布式系统常用技术及案例分析", "price" : 99, "press" : "电子工业出版社", "author" : { "age" : 32, "name" : "柳伟卫" } }
{ "_id" : ObjectId("5d078bd1da0dce67ba3b279e"), "title" : "Spring Boot 企业级应用开发实战", "price" : 98, "press" : "北京大学出版社", "author" : { "age" : 32, "name" : "柳伟卫" } }
{ "_id" : ObjectId("5d078bd1da0dce67ba3b279f"), "title" : "Spring Cloud 微服务架构开发实战", "price" : 79, "press" : "北京大学出版社", "author" : { "age" : 32, "name" : "柳伟卫" } }
{ "_id" : ObjectId("5d078bd1da0dce67ba3b27a0"), "title" : "Spring 5 案例大全", "price" : 119, "press" : "北京大学出版社", "author" : { "age" : 32, "name" : "柳伟卫" } }
```

13.4.3　实例 44：使用查询运算符

查询过滤器文档可以使用查询运算符。以下查询在 price 字段中使用小于运算符（$lt）：

```
> db.book.find( {"price": {$lt: 100}, "author.name": "柳伟卫"} )

{ "_id" : ObjectId("5d0788c1da0dce67ba3b279d"), "title" : "分布式系统常用技术及案
```

```
例分析", "price" : 99, "press" : "电子工业出版社", "author" : { "age" : 32, "name" :
"柳伟卫" } }
{ "_id" : ObjectId("5d078bd1da0dce67ba3b279e"), "title" : "Spring Boot 企业级应
用开发实战", "price" : 98, "press" : "北京大学出版社", "author" : { "age" : 32, "name" :\
"柳伟卫" } }
{ "_id" : ObjectId("5d078bd1da0dce67ba3b279f"), "title" : "Spring Cloud 微服务架
构开发实战", "price" : 79, "press" : "北京大学出版社", "author" : { "age" : 32, "name" :
"柳伟卫" } }
```

上述示例查询出了单价小于 100 元的所有书籍。

13.4.4　实例 45：多条件查询

多个查询条件可以结合使用。以下示例查询出了单价小于 100 元且作者是“柳伟卫”的所有书籍：

```
> db.book.find( {"price":  {$lt: 100} })

{ "_id" : ObjectId("5d0788c1da0dce67ba3b279d"), "title" : "分布式系统常用技术及案
例分析", "price" : 99, "press" : "电子 工业出版社", "author" : { "age" : 32, "name" :
"柳伟卫" } }
{ "_id" : ObjectId("5d078bd1da0dce67ba3b279e"), "title" : "Spring Boot 企业级应
用开发实战", "price" : 98, "press" : "北 京大学出版社", "author" : { "age" : 32, "name" :
"柳伟卫" } }
{ "_id" : ObjectId("5d078bd1da0dce67ba3b279f"), "title" : "Spring Cloud 微服务架
构开发实战", "price" : 79, "press" : "北京大学出版社", "author" : { "age" : 32, "name" :
"柳伟卫" } }
```

上述示例查询出了单价小于 100 元的所有书籍。

13.5　修改文档

修改文档主要有以下三种方式：

- db.collection.updateOne()。
- db.collection.updateMany()。
- db.collection.replaceOne()。

下面演示各种修改文档的方式。

13.5.1　实例 46：修改单个文档

db.collection.updateOne()可以用来修改单个文档。同时，提供了“$set”操作符来修改字段值。以下是一个示例：

```
> db.book.updateOne(
...     {"author.name": "柳伟卫"},
...     {$set: {"author.name": "Way Lau" } } )

{ "acknowledged" : true, "matchedCount" : 1, "modifiedCount" : 1 }
```

上述命令会将作者从“柳伟卫”改为“Way Lau”。由于是修改单个文档，故即便作者为“柳伟卫”的书籍可能有多本，但只会修改查询到的第一本。

通过下面的命令来验证修改的内容：

```
> db.book.find( {} )

{ "_id" : ObjectId("5d0788c1da0dce67ba3b279d"), "title" : "分布式系统常用技术及案例分析", "price" : 99, "press" : "电子工业出版社", "author" : { "age" : 32, "name" : "Way Lau" } }
{ "_id" : ObjectId("5d078bd1da0dce67ba3b279e"), "title" : "Spring Boot 企业级应用开发实战", "price" : 98, "press" : "北京大学出版社", "author" : { "age" : 32, "name" : "柳伟卫" } }
{ "_id" : ObjectId("5d078bd1da0dce67ba3b279f"), "title" : "Spring Cloud 微服务架构开发实战", "price" : 79, "press" : "北京大学出版社", "author" : { "age" : 32, "name" : "柳伟卫" } }
{ "_id" : ObjectId("5d078bd1da0dce67ba3b27a0"), "title" : "Spring 5 案例大全", "price" : 119, "press" : "北京大学出版社", "author" : { "age" : 32, "name" : "柳伟卫" } }
```

13.5.2　实例 47：修改多个文档

db.collection.updateMany()可以用来修改多个文档。以下是一个示例：

```
> db.book.updateMany(
... {"author.name": "柳伟卫"},
... {$set: {"author.name": "Way Lau" } } )

{ "acknowledged" : true, "matchedCount" : 3, "modifiedCount" : 3 }
```

上述命令会将所有作者为“柳伟卫”的改为“Way Lau”。

通过下面的命令来验证修改的内容：

```
> db.book.find( {} )} )

{ "_id" : ObjectId("5d0788c1da0dce67ba3b279d"), "title" : "分布式系统常用技术及案例分析", "price" : 99, "press" : "电子工业出版社", "author" : { "age" : 32, "name" : "Way Lau" } }
{ "_id" : ObjectId("5d078bd1da0dce67ba3b279e"), "title" : "Spring Boot 企业级应用开发实战", "price" : 98, "press" : "北京大学出版社", "author" : { "age" : 32, "name" : "Way Lau" } }
{ "_id" : ObjectId("5d078bd1da0dce67ba3b279f"), "title" : "Spring Cloud 微服务架构开发实战", "price" : 79, "press" : "北京大学出版社", "author" : { "age" : 32, "name" : "Way Lau" } }
{ "_id" : ObjectId("5d078bd1da0dce67ba3b27a0"), "title" : "Spring 5 案例大全", "price" : 119, "press" : "北京大学出版社", "author" : { "age" : 32, "name" : "Way Lau" } }
```

13.5.3　实例 48：替换单个文档

db.collection.replaceOne()方法可以用来替换除了“_id”字段之外的整个文档。

```
> db.book.replaceOne(
```

```
... {"author.name": "Way Lau"},
... { title: "Cloud Native 分布式架构原理与实践", price: 79, press: "北京大学出版社",
author: { age: 32, name: "柳伟卫" } }
... )

{ "acknowledged" : true, "matchedCount" : 1, "modifiedCount" : 1 }
```

上述命令会将作者从“Way Lau”的文档替换为 title 为“Cloud Native 分布式架构原理与实践”的新文档。由于替换操作是针对单个文档的，故即便作者为“Way Lau”的书籍可能有多本，但只会替换查询到的第一本。

通过下面的命令来验证修改的内容：

```
> db.book.find( {} )

{ "_id" : ObjectId("5d0788c1da0dce67ba3b279d"), "title" : "Cloud Native 分布式架构原理与实践", "price" : 79, "press" : " 北京大学出版社", "author" : { "age" : 32, "name" : "柳伟卫" } }
{ "_id" : ObjectId("5d078bd1da0dce67ba3b279e"), "title" : "Spring Boot 企业级应用开发实战", "price" : 98, "press" : "北 京大学出版社", "author" : { "age" : 32, "name" : "Way Lau" } }
{ "_id" : ObjectId("5d078bd1da0dce67ba3b279f"), "title" : "Spring Cloud 微服务架构开发实战", "price" : 79, "press" : "北京大学出版社", "author" : { "age" : 32, "name" : "Way Lau" } }
{ "_id" : ObjectId("5d078bd1da0dce67ba3b27a0"), "title" : "Spring 5 案例大全", "price" : 119, "press" : "北京大学出版社", "author" : { "age" : 32, "name" : "Way Lau" } }
```

13.6 删除文档

修改文档主要有以下两种方式：

- db.collection.deleteOne()。
- db.collection.deleteMany()。

下面演示各种删除文档的方式。

13.6.1 实例 49：删除单个文档

db.collection.deleteOne()可以用来删除单个文档。同时，提供了“$set”操作符来修改字段值。以下是一个示例：

```
> db.book.deleteOne( {"author.name": "柳伟卫"} )

{ "acknowledged" : true, "deletedCount" : 1 }
```

上述命令会将作者为“柳伟卫”文档删除掉。由于是删除单个文档，故即便作者为“柳伟卫”的书籍可能有多本，但只会删除查询到的第一本。

通过下面的命令来验证修改的内容：

```
> db.book.find( {} )

{ "_id" : ObjectId("5d078bd1da0dce67ba3b279e"), "title" : "Spring Boot 企业级应用开发实战", "price" : 98, "press" : "北 京大学出版社", "author" : { "age" : 32, "name" : "Way Lau" } }
{ "_id" : ObjectId("5d078bd1da0dce67ba3b279f"), "title" : "Spring Cloud 微服务架构开发实战", "price" : 79, "press" : "北京大学出版社", "author" : { "age" : 32, "name" : "Way Lau" } }
{ "_id" : ObjectId("5d078bd1da0dce67ba3b27a0"), "title" : "Spring 5 案例大全", "price" : 119, "press" : "北京大学出版社", "author" : { "age" : 32, "name" : "Way Lau" } }
```

13.6.2 实例 50：删除多个文档

db.collection.deleteMany()可以用来删除多个文档。以下是一个示例：

```
> db.book.deleteMany( {"author.name": "Way Lau"} )

{ "acknowledged" : true, "deletedCount" : 3 }
```

上述命令会将所有作者为“Way Lau”的文档删除掉。

通过下面的命令来验证修改的内容：

```
> db.book.find( {} )
```

13.7 小 结

本章介绍 MongoDB 的常用操作，内容包括显示已有的数据库、创建并使用数据库，以及插入、查询、修改、删除文档。

13.8 练 习 题

1. 请简述 MongoDB 有哪些常用操作。
2. 请在本地操作 MongoDB 显示已有的数据库，创建并使用数据库。
3. 请在本地操作 MongoDB 插入、查询、修改、删除文档。

第 14 章

使用 Node.js 操作 MongoDB

操作 MongoDB 需要安装 MongoDB 的驱动。其中，在 Node.js 领域，MongoDB 官方提供了 mongodb 模块用来操作 MongoDB。本章专注于介绍如何通过 mongodb 模块来操作 MongoDB。

14.1 安装 mongodb 模块

为了演示如何使用 Node.js 操作 MongoDB，首先初始化一个名为 mongodb-demo 的应用。命令如下：

```
$ mkdir mongodb-demo
$ cd mongodb-demo
```

接着，通过 npm init 来初始化该应用：

```
$ npm init

This utility will walk you through creating a package.json file.
It only covers the most common items, and tries to guess sensible defaults.

See `npm help json` for definitive documentation on these fields
and exactly what they do.

Use `npm install <pkg>` afterwards to install a package and
save it as a dependency in the package.json file.

Press ^C at any time to quit.
package name: (mongodb-demo)
version: (1.0.0)
description:
entry point: (index.js)
test command:
git repository:
```

```
keywords:
author: waylau.com
license: (ISC)
About to write to
D:\workspaceGithub\full-stack-development-with-vuejs-and-nodejs\samples\mongodb-demo\package.json:

{
  "name": "mongodb-demo",
  "version": "1.0.0",
  "description": "",
  "main": "index.js",
  "scripts": {
    "test": "echo \"Error: no test specified\" && exit 1"
  },
  "author": "waylau.com",
  "license": "ISC"
}


Is this OK? (yes) yes
```

mongodb 模块是一个开源的、JavaScript 编写的 MongoDB 驱动，用来操作 MongoDB。你可以像安装其他模块一样来安装 mongodb 模块，命令如下：

```
$ npm install mongodb --save

npm notice created a lockfile as package-lock.json. You should commit this file.
npm WARN mongodb-demo@1.0.0 No description
npm WARN mongodb-demo@1.0.0 No repository field.

+ mongodb@4.5.0
added 10 packages from 7 contributors and audited 11 packages in 3.847s
found 0 vulnerabilities
```

14.2 实现访问 MongoDB

安装 mongodb 模块完成后，就可以通过 mongodb 模块来访问 MongoDB 了。

以下是一个简单的操作 MongoDB 的示例，用来访问 nodejsBook 数据库：

```
const MongoClient = require('mongodb').MongoClient;

// 连接 URL
const url = 'mongodb://127.0.0.1:27017';

// 数据库名称
const dbName = 'nodejsBook';

// 创建 MongoClient 客户端
const client = new MongoClient(url);

// 使用连接方法来连接到服务器
client.connect(function (err) {
```

```
    if (err) {
        console.error('error end: ' + err.stack);
        return;
    }

    console.log("成功连接到服务器");

    const db = client.db(dbName);

    client.close();
});
```

其中：

- MongoClient是用于创建连接的客户端。
- client.connect()方法用于建立连接。
- client.db()方法用于获取数据库实例。
- lient.close()用于关闭连接。

14.3 运行应用

执行下面的命令来运行应用。在运行应用之前，请确保已经将 MongoDB 服务器启动起来了。

```
$ node index.js
```

应用启动之后，可以在控制台看到如下信息：

```
$ node index.js

(node:4548) DeprecationWarning: current URL string parser is deprecated, and will be removed in a future version. To use the new parser, pass option { useNewUrlParser: true } to MongoClient.connect.
成功连接到服务器
```

14.4 小　结

本章详细介绍了在 Node.js 应用中如何通过 mongodb 模块用来操作 MongoDB。

14.5 练 习 题

尝试在本地创建一个 Node.js 应用，并安装 mongodb 模块用来操作 MongoDB。

第 15 章 mongodb 模块的综合应用

本章介绍 mongodb 模块的常用操作。使用 mongodb 模块，你会发现操作语法与 mongo.exe 的操作语法非常类似。

15.1 实例 51：建立连接

前面我们已经初步了解了创建 MongoDB 连接的方式：

```
const MongoClient = require('mongodb').MongoClient;

// 连接 URL
const url = 'mongodb://127.0.0.1:27017';

// 数据库名称
const dbName = 'nodejsBook';

// 创建 MongoClient 客户端
const client = new MongoClient(url);

// 使用连接方法来连接到服务器
client.connect(function (err) {
   if (err) {
      console.error('error end: ' + err.stack);
      return;
   }

   console.log("成功连接到服务器");

   const db = client.db(dbName);
```

```
    // 省略对 db 的操作逻辑

    client.close();
});
```

我们获取了 MongoDB 的数据库实例 db 后，就可以使用 db 进一步操作了，比如 CURD 等。

15.2　实例 52：插入文档

以下是插入多个文档的示例：

```
// 插入文档
const insertDocuments = function (db, callback) {
    // 获取集合
    const book = db.collection('book');

    // 插入文档
    book.insertMany([
        { title: "Spring Boot 企业级应用开发实战", price: 98, press: "北京大学出版社
        ", author: { age: 32, name: "柳伟卫" } },
        { title: "Spring Cloud 微服务架构开发实战", price: 79, press: "北京大学出版社
        ", author: { age: 32, name: "柳伟卫" } },
        { title: "Spring 5 案例大全", price: 119, press: "北京大学出版社", author:
        { age: 32, name: "柳伟卫" } }], function (err, result) {
            console.log("已经插入文档，响应结果是：");
            console.log(result);
            callback(result);
        });
}
```

运行应用，可以在控制台看到如下输出内容：

```
$ node index

    (node:7188) DeprecationWarning: current URL string parser is deprecated, and will
be removed in a future version. To use the new parser, pass option { useNewUrlParser:
true } to MongoClient.connect.
    成功连接到服务器
    已经插入文档，响应结果是：
    {
      result: { ok: 1, n: 3 },
      ops: [
        {
          title: 'Spring Boot 企业级应用开发实战',
          price: 98,
          press: '北京大学出版社',
          author: [Object],
          _id: 5d08db85112c291c14cd401b
        },
        {
```

```
      title: 'Spring Cloud 微服务架构开发实战',
      price: 79,
      press: '北京大学出版社',
      author: [Object],
      _id: 5d08db85112c291c14cd401c
    },
    {
      title: 'Spring 5 案例大全',
      price: 119,
      press: '清华大学出版社',
      author: [Object],
      _id: 5d08db85112c291c14cd401d
    }
  ],
  insertedCount: 3,
  insertedIds: {
    '0': 5d08db85112c291c14cd401b,
    '1': 5d08db85112c291c14cd401c,
    '2': 5d08db85112c291c14cd401d
  }
}
```

15.3 实例 53：查找文档

以下是查询全部文档的示例：

```
// 查找全部文档
const findDocuments = function (db, callback) {
    // 获取集合
    const book = db.collection('book');

    // 查询文档
    book.find({}).toArray(function (err, result) {
        console.log("查询所有文档，结果如下：");
        console.log(result)
        callback(result);
    });
}
```

运行应用，可以在控制台看到如下输出内容：

```
$ node index

(node:4432) DeprecationWarning: current URL string parser is deprecated, and will be removed in a future version. To use the new parser, pass option { useNewUrlParser: true } to MongoClient.connect.
成功连接到服务器
查询所有文档，结果如下：
[
  {
```

```
    _id: 5d08db85112c291c14cd401b,
    title: 'Spring Boot 企业级应用开发实战',
    price: 98,
    press: '北京大学出版社',
    author: { age: 32, name: '柳伟卫' }
  },
  {
    _id: 5d08db85112c291c14cd401c,
    title: 'Spring Cloud 微服务架构开发实战',
    price: 79,
    press: '北京大学出版社',
    author: { age: 32, name: '柳伟卫' }
  },
  {
    _id: 5d08db85112c291c14cd401d,
    title: 'Spring 5 案例大全',
    price: 119,
    press: '北京大学出版社',
    author: { age: 32, name: '柳伟卫' }
  }
]
```

在查询条件中也可以加入过滤条件。比如，下面的例子查询指定作者的文档：

```
// 根据作者查找文档
const findDocumentsByAuthorName = function (db, authorName, callback) {
    // 获取集合
    const book = db.collection('book');

    // 查询文档
    book.find({ "author.name": authorName }).toArray(function (err, result) {
        console.log("根据作者查找文档，结果如下：");
        console.log(result)
        callback(result);
    });
}
```

在主应用中，可以按如下方式来调用上述方法：

```
// 根据作者查找文档
findDocumentsByAuthorName(db, "柳伟卫", function () {
    client.close();
});
```

运行应用，可以在控制台看到如下输出内容：

```
$ node index

(node:13224) DeprecationWarning: current URL string parser is deprecated, and will be removed in a future version. To use the new parser, pass option { useNewUrlParser: true } to MongoClient.connect.
成功连接到服务器
根据作者查找文档，结果如下：
[
```

```
  {
    _id: 5d08db85112c291c14cd401b,
    title: 'Spring Boot 企业级应用开发实战',
    price: 98,
    press: '北京大学出版社',
    author: { age: 32, name: '柳伟卫' }
  },
  {
    _id: 5d08db85112c291c14cd401c,
    title: 'Spring Cloud 微服务架构开发实战',
    price: 79,
    press: '北京大学出版社',
    author: { age: 32, name: '柳伟卫' }
  },
  {
    _id: 5d08db85112c291c14cd401d,
    title: 'Spring 5 案例大全',
    price: 119,
    press: '北京大学出版社',
    author: { age: 32, name: '柳伟卫' }
  }
]
```

15.4 修改文档

15.4.1 实例 54：修改单个文档

以下是修改单个文档的示例：

```
// 修改单个文档
const updateDocument = function (db, callback) {
    // 获取集合
    const book = db.collection('book');

    // 修改文档
    book.updateOne(
        { "author.name": "柳伟卫" },
        { $set: { "author.name": "Way Lau" } }, function (err, result) {
            console.log("修改单个文档，结果如下：");
            console.log(result)
            callback(result);
        });
}
```

运行应用，可以在控制台看到如下输出内容：

```
$ node index

(node:13068) DeprecationWarning: current URL string parser is deprecated, and will
be removed in a future version. To use the new parser, pass option { useNewUrlParser:
```

```
true } to MongoClient.connect.
    成功连接到服务器
    修改单个文档，结果如下：
    CommandResult {
      result: { n: 1, nModified: 1, ok: 1 },
      connection: Connection {
        _events: [Object: null prototype] {
          error: [Function],
          close: [Function],
          timeout: [Function],
          parseError: [Function],
          message: [Function]
        },
        _eventsCount: 5,
        _maxListeners: undefined,
        id: 0,
        options: {
          host: 'localhost',
          port: 27017,
          size: 5,
          minSize: 0,
          connectionTimeout: 30000,
          socketTimeout: 360000,
          keepAlive: true,
          keepAliveInitialDelay: 300000,
          noDelay: true,
          ssl: false,
          checkServerIdentity: true,
          ca: null,
          crl: null,
          cert: null,
          key: null,
          passPhrase: null,
          rejectUnauthorized: false,
          promoteLongs: true,
          promoteValues: true,
          promoteBuffers: false,
          reconnect: true,
          reconnectInterval: 1000,
          reconnectTries: 30,
          domainsEnabled: false,
          disconnectHandler: [Store],
          cursorFactory: [Function],
          emitError: true,
          monitorCommands: false,
          socketOptions: {},
          promiseLibrary: [Function: Promise],
          clientInfo: [Object],
          read_preference_tags: null,
          readPreference: [ReadPreference],
          dbName: 'admin',
          servers: [Array],
```

```
        server_options: [Object],
        db_options: [Object],
        rs_options: [Object],
        mongos_options: [Object],
        socketTimeoutMS: 360000,
        connectTimeoutMS: 30000,
        bson: BSON {}
      },
      logger: Logger { className: 'Connection' },
      bson: BSON {},
      tag: undefined,
      maxBsonMessageSize: 67108864,
      port: 27017,
      host: 'localhost',
      socketTimeout: 360000,
      keepAlive: true,
      keepAliveInitialDelay: 300000,
      connectionTimeout: 30000,
      responseOptions: { promoteLongs: true, promoteValues: true, promoteBuffers: 
false },
      flushing: false,
      queue: [],
      writeStream: null,
      destroyed: false,
      hashedName: '29bafad3b32b11dc7ce934204952515ea5984b3c',
      workItems: [],
      socket: Socket {
        connecting: false,
        _hadError: false,
        _parent: null,
        _host: 'localhost',
        _readableState: [ReadableState],
        readable: true,
        _events: [Object],
        _eventsCount: 5,
        _maxListeners: undefined,
        _writableState: [WritableState],
        writable: true,
        allowHalfOpen: false,
        _sockname: null,
        _pendingData: null,
        _pendingEncoding: '',
        server: null,
        _server: null,
        timeout: 360000,
        [Symbol(asyncId)]: 12,
        [Symbol(kHandle)]: [TCP],
        [Symbol(lastWriteQueueSize)]: 0,
        [Symbol(timeout)]: Timeout {
          _idleTimeout: 360000,
          _idlePrev: [TimersList],
          _idleNext: [TimersList],
```

```
        _idleStart: 1287,
        _onTimeout: [Function: bound ],
        _timerArgs: undefined,
        _repeat: null,
        _destroyed: false,
        [Symbol(refed)]: false,
        [Symbol(asyncId)]: 21,
        [Symbol(triggerId)]: 12
      },
      [Symbol(kBytesRead)]: 0,
      [Symbol(kBytesWritten)]: 0
    },
    buffer: null,
    sizeOfMessage: 0,
    bytesRead: 0,
    stubBuffer: null,
    ismaster: {
      ismaster: true,
      maxBsonObjectSize: 16777216,
      maxMessageSizeBytes: 48000000,
      maxWriteBatchSize: 100000,
      localTime: 2019-06-18T13:12:45.514Z,
      logicalSessionTimeoutMinutes: 30,
      minWireVersion: 0,
      maxWireVersion: 7,
      readOnly: false,
      ok: 1
    },
    lastIsMasterMS: 18
  },
  message: BinMsg {
    parsed: true,
    raw: <Buffer 3c 00 00 00 55 00 00 00 01 00 00 00 dd 07 00 00 00 00 00 00
27 00 00 00 10 6e 00 01 00 00 00 10 6e 4d 6f 64 69 66 69 65 64 00 01 00 00 00 01 6f
6b ... 10 more bytes>,
    data: <Buffer 00 00 00 00 00 27 00 00 00 10 6e 00 01 00 00 00 10 6e 4d 6f 64
69 66 69 65 64 00 01 00 00 00 01 6f 6b 00 00 00 00 00 00 00 f0 3f 00>,
    bson: BSON {},
    opts: { promoteLongs: true, promoteValues: true, promoteBuffers: false },
    length: 60,
    requestId: 85,
    responseTo: 1,
    opCode: 2013,
    fromCompressed: undefined,
    responseFlags: 0,
    checksumPresent: false,
    moreToCome: false,
    exhaustAllowed: false,
    promoteLongs: true,
    promoteValues: true,
    promoteBuffers: false,
    documents: [ [Object] ],
```

```
    index: 44,
    hashedName: '29bafad3b32b11dc7ce934204952515ea5984b3c'
  },
  modifiedCount: 1,
  upsertedId: null,
  upsertedCount: 0,
  matchedCount: 1
}
```

15.4.2 实例 55：修改多个文档

当然也可以修改多个文档，以下是操作示例：

```
// 修改单个文档
const updateDocuments = function (db, callback) {
    // 获取集合
    const book = db.collection('book');

    // 修改文档
    book.updateMany(
        { "author.name": "柳伟卫" },
        { $set: { "author.name": "Way Lau" } }, function (err, result) {
            console.log("修改多个文档，结果如下：");
            console.log(result)
            callback(result);
        });
}
```

运行应用，可以在控制台看到如下输出内容：

```
$ node index

(node:7108) DeprecationWarning: current URL string parser is deprecated, and will be removed in a future version. To use the new parser, pass option { useNewUrlParser: true } to MongoClient.connect.
成功连接到服务器
修改多个文档，结果如下：
CommandResult {
  result: { n: 2, nModified: 2, ok: 1 },
  connection: Connection {
    _events: [Object: null prototype] {
      error: [Function],
      close: [Function],
      timeout: [Function],
      parseError: [Function],
      message: [Function]
    },
    _eventsCount: 5,
    _maxListeners: undefined,
    id: 0,
    options: {
      host: 'localhost',
      port: 27017,
```

```
      size: 5,
      minSize: 0,
      connectionTimeout: 30000,
      socketTimeout: 360000,
      keepAlive: true,
      keepAliveInitialDelay: 300000,
      noDelay: true,
      ssl: false,
      checkServerIdentity: true,
      ca: null,
      crl: null,
      cert: null,
      key: null,
      passPhrase: null,
      rejectUnauthorized: false,
      promoteLongs: true,
      promoteValues: true,
      promoteBuffers: false,
      reconnect: true,
      reconnectInterval: 1000,
      reconnectTries: 30,
      domainsEnabled: false,
      disconnectHandler: [Store],
      cursorFactory: [Function],
      emitError: true,
      monitorCommands: false,
      socketOptions: {},
      promiseLibrary: [Function: Promise],
      clientInfo: [Object],
      read_preference_tags: null,
      readPreference: [ReadPreference],
      dbName: 'admin',
      servers: [Array],
      server_options: [Object],
      db_options: [Object],
      rs_options: [Object],
      mongos_options: [Object],
      socketTimeoutMS: 360000,
      connectTimeoutMS: 30000,
      bson: BSON {}
    },
    logger: Logger { className: 'Connection' },
    bson: BSON {},
    tag: undefined,
    maxBsonMessageSize: 67108864,
    port: 27017,
    host: 'localhost',
    socketTimeout: 360000,
    keepAlive: true,
    keepAliveInitialDelay: 300000,
    connectionTimeout: 30000,
    responseOptions: { promoteLongs: true, promoteValues: true, promoteBuffers:
```

```
false },
      flushing: false,
      queue: [],
      writeStream: null,
      destroyed: false,
      hashedName: '29bafad3b32b11dc7ce934204952515ea5984b3c',
      workItems: [],
      socket: Socket {
        connecting: false,
        _hadError: false,
        _parent: null,
        _host: 'localhost',
        _readableState: [ReadableState],
        readable: true,
        _events: [Object],
        _eventsCount: 5,
        _maxListeners: undefined,
        _writableState: [WritableState],
        writable: true,
        allowHalfOpen: false,
        _sockname: null,
        _pendingData: null,
        _pendingEncoding: '',
        server: null,
        _server: null,
        timeout: 360000,
        [Symbol(asyncId)]: 12,
        [Symbol(kHandle)]: [TCP],
        [Symbol(lastWriteQueueSize)]: 0,
        [Symbol(timeout)]: Timeout {
          _idleTimeout: 360000,
          _idlePrev: [TimersList],
          _idleNext: [TimersList],
          _idleStart: 1388,
          _onTimeout: [Function: bound ],
          _timerArgs: undefined,
          _repeat: null,
          _destroyed: false,
          [Symbol(refed)]: false,
          [Symbol(asyncId)]: 21,
          [Symbol(triggerId)]: 12
        },
        [Symbol(kBytesRead)]: 0,
        [Symbol(kBytesWritten)]: 0
      },
      buffer: null,
      sizeOfMessage: 0,
      bytesRead: 0,
      stubBuffer: null,
      ismaster: {
        ismaster: true,
        maxBsonObjectSize: 16777216,
```

```
      maxMessageSizeBytes: 48000000,
      maxWriteBatchSize: 100000,
      localTime: 2019-06-18T13:19:28.983Z,
      logicalSessionTimeoutMinutes: 30,
      minWireVersion: 0,
      maxWireVersion: 7,
      readOnly: false,
      ok: 1
    },
    lastIsMasterMS: 18
  },
  message: BinMsg {
    parsed: true,
    raw: <Buffer 3c 00 00 00 5a 00 00 00 01 00 00 00 dd 07 00 00 00 00 00 00 00
27 00 00 00 10 6e 00 02 00 00 00 10 6e 4d 6f 64 69 66 69 65 64 00 02 00 00 00 01 6f
6b ... 10 more bytes>,
    data: <Buffer 00 00 00 00 00 27 00 00 00 10 6e 00 02 00 00 00 10 6e 4d 6f 64
69 66 69 65 64 00 02 00 00 00 01 6f 6b 00 00 00 00 00 00 00 f0 3f 00>,
    bson: BSON {},
    opts: { promoteLongs: true, promoteValues: true, promoteBuffers: false },
    length: 60,
    requestId: 90,
    responseTo: 1,
    opCode: 2013,
    fromCompressed: undefined,
    responseFlags: 0,
    checksumPresent: false,
    moreToCome: false,
    exhaustAllowed: false,
    promoteLongs: true,
    promoteValues: true,
    promoteBuffers: false,
    documents: [ [Object] ],
    index: 44,
    hashedName: '29bafad3b32b11dc7ce934204952515ea5984b3c'
  },
  modifiedCount: 2,
  upsertedId: null,
  upsertedCount: 0,
  matchedCount: 2
}
```

15.5 删除文档

15.5.1 实例 56：删除单个文档

删除文档可以选择删除单个文档或者删除多个文档。

以下是删除单个文档的示例：

```
// 删除单个文档
const removeDocument = function (db, callback) {
    // 获取集合
    const book = db.collection('book');

    // 删除文档
    book.deleteOne({ "author.name": "Way Lau" }, function (err, result) {
        console.log("删除单个文档，结果如下：");
        console.log(result)
        callback(result);
    });
}
```

运行应用，可以在控制台看到如下输出内容：

```
$ node index

(node:6216) DeprecationWarning: current URL string parser is deprecated, and will be removed in a future version. To use the new parser, pass option { useNewUrlParser: true } to MongoClient.connect.
成功连接到服务器
删除单个文档，结果如下：
CommandResult {
  result: { n: 1, ok: 1 },
  connection: Connection {
    _events: [Object: null prototype] {
      error: [Function],
      close: [Function],
      timeout: [Function],
      parseError: [Function],
      message: [Function]
    },
    _eventsCount: 5,
    _maxListeners: undefined,
    id: 0,
    options: {
      host: 'localhost',
      port: 27017,
      size: 5,
      minSize: 0,
      connectionTimeout: 30000,
      socketTimeout: 360000,
      keepAlive: true,
      keepAliveInitialDelay: 300000,
      noDelay: true,
      ssl: false,
      checkServerIdentity: true,
      ca: null,
      crl: null,
      cert: null,
      key: null,
      passPhrase: null,
      rejectUnauthorized: false,
```

```
        promoteLongs: true,
        promoteValues: true,
        promoteBuffers: false,
        reconnect: true,
        reconnectInterval: 1000,
        reconnectTries: 30,
        domainsEnabled: false,
        disconnectHandler: [Store],
        cursorFactory: [Function],
        emitError: true,
        monitorCommands: false,
        socketOptions: {},
        promiseLibrary: [Function: Promise],
        clientInfo: [Object],
        read_preference_tags: null,
        readPreference: [ReadPreference],
        dbName: 'admin',
        servers: [Array],
        server_options: [Object],
        db_options: [Object],
        rs_options: [Object],
        mongos_options: [Object],
        socketTimeoutMS: 360000,
        connectTimeoutMS: 30000,
        bson: BSON {}
      },
      logger: Logger { className: 'Connection' },
      bson: BSON {},
      tag: undefined,
      maxBsonMessageSize: 67108864,
      port: 27017,
      host: 'localhost',
      socketTimeout: 360000,
      keepAlive: true,
      keepAliveInitialDelay: 300000,
      connectionTimeout: 30000,
      responseOptions: { promoteLongs: true, promoteValues: true, promoteBuffers:
false },
      flushing: false,
      queue: [],
      writeStream: null,
      destroyed: false,
      hashedName: '29bafad3b32b11dc7ce934204952515ea5984b3c',
      workItems: [],
      socket: Socket {
        connecting: false,
        _hadError: false,
        _parent: null,
        _host: 'localhost',
        _readableState: [ReadableState],
        readable: true,
        _events: [Object],
```

```
      _eventsCount: 5,
      _maxListeners: undefined,
      _writableState: [WritableState],
      writable: true,
      allowHalfOpen: false,
      _sockname: null,
      _pendingData: null,
      _pendingEncoding: '',
      server: null,
      _server: null,
      timeout: 360000,
      [Symbol(asyncId)]: 12,
      [Symbol(kHandle)]: [TCP],
      [Symbol(lastWriteQueueSize)]: 0,
      [Symbol(timeout)]: Timeout {
        _idleTimeout: 360000,
        _idlePrev: [TimersList],
        _idleNext: [TimersList],
        _idleStart: 1307,
        _onTimeout: [Function: bound ],
        _timerArgs: undefined,
        _repeat: null,
        _destroyed: false,
        [Symbol(refed)]: false,
        [Symbol(asyncId)]: 21,
        [Symbol(triggerId)]: 12
      },
      [Symbol(kBytesRead)]: 0,
      [Symbol(kBytesWritten)]: 0
    },
    buffer: null,
    sizeOfMessage: 0,
    bytesRead: 0,
    stubBuffer: null,
    ismaster: {
      ismaster: true,
      maxBsonObjectSize: 16777216,
      maxMessageSizeBytes: 48000000,
      maxWriteBatchSize: 100000,
      localTime: 2019-06-18T13:24:27.913Z,
      logicalSessionTimeoutMinutes: 30,
      minWireVersion: 0,
      maxWireVersion: 7,
      readOnly: false,
      ok: 1
    },
    lastIsMasterMS: 18
  },
  message: BinMsg {
    parsed: true,
    raw: <Buffer 2d 00 00 00 5f 00 00 00 01 00 00 00 dd 07 00 00 00 00 00 00 00
18 00 00 00 10 6e 00 01 00 00 00 01 6f 6b 00 00 00 00 00 00 00 f0 3f 00>,
```

```
    data: <Buffer 00 00 00 00 00 18 00 00 00 10 6e 00 01 00 00 00 01 6f 6b 00 00
00 00 00 00 00 f0 3f 00>,
    bson: BSON {},
    opts: { promoteLongs: true, promoteValues: true, promoteBuffers: false },
    length: 45,
    requestId: 95,
    responseTo: 1,
    opCode: 2013,
    fromCompressed: undefined,
    responseFlags: 0,
    checksumPresent: false,
    moreToCome: false,
    exhaustAllowed: false,
    promoteLongs: true,
    promoteValues: true,
    promoteBuffers: false,
    documents: [ [Object] ],
    index: 29,
    hashedName: '29bafad3b32b11dc7ce934204952515ea5984b3c'
  },
  deletedCount: 1
}
```

15.5.2 实例 57：删除多个文档

以下是删除多个文档的示例：

```
// 删除多个文档
const removeDocuments = function (db, callback) {
    // 获取集合
    const book = db.collection('book');

    // 删除文档
    book.deleteMany({ "author.name": "Way Lau" }, function (err, result) {
        console.log("删除多个文档，结果如下：");
        console.log(result)
        callback(result);
    });
}
```

运行应用，可以在控制台看到如下输出内容：

```
$ node index

(node:6216) DeprecationWarning: current URL string parser is deprecated, and will
be removed in a future version. To use the new parser, pass option { useNewUrlParser:
true } to MongoClient.connect.
成功连接到服务器
删除多个文档，结果如下：
CommandResult {
  result: { n: 2, ok: 1 },
  connection: Connection {
    _events: [Object: null prototype] {
```

```
    error: [Function],
    close: [Function],
    timeout: [Function],
    parseError: [Function],
    message: [Function]
  },
  _eventsCount: 5,
  _maxListeners: undefined,
  id: 0,
  options: {
    host: 'localhost',
    port: 27017,
    size: 5,
    minSize: 0,
    connectionTimeout: 30000,
    socketTimeout: 360000,
    keepAlive: true,
    keepAliveInitialDelay: 300000,
    noDelay: true,
    ssl: false,
    checkServerIdentity: true,
    ca: null,
    crl: null,
    cert: null,
    key: null,
    passPhrase: null,
    rejectUnauthorized: false,
    promoteLongs: true,
    promoteValues: true,
    promoteBuffers: false,
    reconnect: true,
    reconnectInterval: 1000,
    reconnectTries: 30,
    domainsEnabled: false,
    disconnectHandler: [Store],
    cursorFactory: [Function],
    emitError: true,
    monitorCommands: false,
    socketOptions: {},
    promiseLibrary: [Function: Promise],
    clientInfo: [Object],
    read_preference_tags: null,
    readPreference: [ReadPreference],
    dbName: 'admin',
    servers: [Array],
    server_options: [Object],
    db_options: [Object],
    rs_options: [Object],
    mongos_options: [Object],
    socketTimeoutMS: 360000,
    connectTimeoutMS: 30000,
    bson: BSON {}
```

```
      },
      logger: Logger { className: 'Connection' },
      bson: BSON {},
      tag: undefined,
      maxBsonMessageSize: 67108864,
      port: 27017,
      host: 'localhost',
      socketTimeout: 360000,
      keepAlive: true,
      keepAliveInitialDelay: 300000,
      connectionTimeout: 30000,
      responseOptions: { promoteLongs: true, promoteValues: true, promoteBuffers:
false },
      flushing: false,
      queue: [],
      writeStream: null,
      destroyed: false,
      hashedName: '29bafad3b32b11dc7ce934204952515ea5984b3c',
      workItems: [ [Object] ],
      socket: Socket {
        connecting: false,
        _hadError: false,
        _parent: null,
        _host: 'localhost',
        _readableState: [ReadableState],
        readable: true,
        _events: [Object],
        _eventsCount: 5,
        _maxListeners: undefined,
        _writableState: [WritableState],
        writable: true,
        allowHalfOpen: false,
        _sockname: null,
        _pendingData: null,
        _pendingEncoding: '',
        server: null,
        _server: null,
        timeout: 360000,
        [Symbol(asyncId)]: 12,
        [Symbol(kHandle)]: [TCP],
        [Symbol(lastWriteQueueSize)]: 0,
        [Symbol(timeout)]: Timeout {
          _idleTimeout: 360000,
          _idlePrev: [TimersList],
          _idleNext: [TimersList],
          _idleStart: 2469,
          _onTimeout: [Function: bound ],
          _timerArgs: undefined,
          _repeat: null,
          _destroyed: false,
          [Symbol(refed)]: false,
          [Symbol(asyncId)]: 21,
```

```
      [Symbol(triggerId)]: 12
    },
    [Symbol(kBytesRead)]: 0,
    [Symbol(kBytesWritten)]: 0
   },
   buffer: null,
   sizeOfMessage: 0,
   bytesRead: 0,
   stubBuffer: null,
   ismaster: {
    ismaster: true,
    maxBsonObjectSize: 16777216,
    maxMessageSizeBytes: 48000000,
    maxWriteBatchSize: 100000,
    localTime: 2019-06-18T13:31:59.801Z,
    logicalSessionTimeoutMinutes: 30,
    minWireVersion: 0,
    maxWireVersion: 7,
    readOnly: false,
    ok: 1
   },
   lastIsMasterMS: 20
  },
  message: BinMsg {
   parsed: true,
   raw: <Buffer 2d 00 00 00 74 00 00 00 07 00 00 00 dd 07 00 00 00 00 00 00 00
18 00 00 00 10 6e 00 02 00 00 00 01 6f 6b 00 00 00 00 00 00 00 f0 3f 00>,
   data: <Buffer 00 00 00 00 00 18 00 00 00 10 6e 00 02 00 00 00 01 6f 6b 00 00
00 00 00 00 00 f0 3f 00>,
   bson: BSON {},
   opts: { promoteLongs: true, promoteValues: true, promoteBuffers: false },
   length: 45,
   requestId: 116,
   responseTo: 7,
   opCode: 2013,
   fromCompressed: undefined,
   responseFlags: 0,
   checksumPresent: false,
   moreToCome: false,
   exhaustAllowed: false,
   promoteLongs: true,
   promoteValues: true,
   promoteBuffers: false,
   documents: [ [Object] ],
   index: 29,
   hashedName: '29bafad3b32b11dc7ce934204952515ea5984b3c'
  },
  deletedCount: 2
}
```

本章的例子可以在 mongodb-demo 目录下找到。

15.6 小　结

本章介绍mongodb模块的常用操作，包括建立连接、插入文档、查找文档、修改文档以及删除文档。

15.7 练 习 题

1. 编写 Node.js 程序，实现与 MongoDB 的连接。
2. 使用 mongodb 模块实现对 MongoDB 的插入文档、查找文档、修改文档以及删除文档等操作。

第 16 章 Vue.js 基础

本章介绍 Vue.js 的基本概念、Vue CLI 及如何来创建第一个 Vue.js 应用。

16.1 Vue.js 产生的背景

什么是 Vue.js？Vue.js 也经常被简称为 Vue。Vue 的读音是[vju:]，与英文单词 view 的读音相同。Vue 的用意与 view 的含义一致，是致力于视图层的开发。

Vue.js 是一套用于构建用户界面的框架。Vue.js 的核心库只关注视图层，不仅易于上手，还便于与第三方库或既有项目整合。另外，当与现代化的工具链和各种支持类库结合使用时，Vue.js 完全能够应对复杂的单页应用（Single Page Application，SPA）。

Vue.js 的产生与当前的前端开发方式的巨变有着必然联系。Vue.js 的优势如下：

（1）Vue.js 是一个完整的框架，试图解决现代 Web 应用开发的各个方面。Vue.js 有着诸多特性，核心功能包括模块化、自动化双向数据绑定、响应式等。

（2）用 Vue.js 可以用一种完全不同的方法来构建用户界面，其中以声明方式指定视图的模型驱动的变化。而曾经流行的 jQuery 常常需要编写以 DOM 为中心的代码，随着项目的增长（无论是在规模还是交互性方面）会变得越来越难控制。

所以，Vue.js 更加适合现代的企业级应用开发。

16.2 Vue.js 的下载安装

Vue.js 的安装是通过 Vue CLI 工具完成的。

16.2.1　安装 Vue CLI

Vue CLI 是一个命令行界面工具，是进行快速 Vue 开发的完整系统，它提供：

- 通过@vue/cli实现交互式项目脚手架。
- 通过@vue/cli和@vue/cli-service-global实现零配置快速原型。
- 提供运行时依赖项@vue/cli-service。
- 提供丰富的官方插件集合，集成了前端生态系统中的最佳工具。
- 提供完整的图形用户界面，用于创建和管理Vue项目。

Vue CLI 的目标是成为 Vue 生态系统的标准工具基线。它可以确保各种构建工具与合理的默认设置一起顺利运行，因此开发者可以专注于编写应用程序，而不必花费大量时间进行配置工作。同时，它仍然可以灵活地调整每个工具的配置，而无须退出。

可通过 npm 采用全局安装的方式来安装 Vue CLI，具体命令如下：

```
npm install -g @vue/cli
```

安装完成之后，执行以下命令看到 Vue CLI 的版本号，则证明安装成功：

```
vue -V
@vue/cli 4.5.15
```

16.2.2　安装 Vue Devtools

使用 Vue 时，建议在浏览器中安装 Vue Devtools，这样可以在对用户更加友好的界面中检查和调试 Vue 应用程序。

针对不同浏览器提供了不同的 Devtools 插件，访问以下链接进行插件的安装即可。

- Chrome：https://chrome.google.com/webstore/detail/vuejs-devtools/ljjemllljcmogpfapbkkighbhhppjdbg。
- Firefox：https://addons.mozilla.org/en-US/firefox/addon/vue-js-devtools/。

16.3　Vue CLI 的常用操作

本节介绍 Vue CLI 的常用操作。

16.3.1　获取帮助

执行 vue -h 命令可以获取对于 Vue CLI 常用操作的提示。结果如下：

```
>vue -h
Usage: vue <command> [options]

Options:
  -V, --version                              output the version number
  -h, --help                                 output usage information

Commands:
```

```
    create [options] <app-name>              create a new project powered by
vue-cli-service
    add [options] <plugin> [pluginOptions]   install a plugin and invoke its
generator in an already created project
    invoke [options] <plugin> [pluginOptions]  invoke the generator of a plugin in
an already created project
    inspect [options] [paths...]             inspect the webpack config in a project
with vue-cli-service
    serve [options] [entry]                  serve a .js or .vue file in development
mode with zero config
    build [options] [entry]                  build a .js or .vue file in production
mode with zero config
    ui [options]                             start and open the vue-cli ui
    init [options] <template> <app-name>     generate a project from a remote
template (legacy API, requires @vue/cli-init)
    config [options] [value]                 inspect and modify the config
    outdated [options]                       (experimental) check for outdated vue
cli service / plugins
    upgrade [options] [plugin-name]          (experimental) upgrade vue cli service
/ plugins
    migrate [options] [plugin-name]          (experimental) run migrator for an
already-installed cli plugin
    info                                     print debugging information about your
environment

    Run vue <command> --help for detailed usage of given command.
```

16.3.2　创建应用

创建应用可以使用 vue create 命令，例如：

```
vue create hello-world
```

vue create 命令有一些可选项，用户可以通过运行以下命令进行探索：

```
vue create --help
Usage: create [options] <app-name>

create a new project powered by vue-cli-service


Options:

  -p, --preset <presetName>       Skip prompts and use saved or remote preset
  -d, --default                   Skip prompts and use default preset
  -i, --inlinePreset <json>       Skip prompts and use inline JSON string as preset
  -m, --packageManager <command>  Use specified npm client when installing
                                  dependencies
  -r, --registry <url>            Use specified npm registry when installing
                                  dependencies
  -g, --git [message|false]       Force / skip git initialization, optionally
                                  specify initial commit message
  -n, --no-git                    Skip git initialization
```

```
  -f, --force                  Overwrite target directory if it exists
  -c, --clone                  Use git clone when fetching remote preset
  -x, --proxy                  Use specified proxy when creating project
  -b, --bare                   Scaffold project without beginner instructions
  -h, --help                   Output usage information
```

16.3.3　创建服务

在一个 Vue CLI 项目中，@vue/cli-service 安装了一个名为 vue-cli-service 的命令。可以在 npm 脚本中以 vue-cli-service 或者从终端中以./node_modules/.bin/vue-cli-service 访问这个命令。

这是默认的 package.json：

```
{
  "scripts": {
    "serve": "vue-cli-service serve",
    "build": "vue-cli-service build"
  }
}
```

可以通过 npm 或 yarn 调用这些脚本：

```
npm run serve
```

或者

```
yarn serve
```

如果你可以使用 npx（新版的 npm 已经自带），也可以直接这样调用命令：

```
npx vue-cli-service serve
```

16.3.4　启动应用

vue-cli-service serve 命令会启动一个开发服务器（基于 webpack-dev-server）并附带开箱即用的模块热重载（Hot Module Replacement）。用法如下：

```
Usage: vue-cli-service serve [options] [entry]

Options:

  --open         open browser on server start
  --copy         copy url to clipboard on server start
  --mode         specify env mode (default: development)
  --host         specify host (default: 0.0.0.0)
  --port         specify port (default: 8080)
  --https        use https (default: false)
  --public       specify the public network URL for the HMR client
  --skip-plugins comma-separated list of plugin names to skip for this run
```

除了通过命令行参数外，也可以使用 vue.config.js 中的 devServer 字段配置开发服务器。

命令行参数 [entry] 将被指定为唯一入口，而非额外的追加入口。尝试使用 [entry] 覆盖 config.pages 中的 entry 将可能引发错误。

16.3.5 编译应用

vue-cli-service build 会在 dist/目录产生一个可用于生产环境的包，带有 JS/CSS/HTML 的压缩，以及为更好地缓存而做的自动的 vendor chunk splitting。它的 chunk manifest 会内联在 HTML 里。命令如下：

```
Usage: vue-cli-service build [options] [entry|pattern]

Options:

  --mode         specify env mode (default: production)
  --dest         specify output directory (default: dist)
  --modern       build app targeting modern browsers with auto fallback
  --no-unsafe-inline build app without introducing inline scripts
  --target       app | lib | wc | wc-async (default: app)
  --formats      list of output formats for library builds (default: commonjs,
                 umd,umd-min)
  --inline-vue   include the Vue module in the final bundle of library or web
                 component target
  --name         name for lib or web-component mode (default: "name" in package.json
                 or entry filename)
  --filename     file name for output, only usable for 'lib' target (default: value
                 of --name),
  --no-clean     do not remove the dist directory before building the project
  --report       generate report.html to help analyze bundle content
  --report-json  generate report.json to help analyze bundle content
  --skip-plugins comma-separated list of plugin names to skip for this run
  --watch        watch for changes
```

这里还有一些有用的命令参数：

- --modern 使用现代模式构建应用，为现代浏览器交付原生支持的 ES2015 代码，并生成一个兼容老浏览器的包用来自动回退。
- --target 允许用户将项目中的任何组件以一个库或Web Components 组件的方式进行构建。更多细节请查阅构建目标。
- --report和--report-json会根据构建统计生成报告，它会帮助用户分析包中包含的模块的大小。

16.4 实例 58：创建第一个 Vue.js 应用

下面将创建第一个 Vue 应用 Hello World。借助于 Vue CLI 工具，我们甚至不需要编写一行代码，就能实现一个完整可用的 Vue 应用。

16.4.1 使用 Vue CLI 初始化应用

主要有两种初始化应用的方式，下面一一介绍。

1. 可视化工具界面方式

在需要创建项目的文件夹下启动终端，在命令行输入下面的命令：

```
vue ui
```

这个命令会在浏览器打开 Vue CLI 可视化工具界面（http://localhost:8000/project/select），如图 16-1 所示。

图 16-1　Vue CLI 可视化工具界面

可以通过页面上的“创建”标签来创建项目。单击“在此创建新项目”按钮（见图 16-2）来执行下一步。

图 16-2　单击“在此创建新项目”按钮

此时，可以看到一个“创建新项目”界面，在该界面输入项目的信息，比如项目文件夹（项目名称）、包管理器等，如图 16-3 所示。

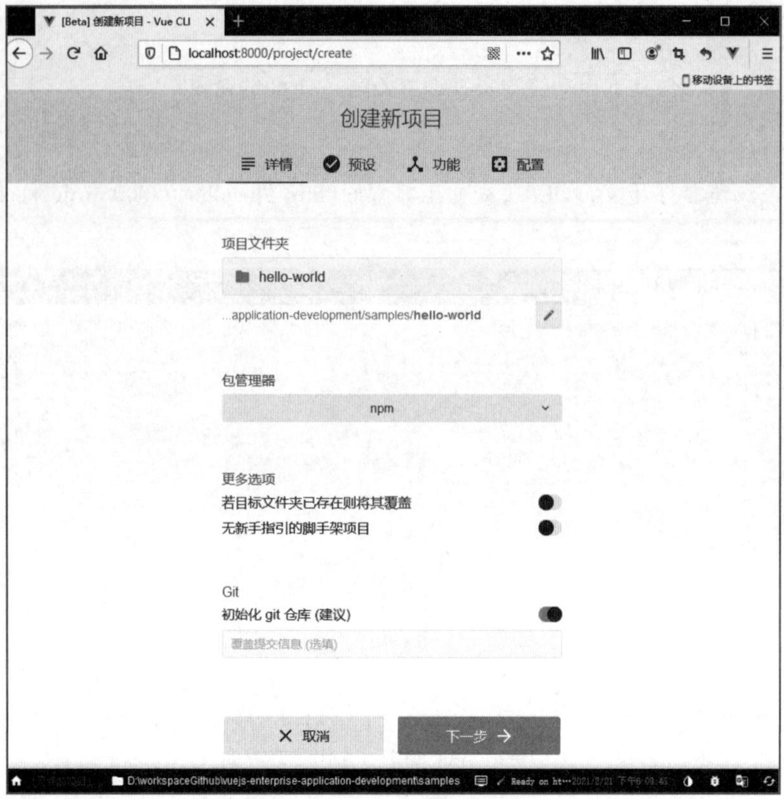

图 16-3 创建新项目

可以看到创建了一个名为 hello-world、采用 npm 包管理器的项目。

单击“下一步”按钮，可以看到如图 16-4 所示的界面。这里我们选择“预设模板 Vue 3 预览”，并单击“创建项目”按钮。

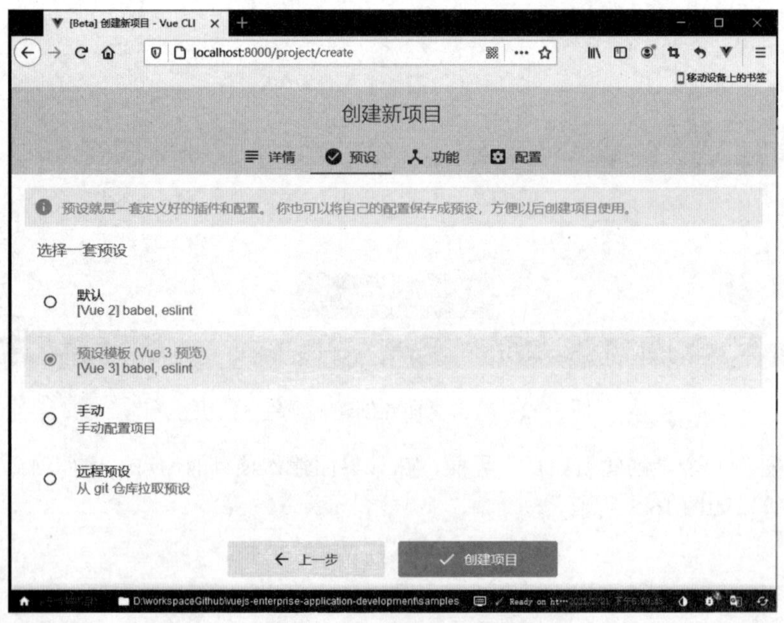

图 16-4 选择项目模板

看到如图 16-5 所示的项目界面则证明项目创建完成。该界面就是我们所创建的“hello-world”应用的仪表盘界面。

图 16-5　项目创建完成

2. 命令行方式

在需要创建项目的文件夹下启动终端，在命令行输入下面的命令：

```
vue create hello-world
```

之后，通过“↑”“↓”键选择模板。这里我们选择“Vue 3 Preview”模板，如图 16-6 所示。

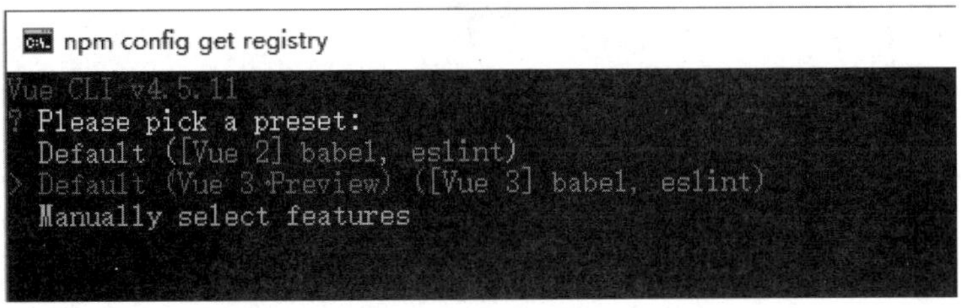

```
npm config get registry
Vue CLI v4.5.11
? Please pick a preset:
  Default ([Vue 2] babel, eslint)
> Default (Vue 3 Preview) ([Vue 3] babel, eslint)
  Manually select features
```

图 16-6　选择 Vue 3 Preview 模板

选定模板之后，按回车键，完成项目的创建。出现如图 16-7 所示的内容，则证明项目已经创建完成。

```
C:\Windows\System32\cmd.exe
D:\workspaceGithub\vuejs-enterprise-application-development\samples>vue create hello-world

Vue CLI v4.5.11
? Please pick a preset: Default (Vue 3 Preview) ([Vue 3] babel, eslint)


Vue CLI v4.5.11
✨  Creating project in D:\workspaceGithub\vuejs-enterprise-application-development\samples\hello-world.
⚙  Installing CLI plugins. This might take a while...


added 1267 packages in 32s
🚀  Invoking generators...
📦  Installing additional dependencies...


added 73 packages in 5s
⚓  Running completion hooks...

📄  Generating README.md...

🎉  Successfully created project hello-world.
👉  Get started with the following commands:

 $ cd hello-world
 $ npm run serve
```

图 16-7 项目创建完成

16.4.2 运行 Vue 应用

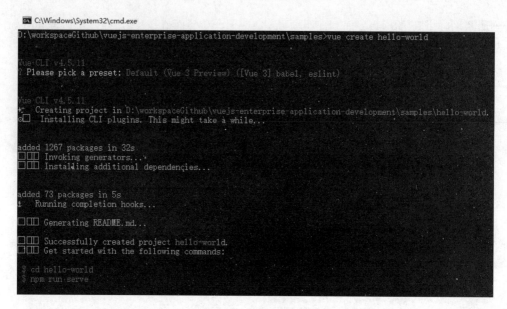

如果采用命令行方式初始化应用，则可以进入“hello-world”项目目录，执行如下命令来启动应用：

```
npm run serve
```

此时，访问 http://localhost:8080 地址，则可以看到如图 16-8 所示的项目界面。该界面就是我们所创建的“hello-world”应用的首页界面。

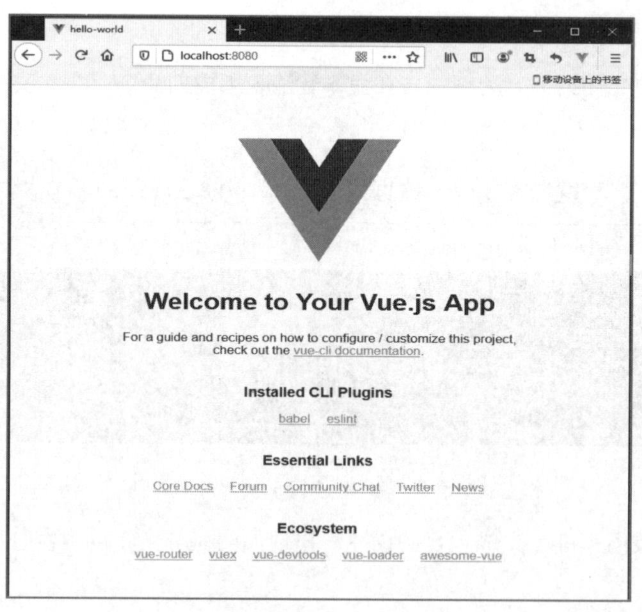

图 16-8 项目界面

16.4.3　增加对 TypeScript 的支持

为了让应用支持 TypeScript 的开发，需要在应用的根目录下执行如下命令：

```
vue add typescript
```

此时，在命令行会出现提示框，根据提示选择“Y”即可。可以看到如下所示的输出内容：

```
> vue add typescript
 WARN  There are uncommitted changes in the current repository, it's recommended
to commit or stash them first.
? Still proceed? Yes

□  Installing @vue/cli-plugin-typescript...


added 51 packages in 8s
✔  Successfully installed plugin: @vue/cli-plugin-typescript

? Use class-style component syntax? Yes
? Use Babel alongside TypeScript (required for modern mode, auto-detected polyfills,
transpiling JSX)? Yes
? Convert all .js files to .ts? Yes
? Allow .js files to be compiled? Yes
? Skip type checking of all declaration files (recommended for apps)? Yes

□  Invoking generator for @vue/cli-plugin-typescript...
□  Installing additional dependencies...


added 45 packages in 9s
□  Running completion hooks...

✔  Successfully invoked generator for plugin: @vue/cli-plugin-typescript
```

16.5　探索 Vue.js 应用结构

本节我们来探索前一节所创建的“hello-world”。

16.5.1　整体项目结构

“hello-world”应用的整体项目结构如下：

```
hello-world
|  .gitignore
|  babel.config.js
|  package-lock.json
|  package.json
|  README.md
|
```

```
├─node_modules
├─public
│      favicon.ico
│      index.html
│
└─src
    │  App.vue
    │  main.js
    │
    ├─assets
    │      logo.png
    │
    └─components
            HelloWorld.vue
```

从上面的结果可以看出，项目主要分为 4 部分：

- 项目根目录文件。
- node_modules目录。
- public目录。
- src目录。

接下来详细介绍上面 4 部分的含义。

16.5.2 项目根目录文件

项目根目录文件下包含以下几个文件：

- .gitignore：用于配置哪些文件不受git管理。
- babel.config.js：Babel中的配置文件。Babel一款JavaScript的编译器。
- package.json、package-lock.json：npm包管理器的配置文件。npm install读取package.json创建依赖项列表，并使用package-lock.json通知要安装这些依赖项的哪个版本。如果某个依赖项在package.json中，但是不在package-lock.json中，运行npm install会将这个依赖项的确定版本更新到packagc-lock.json中，不会更新其他依赖项的版本。
- README.md：项目的说明文件。一般会详细说明项目作用、怎么构建、怎么求助等内容。

16.5.3 node_modules 目录

node_modules 目录是用来存放用包管理工具下载安装的包的文件夹。

打开该目录，可以看到项目所依赖的包非常多，如图 16-9 所示。各个包的含义这里不再赘述。

名称	修改日期	类型
.bin	2021/2/21 18:28	文件夹
.cache	2021/2/21 18:48	文件夹
@babel	2021/2/21 18:27	文件夹
@hapi	2021/2/21 18:27	文件夹
@intervolga	2021/2/21 18:27	文件夹
@mrmlnc	2021/2/21 18:27	文件夹
@nodelib	2021/2/21 18:27	文件夹
@soda	2021/2/21 18:27	文件夹
@types	2021/2/21 18:27	文件夹
@vue	2021/2/21 18:28	文件夹
@webassemblyjs	2021/2/21 18:27	文件夹
@xtuc	2021/2/21 18:27	文件夹
accepts	2021/2/21 18:28	文件夹
acorn	2021/2/21 18:28	文件夹
acorn-jsx	2021/2/21 18:28	文件夹
acorn-walk	2021/2/21 18:28	文件夹
address	2021/2/21 18:28	文件夹
aggregate-error	2021/2/21 18:28	文件夹
ajv	2021/2/21 18:28	文件夹
ajv-errors	2021/2/21 18:28	文件夹
ajv-keywords	2021/2/21 18:28	文件夹
alphanum-sort	2021/2/21 18:28	文件夹
ansi-colors	2021/2/21 18:28	文件夹
ansi-escapes	2021/2/21 18:28	文件夹
ansi-html	2021/2/21 18:28	文件夹
ansi-regex	2021/2/21 18:28	文件夹
ansi-styles	2021/2/21 18:28	文件夹
anymatch	2021/2/21 18:28	文件夹
any-promise	2021/2/21 18:28	文件夹
aproba	2021/2/21 18:28	文件夹
arch	2021/2/21 18:28	文件夹
argparse	2021/2/21 18:28	文件夹
array-flatten	2021/2/21 18:28	文件夹
array-union	2021/2/21 18:28	文件夹
array-uniq	2021/2/21 18:28	文件夹
array-unique	2021/2/21 18:28	文件夹
arr-diff	2021/2/21 18:28	文件夹
arr-flatten	2021/2/21 18:28	文件夹
arr-union	2021/2/21 18:28	文件夹
asn1	2021/2/21 18:28	文件夹
asn1.js	2021/2/21 18:28	文件夹
assert	2021/2/21 18:28	文件夹

图 16-9 node_modules 目录

16.5.4 public 目录

public 目录在下列情况下使用：

- 需要在构建输出中指定一个文件的名字。
- 有上千个图片，需要动态引用它们的路径。
- 有些库可能和webpack不兼容，这些库放到这个目录下，而后将其用一个独立的<script>标签引入。

public 目录下的文件如图 16-10 所示。

名称	修改日期	类型	大小
favicon.ico	2021/2/21 18:28	图片文件	5 KB
index.html	2021/2/21 18:28	Microsoft Edge ...	1 KB

图 16-10 public 目录

16.5.5 src 目录

src 目录就是存放项目源码的目录。如图 16-11 所示的就是 src 目录下的文件。

名称	修改日期	类型	大小
assets	2021/2/21 18:28	文件夹	
components	2021/2/21 18:28	文件夹	
App.vue	2021/2/21 18:28	VUE 文件	1 KB
main.js	2021/2/21 18:28	JavaScript 文件	1 KB

图 16-11　src 目录

其中：

- assets目录：用于放置静态文件，比如一些图片、JSON数据等。
- components目录：用于放置Vue公共组件。目前该目录下仅有一个HelloWorld.vue组件。
- App.vue：页面入口文件也是根组件（整个应用只有一个），可以引用其他Vue组件。
- main.js：程序入口文件，主要作用是初始化Vue实例并使用需要的插件。

1. main.js

先看一下 main.js 的源码：

```
import { createApp } from 'vue'
import App from './App.vue'

createApp(App).mount('#app')
```

上述代码比较简单，就是初始化了 Vue 的应用实例。应用实例来自 App.vue 组件。

2. App.vue

App.vue 是根组件，整个应用只有一个。源码如下：

```
<template>
  <img alt="Vue logo" src="./assets/logo.png">
  <HelloWorld msg="Welcome to Your Vue.js App"/>
</template>

<script>
import HelloWorld from './components/HelloWorld.vue'

export default {
  name: 'App',
  components: {
    HelloWorld
  }
}
</script>

<style>
#app {
  font-family: Avenir, Helvetica, Arial, sans-serif;
```

```
  -webkit-font-smoothing: antialiased;
  -moz-osx-font-smoothing: grayscale;
  text-align: center;
  color: #2c3e50;
  margin-top: 60px;
}
</style>
```

整体看主要分为三部分：<template>、<script>和<style>。这三部分可以简单理解为一个网页的三大核心部分 HTML、JavaScript、CSS。

其中，<template>又引用了一个子组件 HelloWorld。该 HelloWorld 组件是通过<script>从“./components/HelloWorld.vue”文件引入的。

3. HelloWorld.vue

HelloWorld.vue 子组件是整个应用的核心。源码如下：

```
<template>
  <div class="hello">
    <h1>{{ msg }}</h1>
    <p>
      For a guide and recipes on how to configure / customize this project,<br>
      check out the
      <a href="https://cli.vuejs.org" target="_blank" rel="noopener">vue-cli
      documentation</a>.
    </p>
    <h3>Installed CLI Plugins</h3>
    <ul>
      <li><a
     href="https://github.com/vuejs/vue-cli/tree/dev/packages/%40vue/cli-
     plugin-babel" target="_blank" rel="noopener">babel</a></li>
      <li><a
     href="https://github.com/vuejs/vue-cli/tree/dev/packages/%40vue/cli-
     plugin-eslint" target="_blank" rel="noopener">eslint</a></li>
    </ul>
    <h3>Essential Links</h3>
    <ul>
      <li><a href="https://vuejs.org" target="_blank" rel="noopener">Core Docs
      </a></li>
      <li><a href="https://forum.vuejs.org" target="_blank" rel="noopener">
      Forum</a></li>
      <li><a href="https://chat.vuejs.org" target="_blank" rel="noopener">
      Community Chat</a></li>
      <li><a href="https://twitter.com/vuejs" target="_blank" rel="noopener">
      Twitter</a></li>
      <li><a href="https://news.vuejs.org" target="_blank" rel="noopener">
      News</a></li>
    </ul>
    <h3>Ecosystem</h3>
    <ul>
      <li><a href="https://router.vuejs.org" target="_blank" rel="noopener">
      vue-router</a></li>
```

```
      <li><a href="https://vuex.vuejs.org" target="_blank" rel="noopener">
      vuex</a></li>
      <li><a href="https://github.com/vuejs/vue-devtools#vue-devtools" target=
      "_blank" rel="noopener">vue-devtools</a></li>
      <li><a href="https://vue-loader.vuejs.org" target="_blank" rel="noopener">
      vue-loader</a></li>
      <li><a href="https://github.com/vuejs/awesome-vue" target="_blank" rel=
      "noopener">awesome-vue</a></li>
    </ul>
  </div>
</template>

<script>
export default {
  name: 'HelloWorld',
  props: {
    msg: String
  }
}
</script>

<!-- Add "scoped" attribute to limit CSS to this component only -->
<style scoped>
h3 {
  margin: 40px 0 0;
}
ul {
  list-style-type: none;
  padding: 0;
}
li {
  display: inline-block;
  margin: 0 10px;
}
a {
  color: #42b983;
}
</style>
```

HelloWorld.vue 子组件的结构与 App.vue 组件是一样的，也是包含三部分。

<script>导出了一个叫作 msg 的 String 类型的属性变量，而后该变量在<template>的<h1>{{ msg }}</h1>做了绑定，这样在界面渲染完成时，页面的{{ msg }}位置的内容将会被该属性变量的值所替换。

那么 msg 属性变量的值到底是什么呢？我们回到 App.vue 组件的源码：

```
<template>
  <img alt="Vue logo" src="./assets/logo.png">
  <HelloWorld msg="Welcome to Your Vue.js App"/>
</template>
```

可以看到 HelloWorld 组件的 msg 属性值是“Welcome to Your Vue.js App”。这意味着子组件

HelloWorld.vue 可以接收由父组件 App.vue 的传值。

msg 属性值在页面实际渲染的效果如图 16-12 所示。

图 16-12　实际渲染的效果

16.6　小　结

本章介绍 Vue.js 的基本概念、Vue CLI 及如何来创建第一个 Vue.js 应用，并通过探索一个“hello-world”应用了解到 Vue.js 应用的结构组成。

16.7　练 习 题

1. 请简述 Vue.js 与 React、Angular 的异同点。
2. 安装 Vue CLI，并使用 Vue CLI 创建一个 Vue.js 应用。

第 17 章

Vue.js 应用实例

“应用实例”是一个应用的根源所在。在 Vue 的世界中，一切都是从 Vue 的“应用实例”开始的。在开始 Vue 编程之初，首先就是要创建“应用实例”。

17.1 创建应用实例

本节介绍如何创建应用实例。

17.1.1 第一个应用实例

所有 Vue 应用都是从 createApp 这个全局 API 创建一个新的应用实例开始的。

以下代码中，常量 app 就是一个应用实例：

```
const app = Vue.createApp({ /* 选项 */ })
```

该应用实例 app 是用来在应用中注册“全局”组件的，这个将在后面的内容中详细讨论。

也可以通过以下方式创建：

```
import { createApp } from 'vue'

createApp(/* 选项 */);
```

上述代码通过使用 createApp 这个 API 返回一个应用实例。createApp 这个 API 是从 vue 模块导入的。

17.1.2 让应用实例执行方法

有了应用实例之后，就可以让应用实例去执行方法，从而实现应用的功能。可以通过以下方式让应用实例去执行方法：

```
const app = Vue.createApp({})
app.component('SearchInput', SearchInputComponent) // 注册组件
app.directive('focus', FocusDirective) // 注册指令
app.use(LocalePlugin) // 使用插件
```

当然，也可以采用以下链式调用的方式，和上面的效果是一致的：

```
Vue.createApp({})
  .component('SearchInput', SearchInputComponent) // 注册组件
  .directive('focus', FocusDirective) // 注册指令
  .use(LocalePlugin) // 使用插件
```

链式调用是指，在调用完一个方法之后，紧跟着又调用下一个方法。因为应用实例的大多数方法都会返回同一实例，所以它是允许链式调用的。链式调用让代码看上去更加简洁。

17.1.3　理解选项对象

在前面的例子中，传递给 createApp 的选项用于配置根组件。可以在 data 中以定义 property 的方式来定义选项对象，示例如下：

```
const app = Vue.createApp({
  data() {
    return { count: 4 } // 定义选项对象
  }
})

const vm = app.mount('#app')

console.log(vm.count) // => 4
```

还有各种其他的组件选项，都可以将用户定义的 property 添加到组件实例中，例如 methods、props、computed、inject 和 setup。组件实例的所有 property 无论如何定义，都可以在组件的模板中访问。

Vue 还通过组件实例暴露了一些内置 property，如 attrs 和 emit。这些 property 都有一个"$"前缀，以避免与用户定义的 property 名冲突。

17.1.4　理解根组件

传递给 createApp 的选项用于配置根组件。当应用实例被挂载时，该组件被用作渲染的起点。

一个应用实例需要被挂载到一个 DOM 元素中才能被正常渲染。例如，如果想把一个 Vue 应用挂载到<div id="app"></div>，则可以按如下方式传递#app：

```
const RootComponent = { /* 选项 */ }
const app = Vue.createApp(RootComponent)
const vm = app.mount('#app') // 应用实例被挂载到 DOM 元素的 app 中
```

与大多数应用方法不同的是，mount 并不返回应用本身。相反，它返回的是根组件实例。

尽管所有示例都只需要一个单一的组件，但是大多数的真实应用都是被组织成一个嵌套的、可重用的组件树。

举例来说，一个 todo 应用组件树可能是这样的：

```
Root Component
└─ TodoList
   ├─ TodoItem
   │  ├─ DeleteTodoButton
   │  └─ EditTodoButton
   └─ TodoListFooter
      ├─ ClearTodosButton
      └─ TodoListStatistics
```

对于组件树而言，组件有上下层级关系，无论在哪个层级上，每个组件都有自己的组件实例vm。这个应用中的所有组件实例都将共享同一个应用实例。

在稍后的第 18 章还会再具体展开。现在，只需要明白根组件与其他组件没什么不同，配置选项是一样的，所对应的组件实例行为也是一样的即可。

17.1.5　理解 MVVM 模型

MVVM（Model-View-ViewModel）本质上是 MVC 的改进版。MVVM 就是将其中的 View 的状态和行为抽象化，让应用的视图 UI 和业务逻辑得以分开。当然这些事 ViewModel 已经帮我们做了，它可以取出 Model 的数据，同时帮助处理 View 中由于需要展示内容而涉及的业务逻辑。

MVVM 最早由微软提出，它借鉴了桌面应用的 MVC 思想，把 Model 和 View 关联起来的就是 ViewModel。ViewModel 负责把 Model 的数据同步到 View 显示出来，还负责把 View 的修改同步回 Model。

在 MVVM 架构下，View 层和 Model 层并没有直接联系，而是通过 ViewModel 层进行交互。ViewModel 层通过双向数据绑定将 View 层和 Model 层连接了起来，使得 View 层和 Model 层的同步工作完全是自动的。因此，开发者只需关注业务逻辑，无须手动操作 DOM，复杂的数据状态维护交给 MVVM 统一来管理。

Vue.js 提供了对 MVVM 的支持。Vue.js 的实现方式是对数据进行劫持，当数据变动时，数据会触发劫持时绑定的方法，对视图进行更新。图 17-1 展示了 Vue.js 中 MVVM 的实现原理。

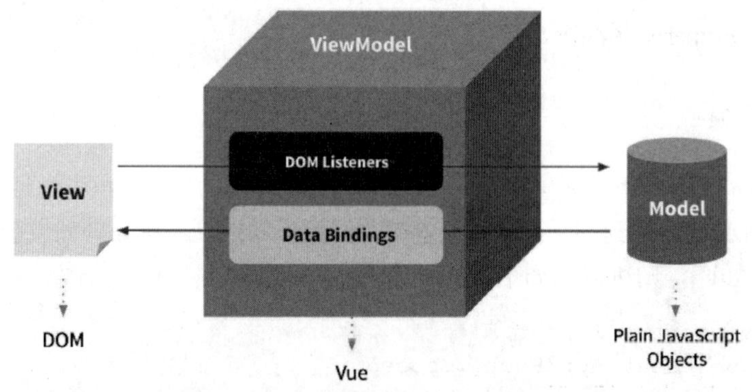

图 17-1　Vue.js 中 MVVM 的实现原理

17.2　data 的 property 与 methods

本节介绍 data 的 property 与 methods。

17.2.1　理解 data property

组件的 data 选项是一个函数。Vue 在创建新组件实例的过程中调用此函数。它应该返回一个对象，然后 Vue 会通过响应性系统将其包裹起来，并以$data 的形式存储在组件实例中。为方便起见，该对象的任何顶级 property 也直接通过组件实例暴露出来。观察下面的例子：

```
const app = Vue.createApp({
  data() {
    return { count: 4 }
  }
})

const vm = app.mount('#app')

console.log(vm.$data.count) // => 4
console.log(vm.count)       // => 4

// 修改 vm.count 的值也会更新 $data.count
vm.count = 5
console.log(vm.$data.count) // => 5

// 反之亦然
vm.$data.count = 6
console.log(vm.count) // => 6
```

这些实例 property 仅在实例首次创建时被添加，所以需要确保它们都在 data 函数返回的对象中。必要时，要对尚未提供所需值的 property 使用 null、undefined 或其他占位的值。

直接将不包含在 data 中的新 property 添加到组件实例也是可行的。但由于该 property 不在背后的响应式$data 对象内，因此 Vue 的响应性系统不会自动跟踪它。

Vue 使用“$”前缀通过组件实例暴露自己的内置 API，它还为内部 property 保留“_”前缀。但开发者应该避免使用这两个字符开头的顶级 data property 名称。

17.2.2 理解 data methods

用 methods 选项来向组件实例添加方法，它应该是一个包含所需方法的对象。观察下面的例子：

```
const app = Vue.createApp({
  data() {
    return { count: 4 }
  },
  methods: {
    increment() {
      // 'this' 指向该组件实例
      this.count++
    }
  }
})

const vm = app.mount('#app')

console.log(vm.count) // => 4

vm.increment()

console.log(vm.count) // => 5
```

Vue 自动为 methods 绑定 this，以便于它始终指向组件实例。这将确保方法在用作事件监听或回调时保持正确的 this 指向。在定义 methods 时应避免使用箭头函数（=>），因为这会阻止 Vue 绑定恰当的 this 指向。

这些 methods 和组件实例的其他所有 property 一样可以在组件的模板中被访问。在模板中，它们通常被当作事件监听使用，比如以下示例：

```
<button @click="increment">Up vote</button>
```

在上面的例子中，单击<button>时会调用 increment 方法。

也可以直接从模板中调用方法。可以在模板支持 JavaScript 表达式的任何地方调用方法，例如以下示例：

```
<span :title="toTitleDate(date)">
  {{ formatDate(date) }}
</span>
```

如果 toTitleDate 或 formatDate 访问任何响应式数据，则将其作为渲染依赖项进行跟踪，就像直接在模板中使用过一样。

从模板调用的方法不应该有任何副作用，比如更改数据或触发异步进程。如果你想这么做，则应该更换生命周期钩子。

17.3 生命周期

每个组件在被创建时都要经过一系列的初始化过程，例如设置数据监听、编译模板、将实例挂载到 DOM 并在数据变化时更新 DOM 等，这些过程叫作组件的生命周期。

17.3.1 什么是生命周期钩子

组件在经历生命周期过程的同时会运行一些叫作生命周期钩子的函数，这给了用户在不同阶段添加自己的代码的机会。

比如 created 钩子可以用来在一个实例被创建之后执行代码。示例如下：

```
Vue.createApp({
  data() {
    return { count: 1}
  },
  created() {
    // 'this' 指向 vm 实例
    console.log('count is: ' + this.count) // => "count is: 1"
  }
})
```

也有一些其他的钩子，在实例生命周期的不同阶段被调用，如 mounted、updated 和 unmounted。生命周期钩子的 this 上下文指向调用它的当前活动实例。

注意

不要在选项 property 或回调上使用箭头函数，比如：

```
created: () => console.log(this.a)
```

或

```
vm.$watch('a', newValue => this.myMethod())
```

因为箭头函数并没有 this，this 会作为变量一直向上级词法作用域查找，直至找到为止，经常导致 “Uncaught TypeError: Cannot read property of undefined” 或 “Uncaught TypeError: this.myMethod is not a function” 之类的错误。

17.3.2　Vue.js 的生命周期

Vue.js 的生命周期指的是 Vue 实例的生命周期（见图 17-2）。Vue 实例的生命周期是指实例从创建到运行再到销毁的过程。

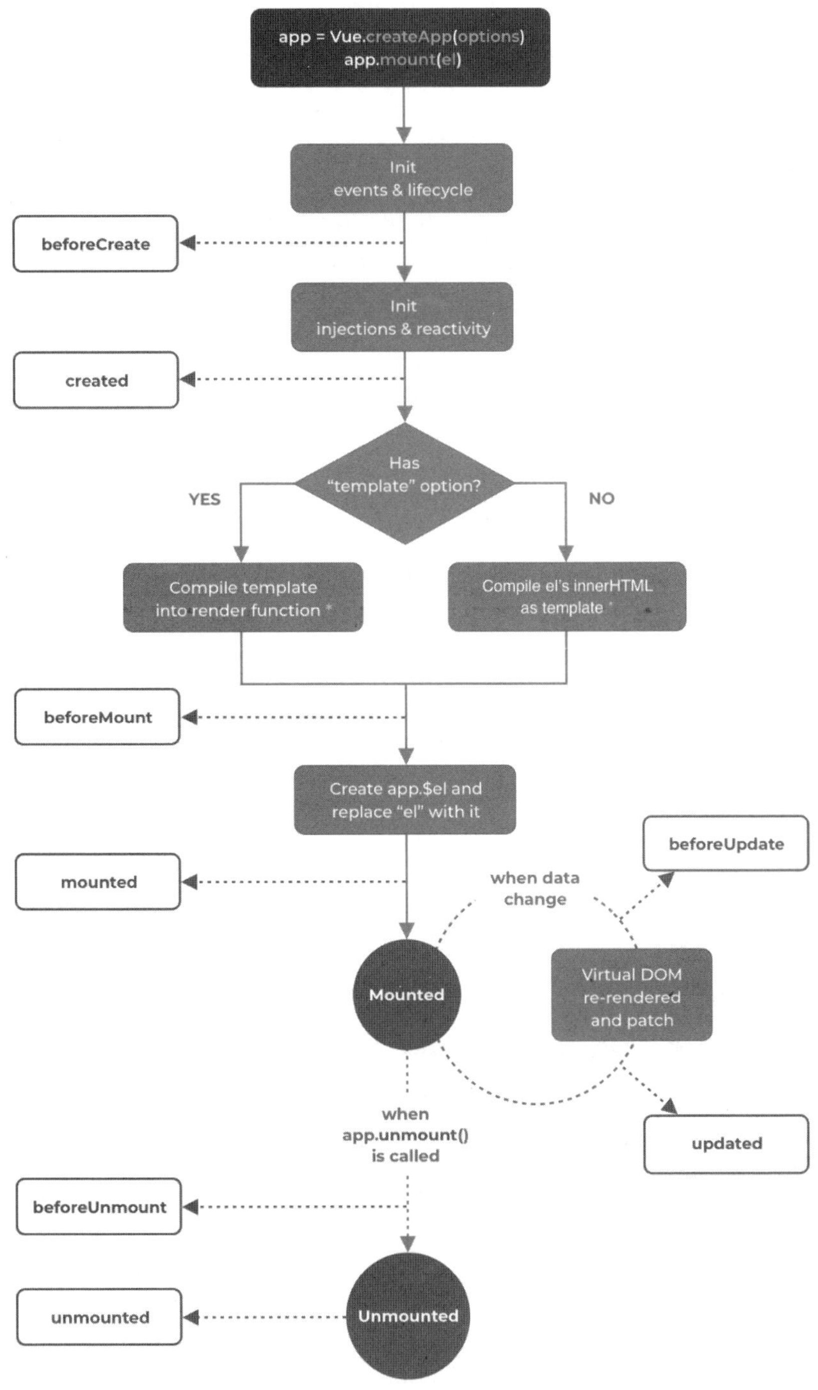

图 17-2　Vue.js 生命周期图示

Vue.js 的生命周期接口定义在 ClassComponentHooks 中，每个 Vue 组件都会实现该接口。ClassComponentHooks 源码如下：

```
export declare interface ClassComponentHooks {
   data?(): object;
   beforeCreate?(): void;
   created?(): void;
   beforeMount?(): void;
   mounted?(): void;
   beforeUnmount?(): void;
   unmounted?(): void;
   beforeUpdate?(): void;
   updated?(): void;
   activated?(): void;
   deactivated?(): void;
   render?(): VNode | void;
   errorCaptured?(err: Error, vm: Vue, info: string): boolean | undefined;
   serverPrefetch?(): Promise<unknown>;
}
```

17.3.3　实例 59：生命周期钩子的例子

通过 Vue CLI 创建一个名为“vue-lifecycle”的 Vue.js 应用作为演示生命周期钩子的例子。

1. 修改HelloWorld.vue

初始化应用之后，会自动创建一个名为“HelloWorld.vue”的组件，修改该组件的代码如下：

```
<template>
  <div>
    <div id="app">
      Counter: {{count}}
      <button @click="plusOne()">+</button>
    </div>
  </div>
</template>

<script lang="ts">
import { Vue } from "vue-class-component";


export default class HelloWorld extends Vue {
  // 计数用的变量
  count = 0;

  // 定义一个组件方法
  plusOne() {
    this.count++;
    console.log("Hello World!");
  }

  // 定义生命周期钩子函数
  beforeCreate() {
```

```
    console.log("beforeCreate");
  }

  created() {
    console.log("created");
  }

  beforeMount() {
    console.log("beforeMount");
  }

  mounted() {
    console.log("mounted");
  }

  beforeUpdate() {
    console.log("beforeUpdate");
  }

  updated() {
    console.log("updated");
  }
  beforeUnmount() {
    console.log("beforeUnmount");
  }

  unmounted() {
    console.log("unmounted");
  }
  activated() {
    console.log("activated");
  }

  deactivated() {
    console.log("deactivated");
  }

}
</script>

<style>
</style>
```

针对上述 TypeScript 代码：

- HelloWorld类继承自Vue类，以标识HelloWorld类是一个Vue组件。
- HelloWorld类内部定义了一个计数用的变量count。
- HelloWorld类内部定义了一个方法plusOne，该方法每次都会将count递增。
- 定义生命周期钩子函数，每个函数在执行时都会打印一条日志。

针对上述<template>模板：

- {{count}}用于绑定HelloWorld类的变量count。

- <button>是一个按钮，该按钮通过@click="plusOne()"设置了单击事件。当单击该按钮时，会触发HelloWorld类的plusOne()。

针对上述<style>样式，为了样例简洁，省去了所有的样式，所以是空的。

2. 修改App.vue

App.vue 大体逻辑不变，只保留与本案例相关的代码。最终 App.vue 代码如下：

```
<template>
  <HelloWorld/>
</template>

<script lang="ts">
import { Options, Vue } from 'vue-class-component';
import HelloWorld from './components/HelloWorld.vue';

@Options({
  components: {
    HelloWorld,
  },
})
export default class App extends Vue {}
</script>

<style>
</style>
```

针对上述 TypeScript 代码，只是简单地将 HelloWorld.vue 导入成为 App.vue 的一个子组件。
针对上述<template>模板，将 HelloWorld 组件模板嵌入了 App 组件的模板中。
针对上述<style>样式，为了样例简洁，省去了所有的样式，所以是空的。

3. 运行

首次启动应用的效果如图 17-3 所示。

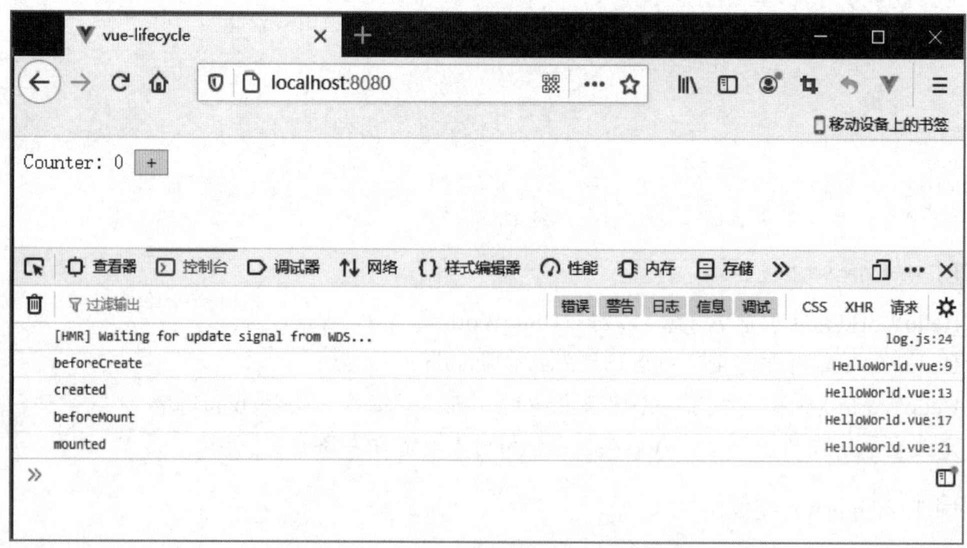

图 17-3　首次启动应用的效果

从控制台的日志可以看出，组件在初始化时经历了 beforeCreate、created、beforeMount、mounted 四个生命周期。

当单击按钮，触发单击事件时，应用效果如图 17-4 所示。

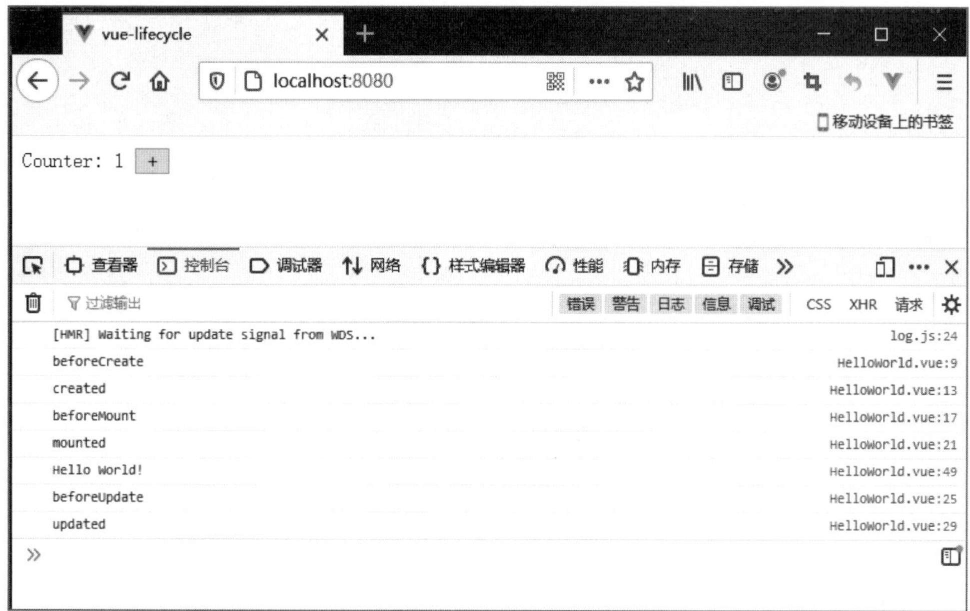

图 17-4　单击按钮触发单击事件时的应用效果

从控制台的日志可以看出，按钮被单击后，触发了 plusOne()方法的执行，同时将变量 count 执行了递增，并打印出“Hello World!”字样。

同时，我们也看到组件经历了 beforeUpdate 和 updated 生命周期，并最终将最新的 count 结果（从 0 变为 1）更新到了界面上。

17.4　小　结

本章介绍 Vue 的应用实例、data 的 property 与 methods 等核心概念，同时介绍了 Vue 的应用组件的生命周期。

17.5　练 习 题

1. 请简述 Vue 应用实例的创建过程。
2. 请简述 data 的 property 与 methods 的作用。
3. 请简述 Vue 的应用组件的生命周期。

第 18 章

Vue.js 组件

组件是指可以复用的程序单元。本章详细介绍 Vue.js 组件。

18.1 组件的基本概念

为了便于理解组件的基本概念，我们先从一个简单的示例 basic-component 入手。

18.1.1 实例 60：一个 Vue.js 组件的示例

以下是一个基本的 Vue.js 组件示例 basic-component。其中 main.ts 代码如下：

```
import { createApp } from 'vue'
import App from './App.vue'

createApp(App).mount('#app') // 应用实例被挂载到 DOM 元素 app 中
```

main.ts 是整个 Vue 应用的主入口。从上述代码可以知道，应用实例最终会被挂载到 DOM 元素 app，最终这个 app 元素会被渲染为主页面。

createApp(App)用于创建应用实例，而参数 App 作为选项，从 App.vue 文件中导入。用于创建应用实例的 App.vue 组件也被称为根组件。

根组件在整个 Vue 应用中有且只会有一个。根组件 App.vue 的代码如下：

```
<template>
  <HelloWorld msg="baisc component"/>
</template>

<script lang="ts">
import { Options, Vue } from 'vue-class-component';
```

```
import HelloWorld from './components/HelloWorld.vue';

@Options({
  components: {
    HelloWorld,
  },
})
export default class App extends Vue {}
</script>
```

组件又可以由其他组件组成。比如，上述组件 App.vue 还可以由组件 HelloWorld.vue 组成。以下是一个子组件 HelloWorld.vue 的代码：

```
<template>
  <div class="hello">
    <h1>{{ msg }}</h1>
  </div>
</template>

<script lang="ts">
import { Options, Vue } from 'vue-class-component';

@Options({
  props: {
    msg: String
  }
})
export default class HelloWorld extends Vue {
  msg!: string
}
</script>
```

运行应用，可以看到界面效果如图 18-1 所示。

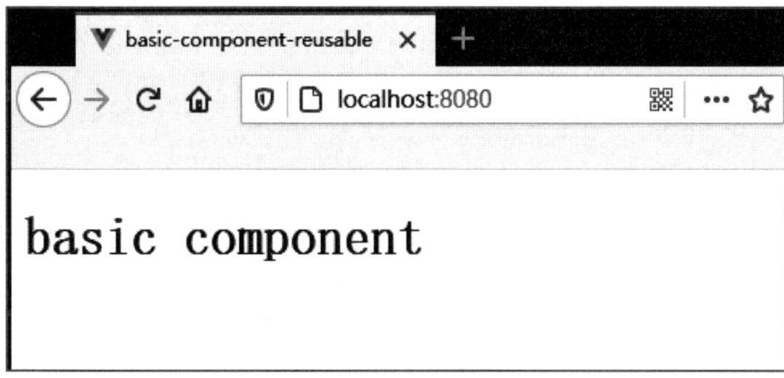

图 18-1　界面效果

18.1.2　什么是组件

组件系统是 Vue 中的一个重要概念：它是一种抽象，可以将小型、自包含且通常可重用的组件组成一个大规模的应用。

几乎任何类型的应用程序接口都可以抽象成如图 18-2 所示的组件树。

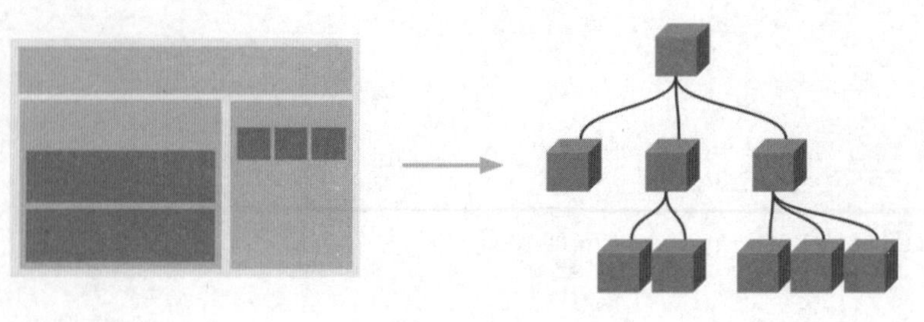

图 18-2　组件树

在 basic-component 示例中，App.vue 在组件树中是根节点，而 HelloWorld.vue 是 App.vue 的子节点。

在 Vue 中，组件本质上是一个带有预定义选项的实例。在 Vue 中注册组件很简单：创建一个组件对象，并在其父组件选项定义它即可。代码如下：

```
@Options({
  components: {
    HelloWorld,
  },
})
```

这样可以把它组合到另一个组件的模板中。代码如下：

```
<template>
  <HelloWorld msg="baisc component"/>
</template>
```

18.1.3　组件的复用

组件本质上是为了复用。下面先来看如何实现 HelloWorld.vue 组件的复用。

创建一个名为 basic-component-reusabale 的示例，修改根组件 App.vue 代码如下：

```
<template>
  <HelloWorld msg="baisc component"/>
  <HelloWorld msg="baisc component reusable"/>
</template>

<script lang="ts">
import { Options, Vue } from 'vue-class-component';
import HelloWorld from './components/HelloWorld.vue';

@Options({
  components: {
    HelloWorld,
  },
})
export default class App extends Vue {}
</script>
```

上述示例中，在<template>标签中引用了两次<HelloWorld>，意味着 HelloWorld.vue 组件被实例化了两次，每次的 msg 内容都不同。这就是组件的复用。

运行应用，可以看到界面效果如图 18-3 所示。

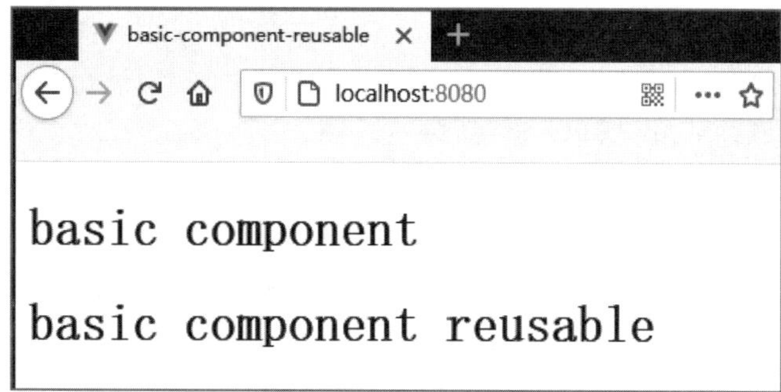

图 18-3　界面效果

18.1.4　Vue 组件与 Web 组件的异同点

读者可能已经注意到，Vue 组件与 Web 组件自定义元素（Custom Elements）非常相似。自定义元素是 Web 组件规范（Web Components Spec）的一部分，这是因为 Vue 组件是松散地按照规范建模的。Vue 组件和 Web 组件有一些关键的区别：

- Web组件规范虽然已最终确定，但并非每个浏览器都原生支持。在Safari 10.1+、Chrome 54+和Firefox 63+等少数几个浏览器是原生支持Web组件的。相比之下，Vue组件在几乎所有的浏览器（包括IE 11）中都能一致工作。当需要时，Vue组件还可以包装在原生自定义元素中。
- Vue组件提供了在普通Web组件自定义元素中无法提供的重要功能，最明显的是跨组件数据流、自定义事件通信和构建工具集成。

18.2　组件交互方式

组件之间可以进行交互，相互协作完成特定的功能。

需要注意的是，不是什么组件都能直接进行交互。要想让组件之间能够进行交互，还要区分场景。本节主要通过 4 个场景来演示组件之间的不同交互方式。

18.2.1　实例 61：通过 prop 向子组件传递数据

回忆 18.1.3 节的 basic-component-reusabale 示例：

```
<template>
  <HelloWorld msg="baisc component"/>
  <HelloWorld msg="baisc component reusable"/>
</template>

<script lang="ts">
import { Options, Vue } from 'vue-class-component';
```

```
import HelloWorld from './components/HelloWorld.vue';

@Options({
  components: {
    HelloWorld,
  },
})
export default class App extends Vue {}
</script>
```

在上述示例中，在<template>标签中，HelloWorld.vue 组件被实例化了两次。msg 是 HelloWorld 组件的属性。可以通过 App.vue 组件向 HelloWorld.vue 组件传递不同的 msg 属性值。

msg 在 HelloWorld.vue 组件的定义如下：

```
<template>
  <div class="hello">
    <h1>{{ msg }}</h1>
  </div>
</template>

<script lang="ts">
import { Options, Vue } from 'vue-class-component';

@Options({
  props: {
    msg: String
  }
})
export default class HelloWorld extends Vue {
  msg!: string // 声明了 string 类型
}
</script>
```

在上述代码中，@Options 注解所定义的 props 就是用于定义 HelloWorld.vue 组件的输入属性（入参）。这种方式就是“通过 prop 向子组件传递数据”。msg 在 HelloWorld.vue 组件被定义为 string 类型，同时 msg 后的“!”是 TypeScript 的语法，表示强制解析（也就是告诉 TypeScript 编译器，msg 一定有值）。

18.2.2 实例 62：监听子组件事件

从 18.2.1 节了解到，父组件如果要和子组件通信，通常是采用 prop 的方式。而子组件如果想和父组件通信，则往往使用事件。图 18-4 展示了父子组件通信的示意图。

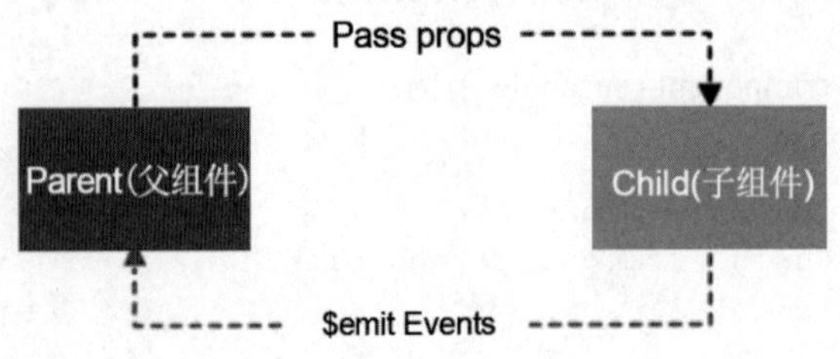

图 18-4 父子组件通信的示意图

可以使用 v-on 指令（通常缩写为@符号）来监听 DOM 事件，并在触发事件时执行一些 JavaScript 操作。用法为：

```
v-on:click="methodName"
```

或使用快捷方式：

```
@click="methodName"
```

事件也常作为组件之间的通信机制。比如，子组件如果想主动跟父组件通信，也可以使用 emit 来向父组件发送事件。当然，有关事件的内容后续在第 22 章会详细讲解，这里只演示基本的事件的用法。

每个 emit 都会发送事件，因此需要先由父组件给子组件绑定事件，子组件才能知道应该怎么去调用。

下面新建一个 listen-for-child-component-event 应用，用于演示父组件如何监听子组件的事件。

HelloWorld.vue 是子组件，代码如下：

```
<template>
  <div class="hello">
    <h1>{{ msg }}</h1>
    <button v-on:click="plusOne">+</button>
  </div>
</template>

<script lang="ts">
import { Options, Vue } from "vue-class-component";

@Options({
  props: {
    msg: String,
  },
})
export default class HelloWorld extends Vue {
  msg!: string;

  // 定义一个组件方法
  plusOne() {
    console.log("emit event");

    // 发送自定义的事件
    this.$emit("plusOneEvent");
  }
}
</script>
```

上述代码中：

- 在<template>中定义了一个按钮，并通过v-on绑定了一个单击事件。当按钮被单击时，会触发plusOne()方法的执行。
- plusOne()方法比较简单，只是通过$emit发送了一个自定义的事件plusOneEvent。

那么如何在父组件中监听“plusOneEvent”事件呢？父组件 App.vue 代码如下：

```
<template>
  <HelloWorld
    msg="listen-for-child-component-event"
    @plusOneEvent="handlePlusOneEvent"
  />
  <div id="counter">Counter: {{ counter }}</div>
</template>

<script lang="ts">
import { Options, Vue } from "vue-class-component";
import HelloWorld from "./components/HelloWorld.vue";

@Options({
  components: {
    HelloWorld,
  },
})
export default class App extends Vue {
  private counter: number = 0;

  handlePlusOneEvent() {
    console.log("handlePlusOneEvent");

    // 计数器递增
    this.counter++;
  }
}
</script>
```

上述代码中：

- 在<template>中引入了HelloWorld.vue组件，同时通过@（等同于v-on）绑定了一个自定义事件plusOneEvent。
- 当 App.vue 组件监听到 plusOneEvent 事件时，就会触发 handlePlusOneEvent() 方法。handlePlusOneEvent()方法会执行计数器counter的累加。

图 18-5 展示了未单击“递增（+）”按钮前的界面效果。

图 18-5　未单击“递增”按钮前的界面效果

当单击了递增按钮之后，界面效果如图 18-6 所示。

图 18-6 单击“递增”按钮后的界面效果

18.2.3　实例 63：兄弟组件之间的通信

Vue 的兄弟组件之间是如何通信的呢？

Vue 并没有提供 Vue 兄弟组件之间通信的方式，但可以借助前面两节所介绍的 prop 和事件间接实现。

下面创建一个名为 event-communication 的应用，用于演示兄弟组件之间的通信功能。其中 App 为应用的根组件，CounterClick 和 CounterShow 分别是子组件。

1. CounterClick 发送事件

CounterClick 组件用于接收界面按钮的单击，而后发送事件。代码如下：

```
<template>
  <div class="hello">
    <button v-on:click="plusOne">递增</button>
  </div>
</template>

<script lang="ts">
import { Options, Vue } from "vue-class-component";

@Options({
  emits: ["plusOneEvent"],
})
export default class CounterClick extends Vue {
  // 定义一个组件方法

  plusOne() {
    console.log("emit event");

    // 发送自定义的事件

    this.$emit("plusOneEvent");
  }
}
```

```
</script>
```

上述代码自定义了一个名为 plusOneEvent 的事件。当单击“递增”按钮时，会触发 plusOne 方法，从而通过 this.$emit 来发送事件。

这里需要注意的是，自定义的事件需要在@Options 的 emits 中进行声明。

2. CounterShow 显示计数

CounterShow 用于显示计数器递增的结果。代码如下：

```
<template>
  <div class="hello">
    <h1>{{ count }}</h1>
  </div>
</template>

<script lang="ts">
import { Options, Vue } from "vue-class-component";

@Options({
  props: {
    count: Number,
  },
})
export default class CounterShow extends Vue {
  count!: number;
}
</script>
```

上述代码比较简单，通过@Options 的 props 声明 count 为输入参数。count 用于在模板中显示计数结果。

3. App 整合 CounterClick 和 CounterShow

App 根组件整合 CounterClick 和 CounterShow 这两个子组件。代码如下：

```
<template>
  <CounterClick @plusOneEvent="handlePlusOneEvent" />

  <CounterShow :count="counter" />
</template>

<script lang="ts">
import { Options, Vue } from "vue-class-component";

import CounterShow from "./components/CounterShow.vue";

import CounterClick from "./components/CounterClick.vue";

@Options({
  components: {
    CounterShow,

    CounterClick,
```

```
  },
})
export default class App extends Vue {
  private counter: number = 0;

  handlePlusOneEvent() {
    console.log("handlePlusOneEvent");

    // 计数器递增

    this.counter++;
  }
}
</script>
```

上述代码中：

- 通过@plusOneEvent来监听CounterClick所发出的plusOneEvent事件。监听到该事件后，会调用handlePlusOneEvent方法进行处理。
- handlePlusOneEvent方法用于将计算结果counter进行递增。
- 在CounterShow组件中，通过:count的方式动态绑定了counter值。最终counter值被当作输入参数传进了CounterShow组件。

4. 运行应用

最终运行应用，单击“递增”按钮，计数器会递增。

18.2.4　实例 64：通过插槽分发内容

Vue 实现了一套内容分发的插槽（Slot）API，这套 API 的设计灵感源自 Web Components 规范草案，将<slot>元素作为承载分发内容的出口。

下面创建一个名为 slot-to-serve-as-distribution-outlets-for-content 的应用，用于演示插槽的功能。

以下是子组件 HelloWorld.vue 的代码。

```
<template>
  <div class="hello">
    <h1>{{ msg }}</h1>
    <slot></slot>
  </div>
</template>

<script lang="ts">
import { Options, Vue } from "vue-class-component";

@Options({
  props: {
    msg: String,
  },
})
export default class HelloWorld extends Vue {
  msg!: string;
```

```
}
</script>
```

在上述代码中，在<template>中添加了<slot>，用于标识插槽的位置。

父组件 App.vue 想通过<slot>元素分发内容时，只要在引入的 HelloWorld.vue 的<slot>元素分别设置想替换的内容即可。比如，以下代码是想用"Hello"字符替换掉<slot>元素的内容。

```
<template>
  <HelloWorld msg="slot-to-serve-as-distribution-outlets-for-content">
    Hello
  </HelloWorld>
</template>

<script lang="ts">
import { Options, Vue } from "vue-class-component";
import HelloWorld from "./components/HelloWorld.vue";

@Options({
  components: {
    HelloWorld,
  },
})
export default class App extends Vue {
}
</script>
```

当然，插槽的功能远不止字符串这么简单。插槽还可以包含任何模板代码，包括 HTML，示例如下：

```
<template>
  <!--字符串-->
  <HelloWorld msg="slot-to-serve-as-distribution-outlets-for-content">
    Hello
  </HelloWorld>

  <!--HTML-->
  <HelloWorld msg="slot-to-serve-as-distribution-outlets-for-content">
    <a href="https://waylau.com"> Welcom to waylau.com</a>
  </HelloWorld>

  <!--模板-->
  <HelloWorld msg="slot-to-serve-as-distribution-outlets-for-content">
    <div id="counter">Counter: {{ counter }}</div>
  </HelloWorld>
</template>

<script lang="ts">
import { Options, Vue } from "vue-class-component";
import HelloWorld from "./components/HelloWorld.vue";

@Options({
  components: {
```

```
    HelloWorld,
  },
})
export default class App extends Vue {
  private counter: number = 0;
}
</script>
```

18.3 让组件可以动态加载

有时，在组件之间动态切换是很有用的，比如界面中的选项卡，通过单击不同的选项卡来切换不同的子页面。

Vue 提供了<component>元素与特殊的 is 属性用来实现组件的动态加载。

18.3.1 实现组件动态加载的步骤

实现组件动态加载需要先定义一个<component>元素，并在<component>元素中指定一个变量 currentTabComponent，示例代码如下：

```
<!--当 currentTabComponent 变化时，组件也会变化-->
<component :is="currentTabComponent"></component>
```

在上面的示例中，currentTabComponent 可以是已注册的组件的名称，也可以是组件的选项对象。

18.3.2 实例 65：动态组件的示例

为了演示动态组件的功能，创建 dynamic-component 应用。

分别创建两个子组件 TemplateOne.vue 和 TemplateTwo.vue。这两个子组件的代码比较简单，就是记录各自的生命周期函数调用的过程。

TemplateOne.vue 代码如下：

```
<template>
  <div>
    <h1>TemplateOne</h1>
  </div>
</template>

<script lang="ts">
import { Vue } from "vue-class-component";

export default class TemplateOne extends Vue {
  // 定义生命周期钩子函数

  beforeCreate() {
    console.log("TemplateOne beforeCreate");
  }
```

```
  created() {
    console.log("TemplateOne created");
  }

  beforeMount() {
    console.log("TemplateOne beforeMount");
  }

  mounted() {
    console.log("TemplateOne mounted");
  }

  beforeUpdate() {
    console.log("TemplateOne beforeUpdate");
  }

  updated() {
    console.log("TemplateOne updated");
  }

  beforeUnmount() {
    console.log("TemplateOne beforeUnmount");
  }

  unmounted() {
    console.log("TemplateOne unmounted");
  }

  activated() {
    console.log("TemplateOne activated");
  }

  deactivated() {
    console.log("TemplateOne deactivated");
  }
}
</script>
```

TemplateTwo.vue 代码如下：

```
<template>
  <div>
    <h1>TemplateTwo</h1>
  </div>
</template>

<script lang="ts">
import { Vue } from "vue-class-component";

export default class TemplateTwo extends Vue {
  // 定义生命周期钩子函数

  beforeCreate() {
```

```
    console.log("TemplateTwo beforeCreate");
  }

  created() {
    console.log("TemplateTwo created");
  }

  beforeMount() {
    console.log("TemplateTwo beforeMount");
  }

  mounted() {
    console.log("TemplateTwo mounted");
  }

  beforeUpdate() {
    console.log("TemplateTwo beforeUpdate");
  }

  updated() {
    console.log("TemplateTwo updated");
  }

  beforeUnmount() {
    console.log("TemplateTwo beforeUnmount");
  }

  unmounted() {
    console.log("TemplateTwo unmounted");
  }

  activated() {
    console.log("TemplateTwo activated");
  }

  deactivated() {
    console.log("TemplateTwo deactivated");
  }
}
</script>
```

根组件 App.vue 的代码如下：

```
<template>
  <div>
    <button
      v-for="tab in tabs"
      :key="tab"
      :class="['tab-button', { active: currentTabComponent === tab }]"
      @click="currentTabComponent = tab"
    >
      {{ tab }}
    </button>

    <!-- 当 currentTabComponent 变化时，组件也会变化 -->
    <component :is="currentTabComponent"></component>
  </div>
```

```
</template>



<script lang="ts">
import { Options, Vue } from "vue-class-component";

import TemplateOne from "./components/TemplateOne.vue";
import TemplateTwo from "./components/TemplateTwo.vue";

@Options({
  components: {
    TemplateOne,
    TemplateTwo,
  },
})
export default class App extends Vue {
  private currentTabComponent: string = "TemplateOne";

  private tabs: string[] = ["TemplateOne", "TemplateTwo"];
}
</script>
```

上述代码中：

- 根组件App.vue中通过<component>元素来动态指定需要加载的组件。
- 模板中初始化了两个按钮的<button>元素，当单击按钮时，会触发currentTabComponent的变化。
- currentTabComponent 会引起<component>元素的变化。初始化时，currentTabComponent赋值为TemplateOne。

运行应用，同时可以看到界面和控制台的效果如图 18-7 所示。初始化时，动态加载的是TemplateOne 组件。

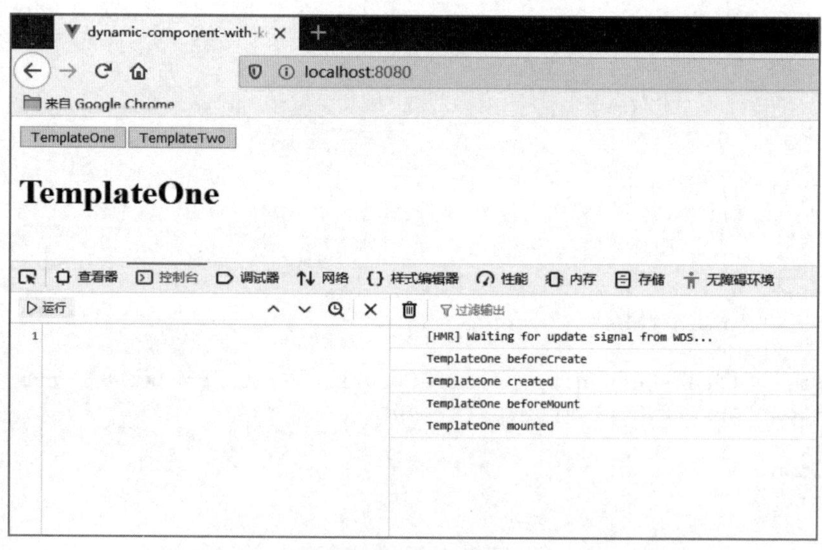

图 18-7　初始化应用时界面和控制台效果

在控制台显示的日志中，已经详细记录了组件的初始化过程。

单击 TemplateTwo 按钮，界面中呈现的是 TemplateTwo 组件的内容，如图 18-8 所示。

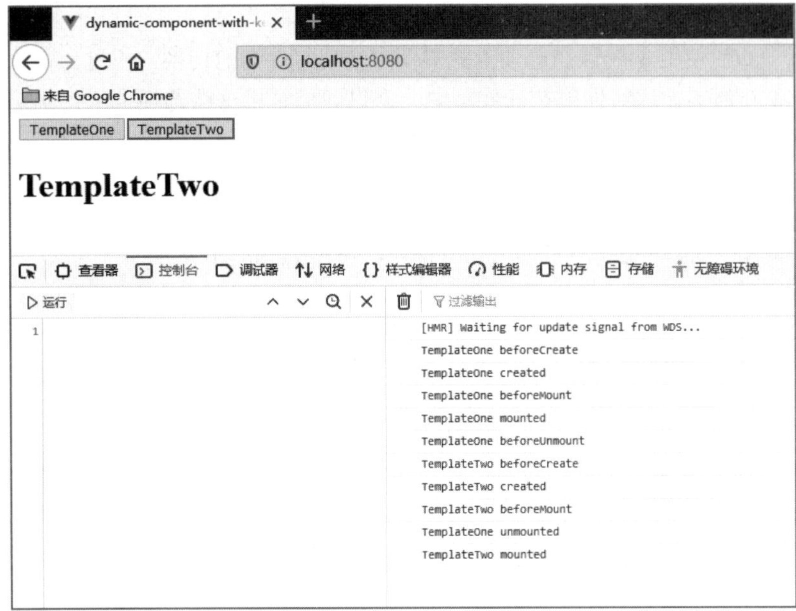

图 18-8　单击 TemplateTwo 按钮后的界面和控制台效果

单击 TemplateOne 按钮，界面呈现的是 TemplateOne 组件的内容，效果如图 18-9 所示。

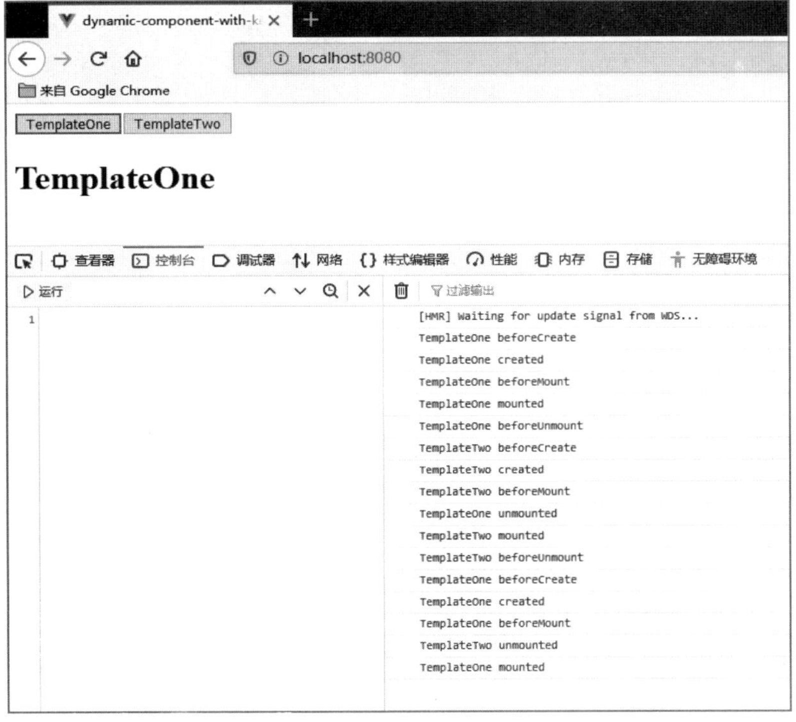

图 18-9 单击 TemplateOne 按钮后的界面和控制台效果

从上述日志中可以看出，在每次动态加载组件时，组件都会重新初始化。

18.4 使用缓存组件 keep-alive

上一节演示了如何使用 is 属性在选项卡式界面中实现组件间的切换。不过，每次切换这些组件都会初始化组件、重新渲染，这对性能有一些影响。所以我们希望这些选项卡组件实例在首次创建后能够被缓存。要解决这个问题，可以用<keep-alive>组件来包装这些组件，示例如下：

```
<!-- 使用 keep-alive，组件创建后能够被缓存-->
<keep-alive>
    <component :is="currentTabComponent"></component>
</keep-alive>
```

18.4.1 实例 66：keep-alive 的例子

在 18.3.2 节的 dynamic-component 应用的基础上创建一个 dynamic-component-with-keep-alive 应用作为 keep-alive 的演示示例。

创建一个 dynamic-component-with-keep-alive 应用与 dynamic-component 应用的代码基本类似，只是在 App.vue 中加了<keep-alive>元素内容。App.vue 完整代码如下：

```
<template>
  <div>
    <button
      v-for="tab in tabs"
      :key="tab"
      :class="['tab-button', { active: currentTabComponent === tab }]"
      @click="currentTabComponent = tab"
    >
      {{ tab }}
    </button>
    <!-- 使用 keep-alive，组件创建后能够被缓存-->
    <!-- 当 currentTabComponent 变化时，组件也会变化 -->
    <keep-alive>
      <component :is="currentTabComponent"></component>
    </keep-alive>
  </div>
</template>

<script lang="ts">
import { Options, Vue } from "vue-class-component";

import TemplateOne from "./components/TemplateOne.vue";
import TemplateTwo from "./components/TemplateTwo.vue";

@Options({
  components: {
    TemplateOne,
    TemplateTwo,
  },
})
export default class App extends Vue {
```

```
  private currentTabComponent: string = "TemplateOne";

  private tabs: string[] = ["TemplateOne", "TemplateTwo"];
}
</script>
```

在增加了<keep-alive>元素后运行应用，来回单击 TemplateOne 和 TemplateTwo 按钮，TemplateOne 和 TemplateTwo 组件分别只初始化了一次，之后只有其激活和停用的生命周期钩子的调用了，如图 18-10 所示。

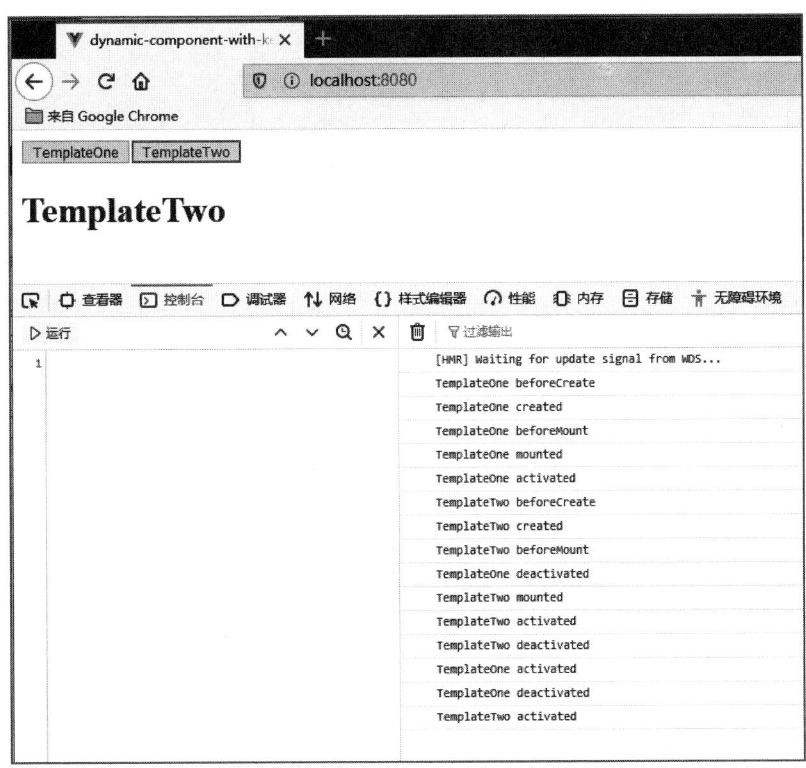

图 18-10　使用了 keep-alive 之后的界面和控制台效果

18.4.2　keep-alive 配置详解

默认情况下，<keep-alive>会缓存所有的组件。如果需要个性化的设置，则可以设置以下几个可选的属性：

- include - string | RegExp | Array：只有具有匹配名称的组件才会被缓存。
- exclude - string | RegExp | Array：任何具有匹配名称的组件都不会被缓存。
- max - number | string：要缓存的组件实例的最大数量。

1. include 和 exclude 的用法

include 和 exclude 用于指定哪些模板需要被缓存和不需要缓存。以 include 为例，示例代码如下：

```
<!-- 使用 keep-alive，组件创建后能够被缓存 -->
<keep-alive include="TemplateOne,TemplateTwo">
   <component :is="currentTabComponent"></component>
```

```
</keep-alive>
```

上面的配置用于指定名称为 TemplateOne 和 TemplateTwo 的组件才能被缓存。需要注意的是，组件上需要指定 name 属性才会生效。在@Options 注解上设置 name 属性，示例如下：

```
import { Options, Vue } from "vue-class-component";

@Options({
  name: "TemplateOne",
})
export default class TemplateOne extends Vue {
    // ...
}
import { Options, Vue } from "vue-class-component";

@Options({
  name: "TemplateTwo",
})
export default class TemplateTwo extends Vue {
    // ...
}
```

2. max的用法

max 用于设置要缓存的组件实例的最大数量。一旦达到此数字，最近最少访问（Least Recently Accessed，LRA）的缓存组件实例将在创建新实例之前销毁。使用 max 示例如下：

```
<!-- max 用于设置要缓存的组件实例的最大数量 -->
<keep-alive :max="10">
    <component :is="currentTabComponent"></component>
</keep-alive>
```

18.5 小 结

本章介绍 Vue 组件的基本概念和基本用法，包括组件之间的交互、组件的动态加载、组件的缓存等。

18.6 练 习 题

1. 请简述组件的基本概念和基本用法。
2. 请简述组件之间的交互方式有哪些。
3. 请简述如何实现组件的动态加载。
4. 请简述如何实现缓存的组件。

第 19 章 Vue.js 模板

在 Web 开发中，模板必不可少。模板是开发动态网页的基石。很多编程语言都提供了模板引擎，比如在 Java 领域，有 JSP、FreeMarker、Velocity、Thymeleaf 等。简单来说，将动态网页中静态的内容定义为模板标签，而将动态的内容定义为模板中的变量。这样就实现了模板不变，而模板渲染结果的内容会随着模板中变量的变化而变化。

19.1 模板概述

Vue.js 也有自己的模板，通过<template>标签来声明模板。在 Vue.js 中，使用的是基于 HTML 的模板语法。Vue 允许以声明方式将渲染的 DOM 绑定到组件实例的数据上。由于所有的 Vue.js 模板都是有效的 HTML 代码，因此可以用符合规范的浏览器和 HTML 解析器来解析 Vue.js 模板。

以下就是一个在 hello-world 应用中出现过的模板。

```
<h1>{{ msg }}</h1>
```

当模板进行渲染时，上述标签中的{{ msg }}内容被替代为对应组件实例中 msg 变量的实际值“Welcome to Your Vue.js App”。以下是最终模板被渲染成 HTML 的内容：

```
<h1> Welcome to Your Vue.js App</h1>
```

在底层的实现上，Vue 将模板编译成虚拟 DOM 渲染函数。结合响应性系统，Vue 能够智能地计算出最少需要重新渲染多少组件，并把 DOM 操作次数减到最少。

如果你熟悉虚拟 DOM，并且更喜欢使用 JavaScript 的原始功能，则可以不用模板，直接写渲染函数（render function），使用可选的 JSX 语法。当然，这不是本章的重点。

19.2　实例 67：插值

插值是模板最为基础的功能。所谓插值，是指把计算后的变量值插入指定位置的 HTML 元素标签中。比如下面的例子：

```
<h1>{{ msg }}</h1>
```

上述例子就是把 msg 的变量值插入<h1>标签元素中（替换掉{{ msg }}）。

Vue 提供了对文本、原生 HTML、Attribute、JavaScript 表达式等的插值支持。

本节的示例源码可以在 template-syntax-interpolation 应用中找到。

19.2.1　文本

数据绑定最常见的形式就是使用双大括号的文本插值（也称为 Mustache 语法）。还是以 hello-world 应用中出现过的模板为例：

```
<h1>{{ msg }}</h1>
```

上述标签将会被替代为对应组件实例中 msg 的值。无论何时，只要绑定的组件实例上 msg 发生了改变，插值处的内容都会自动更新。例如，将 msg 赋值如下：

```
private msg:string = "template-syntax-interpolation";
```

此时，界面显示效果如图 19-1 所示。

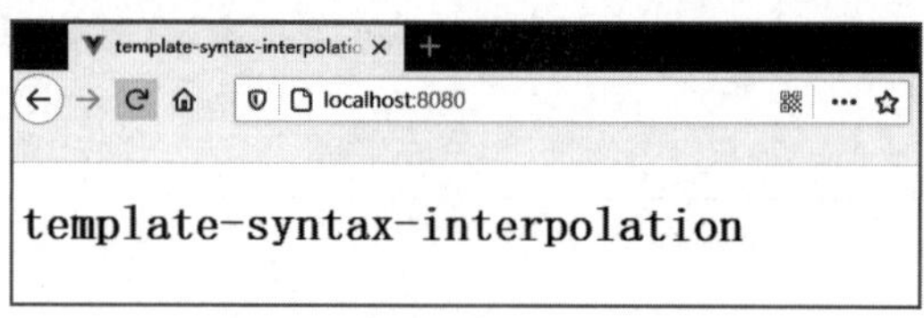

图 19-1　界面效果

当然，想限制插值处的内容不自动更新也是可以的，可以通过 v-once 指令来一次性地插值，示例如下：

```
<h1 v-once>{{ msg }}</h1>
```

有关 v-once 指令的内容，可以看后续章节的内容。

19.2.2　原生 HTML 代码

双大括号会将数据解释为普通文本，而非 HTML 代码。因此，为了能够输出原生的 HTML 代码，需要使用 v-html 指令。观察以下示例：

```
<template>
  <div>
    <!-- 输出原生的 HTML，需要使用 v-html 指令 -->
    <p>未使 v-html 指令：{{ rawHtml }}</p>
    <p>使 v-html 指令：<span v-html="rawHtml"></span></p>
  </div>
```

```
</template>

<script lang="ts">
import { Vue } from "vue-class-component";

export default class App extends Vue {
  private rawHtml: string = `<a href="https://waylau.com/">Welcome to
waylau.com</a>`;
}
</script>
```

上述代码对于相同的 rawHtml 内容，模板一处使用了 v-html 指令，而另一处没有。最终执行效果如图 19-2 所示。

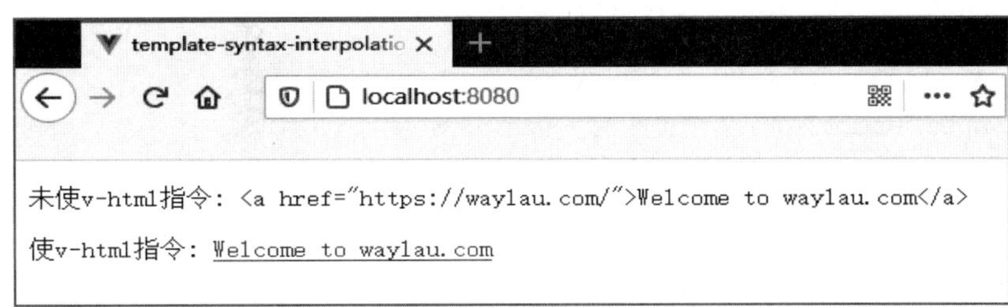

图 19-2　界面效果

从图 19-2 可以看到，这个<span>的内容将会被替换为原生 HTML 代码。

提 示

虽然 Vue 支持原生 HTML 代码，但在实际的项目中要加以限制。因为动态渲染任意的 HTML 代码是非常危险的，很容易导致 XSS 攻击。只对可信内容使用原生 HTML 代码插值，绝不要将用户提供的内容作为插值。

19.2.3　绑定 HTML attribute

双大括号不能在 HTML attribute 中使用。如果想绑定 HTML attribute，可以使用 v-bind 指令，示例如下：

```
<!-- 绑定 HTML attribute -->
<div v-bind:id="dynamicId"></div>
```

如果绑定值为 null 或未定义，则 attribute 将不包括在呈现的元素上。

对布尔 attribute 而言，它的存在则意味着 true。v-bind 的工作原理略有不同。例如：

```
<!-- 绑定布尔 attribute -->
<button v-bind:disabled="isButtonDisabled">Button</button>
```

如果 isButtonDisabled 的值是 null 或 undefined，则 disabled attribute 不会被包含在渲染出来的<button>标签元素中。

19.2.4　JavaScript 表达式

在前面的示例中，一直都只绑定简单的 property 键值，但实际上，对于所有的数据绑定，Vue.js 都提供了完全的 JavaScript 表达式支持。借助 JavaScript 表达式可以实现更加复杂的数据绑定，比如以下示例：

```
<template>
  <div>
    <!-- JavaScript 表达式 -->
    <p>运算：{{ age + 1 }}</p>
    <p>三元表达式：{{ areYouOk ? "YES" : "NO" }}</p>
    <p>字符串操作：{{ message.split("").reverse().join("") }}</p>
    <div v-bind:id="'list-' + listId"></div>
  </div>
</template>

<script lang="ts">
import { Vue } from "vue-class-component";

export default class App extends Vue {
  private age: number = 33;
  private areYouOk: boolean = false;
  private message: string =
    "战实发开用应级业企 sj.edoN 战实发开与析解理原 ytteN 战实构架级量轻用应网联互型大 战实发开用应级业企 ralugnA 析分例案及术技用常统系式布分";
  private listId: number = 111;
}
</script>
```

上面这些表达式会在当前活动实例的数据作用域下作为 JavaScript 被解析，解释后界面显示如图 19-3 所示。

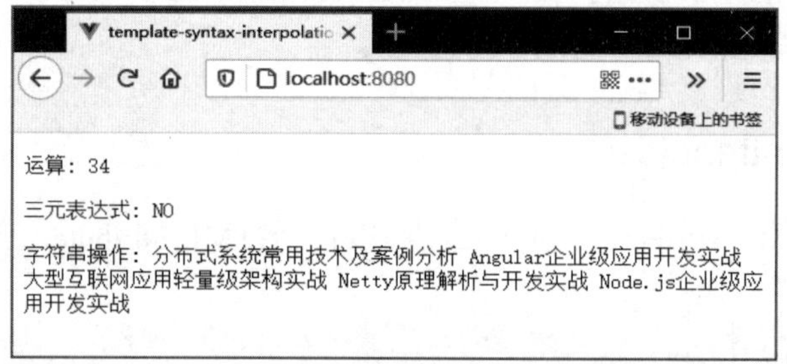

图 19-3　界面效果

19.3　实例 68：在模板中使用指令

指令是带有“v-”前缀的特殊 attribute。指令 attribute 的值应该是单个 JavaScript 表达式（v-for 和 v-on 除外，稍后将讨论）。指令的职责是，当表达式的值改变时，将其产生的连带影响响应式地作用于 DOM。比如，在前面章节中所介绍的 v-once、v-html 就是指令。

本节的示例源码可以在 template-syntax-directive 应用中找到。

19.3.1 参 数

一些指令能够接收一个参数，这个参数在指令名称之后以冒号表示。例如，下面的示例中 v-bind 指令可以用于响应式地更新 HTML attribute：

```
<template>
  <div>
    <!-- v-bind 指令 -->
    <p>
      <a v-bind:href="url">Welcome to waylau.com</a>
    </p>
  </div>
</template>

<script lang="ts">
import { Vue } from "vue-class-component";

export default class App extends Vue {
  private url: string = "https://waylau.com/";
}
</script>
```

在这里 href 是参数，告知 v-bind 指令将该元素的 href attribute 与表达式 url 的值绑定。

v-on 指令用于监听 DOM 事件：

```
<template>
  <div>
    <!-- v-on 指令 -->
    <p>
      <a v-on:click="doLog">doLog</a>
    </p>
  </div>
</template>

<script lang="ts">
import { Vue } from "vue-class-component";

export default class App extends Vue {
  doLog() {
    console.log("do logging...");
  }
}
</script>
```

在这里参数 click 是监听的事件名。后续章节还会更详细地讨论事件处理。

19.3.2 理解指令中的动态参数

也可以在指令参数中使用 JavaScript 表达式，方法是用方括号将 JavaScript 表达式括起来，这样就相当于实现了动态参数。

观察下面的例子：

```
<template>
  <div>
    <!-- v-on 指令，动态参数 -->
    <p>
      <a v-on:[eventName]="doLog">doLog</a>
    </p>
  </div>
</template>

<script lang="ts">
import { Vue } from "vue-class-component";

export default class App extends Vue {
  private eventName: string = "click";

  doLog() {
    console.log("do logging...");
  }
}
</script>
```

在上述例子中，当 eventName 的值为“click”时，v-on:[eventName] 等价于 v-on:click，即绑定了单击事件。

19.3.3　理解指令中的修饰符

修饰符（Modifier）是以英文句号“.”指明的特殊后缀，用于指出一个指令应该以特殊方式绑定。例如，“.prevent”修饰符告诉 v-on 指令对于触发的事件需要调用 event.preventDefault()，示例如下：

```
<!-- v-on 指令，修饰符 -->
<form v-on:submit.prevent="onSubmit">Submit</form>
```

19.4　实例 69：在模板中使用指令的缩写

“v-”前缀用来识别模板中 Vue 特定的 attribute。在使用 Vue.js 为现有标签添加动态行为时，“v-”前缀很有帮助。然而，对于一些频繁用到的指令来说，这样会让人感到烦琐。

本节的示例源码可以在 template-syntax-directive-shorthand 应用中找到。

19.4.1　使用 v-bind 缩写

以下是完整的 v-bind 指令的用法：

```
<!-- v-bind 指令 -->
<p>
   <a v-bind:href="url">Welcome to waylau.com</a>
</p>
```

缩写的 v-bind 指令的用法如下：

```
<!-- v-bind 指令缩写 -->
<p>
   <a :href="url">Welcome to waylau.com</a>
</p>
```

以下是采用了动态参数的缩写的 v-bind 指令的用法：

```
<!-- v-bind 指令缩写，动态参数 -->
<p>
   <a :[key]="url">Welcome to waylau.com</a>
</p>
```

19.4.2 使用 v-on 缩写

以下是完整的 v-on 指令的用法：

```
<!-- v-on 指令 -->
<p>
   <a v-on:click="doLog">doLog</a>
</p>
```

缩写的 v-on 指令的用法如下：

```
<!-- v-on 指令缩写 -->
<p>
   <a @click="doLog">doLog</a>
</p>
```

以下是采用了动态参数的缩写的 v-on 指令的用法：

```
<!-- v-on 指令缩写，动态参数 -->
<p>
   <a @[eventName]="doLog">doLog</a>
</p>
```

它们看起来可能与普通的 HTML 略有不同，但“:”与“@”对于 attribute 名来说都是合法字符，在所有支持 Vue 的浏览器中都能被正确地解析。而且，它们不会出现在最终渲染的标记中。缩写语法是完全可选的，但随着你更深入地了解它们的作用，你会庆幸拥有它们。

19.5 使用模板的一些约定

本节介绍使用模板需遵循的约定。

19.5.1 对动态参数值的约定

动态参数预期会求出一个字符串，在异常情况下值为 null，这个 null 值可以被显性地用于移除绑定，而其他非字符串类型的值在异常时则会触发一个警告。

19.5.2 对动态参数表达式的约定

动态参数表达式有一些语法约束，因为某些字符（如空格和引号）放在 HTML attribute 名里是无效的。例如：

```
<!-- 这会触发一个编译警告 -->

<a v-bind:['foo' + bar]="value"> ... </a>
```

变通的办法是，使用没有空格或引号的表达式，或用计算属性替代这种复杂表达式。

在 DOM 中使用模板时，还需要避免使用大写字符来命名键名，因为浏览器会把 attribute 名全部强制转为小写：

```
<!--
在 DOM 中使用模板时这段代码会被转换为'v-bind:[someattr]'。
除非在实例中有一个名为“someattr”的 property，否则代码不会工作。
-->

<a v-bind:[someAttr]="value"> ... </a>
```

19.5.3 对访问全局变量的约定

Vue 模板表达式都被放在沙盒中，只能访问全局变量的白名单，如 Math 和 Date。你不应该在模板表达式中试图访问用户定义的全局变量。

19.6 小 结

本章详细介绍了 Vue.js 模板的用法，包括插值和指令。

19.7 练 习 题

1. 请简述 Vue 模板的作用。
2. 请简述 Vue 支持哪几种插值。
3. 请简述在模板中使用指令有哪几种用法。
4. 请简述使用模板时的注意事项。

第 20 章

Vue.js 计算属性与监听器

第 19 章介绍了 Vue 模板，可以看到 Vue 模板提供了非常便利的表达式，但是设计它们的初衷是用于简单运算的。如果在模板中放入太多的逻辑，则会让模板过重且难以维护。本章所引入的计算属性与侦听器可以降低响应式数据处理的复杂性。

20.1 通过实例理解“计算属性”的必要性

例如，下面的例子有一个嵌套数组对象：

```
<script lang="ts">
import { Vue } from "vue-class-component";

export default class App extends Vue {
  private books: string[] = [
    "分布式系统常用技术及案例分析",
    "Spring Boot 企业级应用开发实战",
    "Spring Cloud 微服务架构开发实战",
    "Spring 5 开发大全",
    "分布式系统常用技术及案例分析（第 2 版）",
    "Cloud Native 分布式架构原理与实践",
    "Angular 企业级应用开发实战",
    "大型互联网应用轻量级架构实战",
    "Java 核心编程",
    "MongoDB+Express+Angular+Node.js 全栈开发实战派",
    "Node.js 企业级应用开发实战",
    "Netty 原理解析与开发实战",
    "分布式系统开发实战",
    "轻量级 Java EE 企业应用开发实战",
  ];

}
```

```
</script>
```

现在根据 books 的值来显示不同的消息：

```
<template>
  <div>
    <p>是否出版过书？</p>

    <!-- 未使用“计算属性” -->
    <P>{{ books.length > 0 ? "Yes" : "No" }}</P>
  </div>
</template>
```

此时，模板不再是简单的声明式了。必须先进一步仔细观察，才能意识到它执行的计算取决于 books.length。如果要在模板中多次包含此计算，则会让模板变得很复杂和难以理解。

所以，对于任何包含响应式数据的复杂逻辑，都建议使用“计算属性”（computed）。

20.2　实例 70：一个计算属性的例子

在 20.1 节计算属性的例子中，我们看到了如果在模板中放入太多的逻辑，会让模板过重且难以维护。接下来我们将 20.1 节的例子进行改造，引入计算属性。

本节的示例源码可以在 computed-basic 应用中找到。

20.2.1　声明计算属性

这里声明了一个计算属性 publishedBooksMessage，代码如下：

```
<template>
  <div>
    <p>是否出版过书？</p>

    <!-- 使用计算属性 -->
    <P>{{ publishedBooksMessage }}</P>
  </div>
</template>

<script lang="ts">
import { Vue } from "vue-class-component";

export default class App extends Vue {
  private books: string[] = [
    "分布式系统常用技术及案例分析",
    "Spring Boot 企业级应用开发实战",
    "Spring Cloud 微服务架构开发实战",
    "Spring 5 开发大全",
    "分布式系统常用技术及案例分析（第 2 版）",
    "Cloud Native 分布式架构原理与实践",
    "Angular 企业级应用开发实战",
```

```
    "大型互联网应用轻量级架构实战",
    "Java 核心编程",
    "MongoDB+Express+Angular+Node.js 全栈开发实战派",
    "Node.js 企业级应用开发实战",
    "Netty 原理解析与开发实战",
    "分布式系统开发实战",
    "轻量级 Java EE 企业应用开发实战",
  ];

  // 使用计算属性
  get publishedBooksMessage(): string {
    return this.books.length > 0 ? "Yes" : "No";
  }
}
</script>
```

上述代码中，计算属性采用的是 getter 函数。尝试更改应用程序中 books 数组的值，你将看到 publishedBooksMessage 如何相应地更改。可以像普通属性一样将数据绑定到模板的计算属性中。

20.2.2 模拟数据更改

如何演示更改 books 数组的值呢？可以在模板中增加一个按钮：

```
<button @click="clearData">清空数据</button>
```

当上述按钮被单击后，就会触发 clearData()方法的执行。clearData()方法的代码如下：

```
// 清空数据
clearData() {
    this.books = [];
}
```

图 20-1 展示的是清空数据前的界面效果。

图 20-1　清空数据前的界面效果

图 20-2 展示的是单击“清空数据”按钮后的界面效果。

图 20-2　清空数据后的界面效果

20.3　计算属性缓存与方法的关系

读者可能已经注意到了，在上一节计算属性的例子中，可以通过在表达式中调用方法来达到同样的效果：

```
<!-- 未使用计算属性，而是使用普通方法 -->
<P>{{ getPublishedBooksMessage() }}</P>



// 未使用计算属性，而是使用普通方法
getPublishedBooksMessage(): string {
  return this.books.length > 0 ? "Yes" : "No";
}
```

可以将同一函数定义为一个方法而不是一个计算属性，两种方式的最终结果确实是完全相同的，然而，不同的是计算属性是基于它们的反应依赖关系缓存的。计算属性只在相关响应式依赖发生改变时才会重新求值，这就意味着只要 books 数组还没有发生改变，多次访问 publishedBookMessage 计算属性会立即返回之前的计算结果，而不必再次执行函数。相比之下，每当触发重新渲染时，调用方法将总会再次执行函数。

换言之，计算属性起到了缓存的作用。

那么为什么需要缓存？

假设有一个性能开销比较大的计算属性列表，它需要遍历一个巨大的数组并进行大量的计算。然后可能有其他的计算属性依赖于计算属性列表。如果没有缓存，我们将不可避免地多次执行计算属性列表的计算方法。

20.4　为什么需要侦听器

虽然"计算属性"在大多数情况下更合适，但有时也需要一个自定义的侦听器（watch）。侦听器提供了一个更通用的方法来响应数据的变化，当需要在数据变化时执行异步或开销较大的操作时，侦听器是最有用的。

20.4.1　理解侦听器

使用 watch 选项可以执行异步操作（比如访问一个 API），限制执行该操作的频率，并在得到最终结果前设置中间状态，而这些都是"计算属性"无法做到的。

20.4.2　实例 71：一个侦听器的例子

观察下面的侦听器的例子：

```
<template>
  <div>
```

```
    <p>
      搜索：
      <input v-model="question" />
    </p>
    <div v-for="answer in answers" :key="answer">
      {{ answer }}
    </div>
  </div>
</template>

<script lang="ts">
import { Options, Vue } from "vue-class-component";

@Options({
  watch: {
    question(value: string) {
      this.getAnswer(value);
    },
  },
})
export default class App extends Vue {
  private question: string = "";
  private answers: string[] = [];

  private books: string[] = [
    "分布式系统常用技术及案例分析",
    "Spring Boot 企业级应用开发实战",
    "Spring Cloud 微服务架构开发实战",
    "Spring 5 开发大全",
    "分布式系统常用技术及案例分析（第 2 版）",
    "Cloud Native 分布式架构原理与实践",
    "Angular 企业级应用开发实战",
    "大型互联网应用轻量级架构实战",
    "Java 核心编程",
    "MongoDB+Express+Angular+Node.js 全栈开发实战派",
    "Node.js 企业级应用开发实战",
    "Netty 原理解析与开发实战",
    "分布式系统开发实战",
    "轻量级 Java EE 企业应用开发实战",
  ];

  // 当 question 变化时，触发该方法
  getAnswer(value: string): void {
    // 搜索输入的字符是否在数组内
    console.log("search:" + value);
    this.books.forEach((book) => {
      if (this.isContains(book, value)) {
        console.log("isContains:" + value);
        this.answers.push(book);
      } else {
        this.answers = [];
      }
```

```
    });
  }

  // 字符串是否包含指定的字符
  isContains(str: string, substr: string): boolean {
    return str.indexOf(substr) >= 0;
  }
}
</script>
```

在上述例子中，我们在@Options 注解中设置了 watch，用于侦听 question 变量。当用户在界面的输入框进行模糊搜索时，这会引起 question 变量的更改，此时就会被 watch 侦听到，继而触发 getAnswer()方法，将搜索的结果值回写到 answers 数组上。

isContains()是一个简单的判断字符串是否包含指定的字符的方法。

运行应用，在输入框中输入关键字进行搜索，可以看到界面效果如图 20-3 所示。

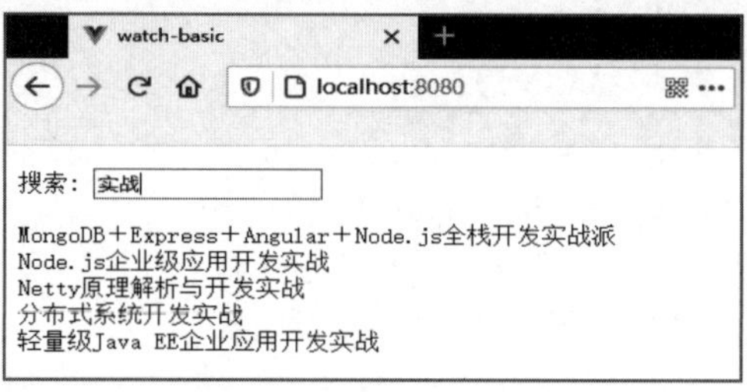

图 20-3　界面效果

本节的示例源码可以在 watch-basic 应用中找到。有关 watch 的内容还会在后续章节详细介绍。

20.5　小　结

本章介绍了 Vue.js 的计算属性与监听器，使用计算属性与监听器是为了解决使用模板令应用变得复杂和难以理解的问题。

20.6　练 习 题

1. 请简述使用计算属性的作用。
2. 请编写一个计算属性的实际例子。
3. 请简述使用监听器的作用。
4. 请编写一个监听器的实际例子。

第 21 章

Vue.js 表达式

Vue.js 表达式用于根据特定的条件来渲染不同的内容。使用 Vue.js 表达式时，可以更灵活地实现逻辑控制或运算。Vue.js 表达式主要包括条件表达式、for 循环表达式等。

21.1 条件表达式

本节主要介绍 Vue 的条件表达式。本节的示例源码可以在 expression-conditional 应用中找到。

21.1.1 实例 72：v-if 的例子

v-if 指令用于条件性地渲染一块内容，这块内容只会在指令的表达式返回 truthy 值的时候被渲染。观察如下示例：

```
<template>
  <!-- 使用 v-if -->
  <h1 v-if="isGood">Vue is good!</h1>
</template>

<script lang="ts">
import { Vue } from "vue-class-component";

export default class App extends Vue {
  private isGood: boolean = true;
}
</script>
```

最终显示效果如图 21-1 所示。

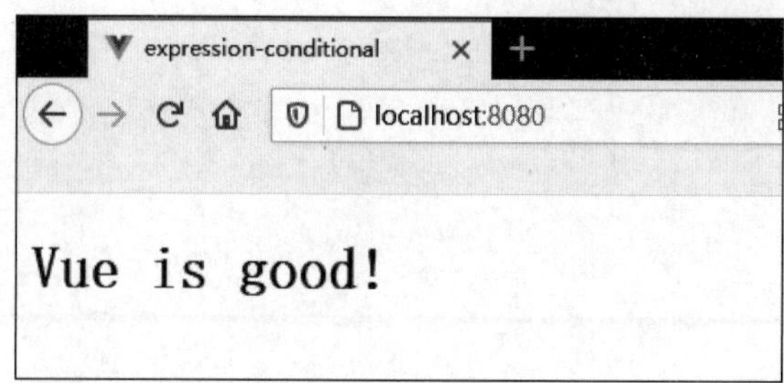

图 21-1 渲染效果

21.1.2 实例 73：v-else 的例子

可以使用 v-else 指令来表示 v-if 的 else 块。

观察如下示例：

```
<!-- 使用 v-else -->
<div v-if="Math.random() > 0.5">显示 A</div>
<div v-else>显示 B</div>
```

上述示例会根据 Math.random()所得到的随机数与 0.5 的比值来决定是“显示 A”还是“显示 B”。

21.1.3 实例 74：v-else-if 的例子

v-else-if 类似于 JavaScript 中的 else-if 块，可以连续使用：

```
<!-- 使用 v-else-if -->
<div v-if="score === 'A'">A</div>
<div v-else-if="score === 'B'">B</div>
<div v-else-if="score === 'C'">C</div>
<div v-else>D</div>
```

v-else-if 必须紧跟在带 v-if 或者 v-else-if 的元素之后，以及 v-else 之前。

21.1.4 实例 75：v-show 的例子

v-show 指令根据条件来决定是否展示元素，用法如下：

```
<template>
  <!-- 使用 v-show -->
  <h1 v-show="isDisplay">I am display!</h1>
</template>


<script lang="ts">
import { Vue } from "vue-class-component";

export default class App extends Vue {
  private isDisplay: boolean = true;
}
</script>
```

上述代码的运行效果如图 21-2 所示。

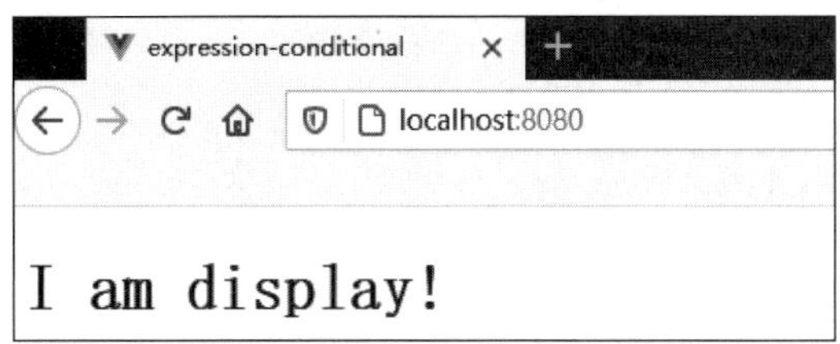

图 21-2 渲染效果

与 v-if 不同的是，带有 v-show 的元素始终会被渲染并保留在 DOM 中，v-show 只是简单地切换元素的 CSS property display。简而言之，v-show 只是用于控制元素是否显示的。

21.1.5 v-if 与 v-show 的关系

v-if 是“真正”的条件渲染，因为它会确保在条件块内的事件监听器和子组件适当地被销毁和重建。

v-if 也是惰性的。如果在初始渲染时条件为假，则什么也不做，直到条件第一次变为真时，才会开始渲染条件块。

相比之下，v-show 就简单得多，无论初始条件是什么，元素总是会被渲染，并且只是简单地基于 CSS 进行切换。

提示

一般来说，v-if 有更高的切换开销，而 v-show 有更高的初始渲染开销。因此，如果需要非常频繁地切换，则使用 v-show 较好；如果在运行时条件很少改变，则使用 v-if 较好。

21.2 for 循环表达式

for 循环表达式用于遍历一组元素。

本节的示例源码可以在 expression-for 应用中找到。

21.2.1 实例 76：v-for 遍历数组的例子

可以用 v-for 指令基于一个数组来渲染一个列表。示例如下：

```
<template>
  <div>
    <!-- 使用 v-for 遍历数组 -->
    <h1>老卫作品集合：</h1>
    <ul>
      <li v-for="book in books" :key="book">
        {{ book }}
      </li>
    </ul>
  </div>
</template>
```

```
<script lang="ts">
import { Vue } from "vue-class-component";

export default class App extends Vue {
  private books: string[] = [
    "分布式系统常用技术及案例分析",
    "Spring Boot 企业级应用开发实战",
    "Spring Cloud 微服务架构开发实战",
    "Spring 5 开发大全",
    "分布式系统常用技术及案例分析（第 2 版）",
    "Cloud Native 分布式架构原理与实践",
    "Angular 企业级应用开发实战",
    "大型互联网应用轻量级架构实战",
    "Java 核心编程",
    "MongoDB＋Express＋Angular＋Node.js 全栈开发实战派",
    "Node.js 企业级应用开发实战",
    "Netty 原理解析与开发实战",
    "分布式系统开发实战",
    "轻量级 Java EE 企业应用开发实战",
  ];
}
</script>
```

上述代码的运行效果如图 21-3 所示。

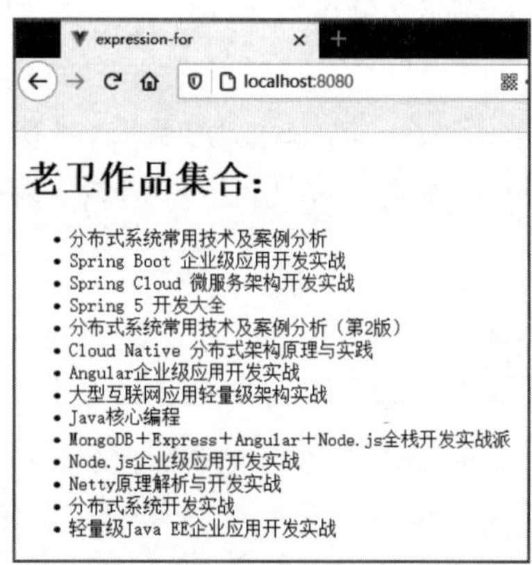

图 21-3　渲染效果

v-for 指令需要使用 book in books 形式的特殊语法，其中 books 是源数据数组，而 book 则是被迭代的数组元素的别名。

细心的读者应该已经注意到，在使用 v-for 的同时，还多了一个:key。该 key 用于标识元素的唯一性。有相同父元素的子元素必须有独特的 key，重复的 key 会造成渲染错误。如果不使用 key，Vue 会使用一种最大限度减少动态元素并且尽可能地尝试就地修改/复用相同类型元素的算法，而使用 key 时，它会基于 key 的变化重新排列元素的顺序，并且会移除/销毁 key 不存在的元素。

推荐在使用 v-for 时，始终要配合使用 key。

21.2.2　实例 77：v-for 遍历数组设置索引的例子

v-for 还支持一个可选的第 2 个参数（当前项的索引）。示例如下：

```
<template>
  <div>
    <!-- 使用 v-for 遍历数组，设置索引 -->
    <h1>老卫作品集合：</h1>
    <ul>
      <li v-for="(book, index) in books" :key="book">
        {{ index }} {{ book }}
      </li>
    </ul>
  </div>
</template>

<script lang="ts">
import { Vue } from "vue-class-component";

export default class App extends Vue {
  private books: string[] = [
    "分布式系统常用技术及案例分析",
    "Spring Boot 企业级应用开发实战",
    "Spring Cloud 微服务架构开发实战",
    "Spring 5 开发大全",
    "分布式系统常用技术及案例分析（第 2 版）",
    "Cloud Native 分布式架构原理与实践",
    "Angular 企业级应用开发实战",
    "大型互联网应用轻量级架构实战",
    "Java 核心编程",
    "MongoDB+Express+Angular+Node.js 全栈开发实战派",
    "Node.js 企业级应用开发实战",
    "Netty 原理解析与开发实战",
    "分布式系统开发实战",
    "轻量级 Java EE 企业应用开发实战",
  ];
}
</script>
```

上述代码中，第一个参数 book 是被迭代的数组元素的别名，而第二个参数 index 是被迭代的数组元素的索引。上述示例的运行效果如图 21-4 所示。

图 21-4　渲染效果

需要注意的是，索引 index 可以是任意的别名，比如 i 或者 k 都没有问题。索引是从 0 开始的。

21.2.3　实例 78：v-for 遍历对象 property 的例子

可以用 v-for 来遍历一个对象的 property。示例如下：

```
<template>
  <div>
    <!-- 使用 v-for 遍历对象-->
    <h1>女儿的信息：</h1>
    <ul>
      <li v-for="value in myDaughter" :key="value">
        {{ value }}
      </li>
    </ul>
  </div>
</template>

<script lang="ts">
import { Vue } from "vue-class-component";

export default class App extends Vue {
  private myDaughter: any = {
    name: "Cici",
    city: "Huizhou",
    birthday: "2014-06-23",
  };
}
</script>
```

上述代码的运行效果如图 21-5 所示。

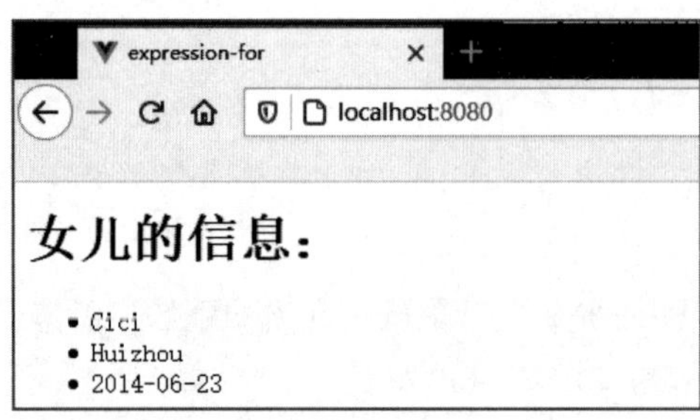

图 21-5　渲染效果

当然，也可以提供第 2 个参数为 property 名称。示例如下：

```
<!-- 使用 v-for 遍历对象，设置 property 名称-->
<h1>女儿的信息：</h1>
<ul>
    <li v-for="(value, name) in myDaughter" :key="value">
    {{ name }} {{ value }}
    </li>
</ul>
```

上述代码的运行效果如图 21-6 所示。

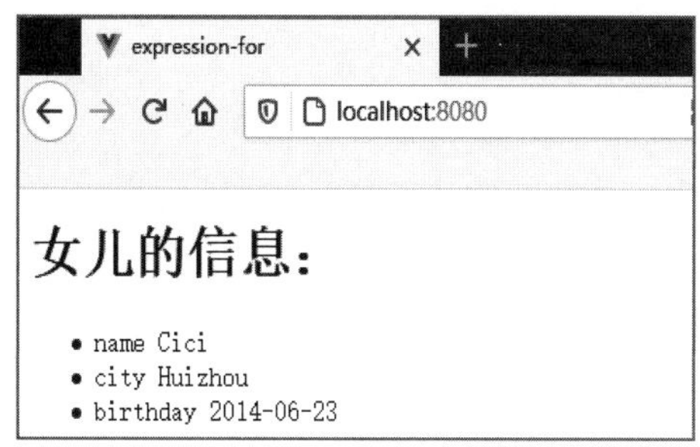

图 21-6 渲染效果

其中，图 21-6 显示的 name、city、birthday 皆为 myDaughter 对象的 property 名称。

还可以用第 3 个参数作为索引。示例如下：

```
<!-- 使用 v-for 遍历对象，设置 property 名称-->
<h1>女儿的信息：</h1>
<ul>
    <li v-for="(value, name, index) in myDaughter" :key="value">
    {{ index }} {{ name }} {{ value }}
    </li>
</ul>
```

上述代码的运行效果如图 21-7 所示。

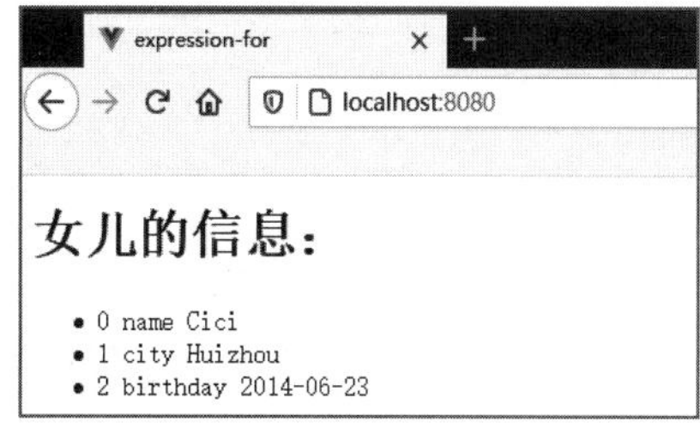

图 21-7 渲染效果

21.2.4 实例 79：数组过滤的例子

如果想显示一个数组经过过滤或排序后的版本，但不实际变更或重置原始数据，则可以创建一个“计算属性”来返回过滤或排序后的数组。

以下是一个数组过滤的例子：

```
<template>
  <div>
    <!-- 数组过滤 -->
    <h1>老卫作品集合，过滤书名大于 20 字符的：</h1>
    <ul>
      <li v-for="book in booksWithFilter" :key="book">
        {{ book }}
      </li>
    </ul>
  </div>
</template>
```

```
<script lang="ts">
import { Vue } from "vue-class-component";

export default class App extends Vue {
  private books: string[] = [
    "分布式系统常用技术及案例分析",
    "Spring Boot 企业级应用开发实战",
    "Spring Cloud 微服务架构开发实战",
    "Spring 5 开发大全",
    "分布式系统常用技术及案例分析（第 2 版）",
    "Cloud Native 分布式架构原理与实践",
    "Angular 企业级应用开发实战",
    "大型互联网应用轻量级架构实战",
    "Java 核心编程",
    "MongoDB＋Express＋Angular＋Node.js 全栈开发实战派",
    "Node.js 企业级应用开发实战",
    "Netty 原理解析与开发实战",
    "分布式系统开发实战",
    "轻量级 Java EE 企业应用开发实战",
  ];

  // 过滤，只保留书名长度大于 20 字符的数据
  get booksWithFilter() {
    return this.books.filter(book => book.length > 20)
  }
}
</script>
```

上述代码的运行效果如图 21-8 所示。可以看到，在这种情况下，它会遍历对应的次数。

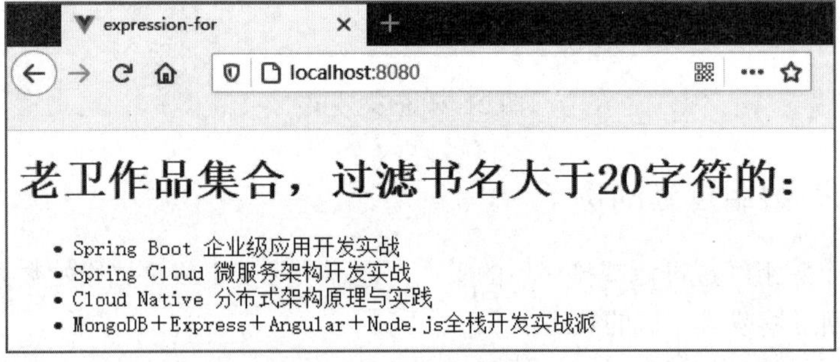

图 21-8　渲染效果

21.2.5　实例 80：使用值的范围的例子

v-for 也可以接受整数。在这种情况下，它会把模板重复对应的次数。示例如下：

```
<!-- 数组过滤 -->
<h1>使用值的范围：</h1>
<ul>
    <li v-for="num in 5" :key="num">
    {{ num }}
    </li>
</ul>
```

上述代码的运行效果如图 21-9 所示。

图 21-9　渲染效果

21.3　v-for 的不同使用场景

使用 v-for 时，还需要注意在不同使用场景下的用法。

本节的示例源码可以在 expression-for-scene 应用中找到。

21.3.1　实例 81：在<template>中使用 v-for 的例子

类似于 v-if，也可以利用带有 v-for 的<template>来循环渲染一段包含多个元素的内容。比如下面的例子：

```
<template>
  <div>
    <!-- 在 <template> 中使用 v-for -->
    <h1>老卫作品集合：</h1>
    <ul>
      <template  v-for="book in books" :key="book">
        <li><span>{{ book }}</span> {{ book.length }}</li>
      </template >
    </ul>
  </div>
</template>

<script lang="ts">
import { Vue } from "vue-class-component";

export default class App extends Vue {
  private books: string[] = [
    "分布式系统常用技术及案例分析",
    "Spring Boot 企业级应用开发实战",
    "Spring Cloud 微服务架构开发实战",
    "Spring 5 开发大全",
    "分布式系统常用技术及案例分析（第 2 版）",
    "Cloud Native 分布式架构原理与实践",
    "Angular 企业级应用开发实战",
```

```
      "大型互联网应用轻量级架构实战",
      "Java 核心编程",
      "MongoDB+Express+Angular+Node.js 全栈开发实战派",
      "Node.js 企业级应用开发实战",
      "Netty 原理解析与开发实战",
      "分布式系统开发实战",
      "轻量级 Java EE 企业应用开发实战",
    ];
  }
</script>
```

上述代码的运行效果如图 21-10 所示。

图 21-10　渲染效果

21.3.2　实例 82：v-for 与 v-if 一同使用的例子

当 v-for 与 v-if 一同使用时，若它们处于同一节点，v-if 的优先级比 v-for 更高，这意味着 v-if 将没法访问 v-for 中的变量。

观察下面的例子：

```
<!-- 该例子将抛出异常，因为 todo 还没有实例化 -->
<li v-for="todo in todos" v-if="!todo.isComplete">
  {{ todo }}
</li>
```

上述的例子将抛出异常，在执行 v-if 指令时，todo 还没有实例化。

解决方式是，把 v-for 移动到<template>标签中去，示例如下：

```
<template v-for="todo in todos">
  <li v-if="!todo.isComplete">
    {{ todo }}
  </li>
</template>
```

综上，不推荐在同一元素上使用 v-if 和 v-for。

21.3.3　实例 83：在组件上使用 v-for 的例子

在自定义组件上，可以像在任何普通元素上一样使用 v-for。

例如，我们有一个子组件 HelloWorld.vue，代码如下：

```
<template>
  <div class="hello">
    <h4>{{ msg }}</h4>
  </div>
</template>

<script lang="ts">
import { Options, Vue } from 'vue-class-component';

@Options({
  props: {
    msg: String
  }
})
export default class HelloWorld extends Vue {
  msg!: string
}
</script>
```

上述组件接收 msg 参数，作为模板的<h4>标签的内容。

根组件 App.vue 的代码如下：

```
<template>
  <div>
    <!-- 在组件上使用 v-for -->
    <HelloWorld v-for="book in books" :key="book" :msg="book"/>
  </div>
</template>

<script lang="ts">
import { Options, Vue } from 'vue-class-component';
import HelloWorld from './components/HelloWorld.vue';

@Options({
  components: {
    HelloWorld,
  },
})
export default class App extends Vue {
  private books: string[] = [
    "分布式系统常用技术及案例分析",
    "Spring Boot 企业级应用开发实战",
    "Spring Cloud 微服务架构开发实战",
    "Spring 5 开发大全",
    "分布式系统常用技术及案例分析（第 2 版）",
    "Cloud Native 分布式架构原理与实践",
    "Angular 企业级应用开发实战",
```

```
        "大型互联网应用轻量级架构实战",
        "Java 核心编程",
        "MongoDB+Express+Angular+Node.js 全栈开发实战派",
        "Node.js 企业级应用开发实战",
        "Netty 原理解析与开发实战",
        "分布式系统开发实战",
        "轻量级 Java EE 企业应用开发实战",
      ];
    }
</script>
```

从上面的代码看到，在 v-for 遍历 books 时，将 book 传递给了子组件的 msg。

上述代码的运行效果如图 21-11 所示。

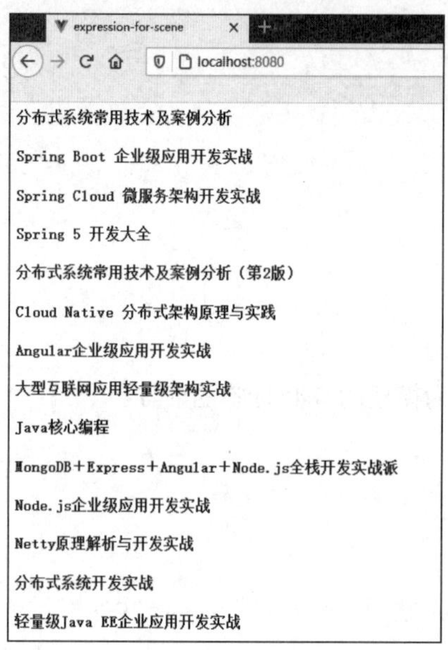

图 21-11　渲染效果

21.4　小　结

本章详细介绍了 Vue.js 表达式，包括条件表达式和 for 循环表达式。

21.5　练 习 题

1. 简述 Vue 条件表达式的类型。
2. 编写一个 Vue 条件表达式的例子。
3. 简述 Vue for 循环表达式的使用场景。
4. 编写一个 Vue for 循环表达式的例子。

第 22 章 Vue.js 事件

本章介绍 Vue.js 的事件。事件可以通知浏览器或用户某件事情的当前状态，是已经做完了，还是刚刚开始做。这样，浏览器或用户可以根据事件来决策下一步要做什么。

22.1 什么是事件

在 Web 开发中，事件并不陌生。事件可以是浏览器或用户做的某些事情。下面是 HTML 事件的一些例子：

- 加载HTML网页完成。
- HTML输入字段被修改。
- HTML按钮被单击。

通常在事件发生时，用户会希望根据这个事件做某件事，而 JavaScript 就承担着处理这些事件的角色。

为了更好地理解 Vue 事件，我们先从一个例子入手。本节的示例源码可以在 event-basic 应用中找到。

22.1.1 实例 84：监听事件的例子

以下是一个简单的监听事件的例子：

```
<template>
  <div>
    <button @click="counter += 1">+</button>
    <p>计数：{{ counter }}</p>
  </div>
</template>

<script lang="ts">
```

```
import { Vue } from "vue-class-component";

export default class App extends Vue {
  private counter: number = 0;
}
</script>
```

上面的代码比较简单：在按钮<button>上通过@click 的方式设置了一个单击事件，当该事件被触发时，会执行一段 JavaScript 表达式"counter +=1"使得变量 counter 递增。界面渲染效果如图 22-1 所示。

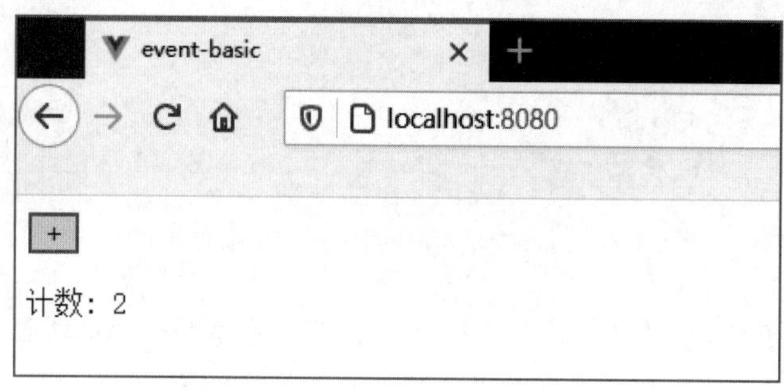

图 22-1　渲染效果

前面介绍过，@click 其实是 v-on:click 的缩写。

22.1.2　理解事件处理方法

在上述 event-basic 应用例子中，我们在@click 直接绑定了一个 JavaScript 表达式。然而大多数场景下，事件处理逻辑会比这复杂，因此不是所有的场景都合适直接把 JavaScript 代码写在 v-on 指令中。v-on 还可以接收一个需要调用的方法名称，比如以下示例：

```
<template>
  <div>
    <button @click="plusOne()">+</button>
    <p>计数: {{ counter }}</p>
  </div>
</template>

<script lang="ts">
import { Vue } from "vue-class-component";

export default class App extends Vue {
  private counter: number = 0;

  // 定义一个递增 1 的组件方法
  plusOne():void {
    this.counter++;
  }
}
</script>
```

在上述例子中，v-on 指令绑定了一个 plusOne()方法。当然，绑定的方法名称还可以进一步简化，省略“()”，如下：

```
<button @click="plusOne">+</button>
```

22.1.3　处理原始的 DOM 事件

有时也需要在内联语句处理器中访问原始的DOM事件。可以用特殊变量$event把原始的DOM事件传入方法中，示例如下：

```
<template>
  <div>
    <p>计数：{{ counter }}</p>
    <button @click="plus(3, $event)">+count</button>
  </div>
</template>

<script lang="ts">
import { Vue } from "vue-class-component";

export default class App extends Vue {
  private counter: number = 0;

  // 定义一个递增任意数的组件方法
  plus(count: number, event: Event) {
    this.counter += count;
    console.log("event:" + event.target);
  }
}
</script>
```

上述例子中定义了一个 plus 方法，该方法接收两个参数：

- count：要递增的数目。
- event：原始的DOM事件。

单击“+count”按钮，界面和控制台效果如图 22-2 所示。

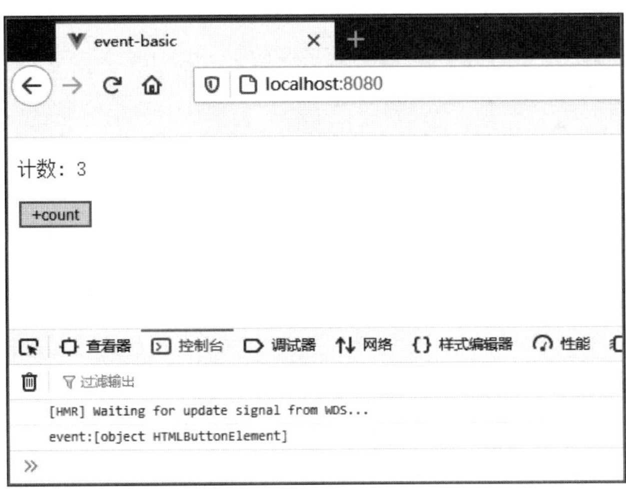

图 22-2　界面和控制台效果

22.1.4 为什么需要在 HTML 代码中监听事件

你可能注意到这种事件监听的方式违背了关注点分离（Separation of Concerns，SoC）。但不必担心，因为所有的 Vue.js 事件处理方法和表达式都严格绑定在当前视图的 ViewModel 上，它不会导致任何维护上的困难。实际上，在 HTML 中监听事件有以下几个好处：

- 在HTML模板能轻松定位在JavaScript代码中对应的方法。
- 因为无须在JavaScript中手动绑定事件，所以ViewModel代码可以是非常纯粹的逻辑，和DOM完全解耦，更易于测试。
- 当一个ViewModel被销毁时，所有的事件处理器都会自动被删除，而无须担心如何清理它们。

22.2 实例 85：多事件处理器的例子

一个事件对应一个处理器是比较常见的模式，但 Vue 的事件还支持一个事件对应多个处理器。示例如下：

```
<template>
  <div>
    <p>计数：{{ counter }}</p>
    <button @click="plusOne(), plus(3, $event)">+count</button>
  </div>
</template>

<script lang="ts">
import { Vue } from "vue-class-component";

export default class App extends Vue {
  private counter: number = 0;

  // 定义一个递增 1 的组件方法
  plusOne(): void {
    this.counter++;
    console.log("plusOne");
  }

  // 定义一个递增任意数的组件方法
  plus(count: number, event: Event) {
    this.counter += count;
    console.log("event:" + event.target);
  }
}
</script>
```

上述@click 同时绑定了 plusOne 和 plus 两个事件处理器。多个事件处理器用英文逗号“,”隔开。那么，当单击按钮时，plusOne 和 plus 都将会被执行。

单击“+count”按钮，界面和控制台效果如图 22-3 所示。

图 22-3　界面和控制台效果

从控制台日志可以看出，多个事件处理器的执行顺序是和在@click 中同时绑定的事件处理器的顺序是一致的。

本节的示例源码可以在“event-muti”应用中找到。

22.3　事件修饰符

在事件处理程序中调用 event.preventDefault()或 event.stopPropagation()是非常常见的需求。尽管可以在方法中轻松实现这点，但更好的方式是：方法只有纯粹的数据逻辑，而不是去处理 DOM 事件细节。

为了解决这个问题，Vue 为 v-on 提供了事件修饰符。

22.3.1　什么是事件修饰符

修饰符是由点开头的指令后缀来表示的。常见的事件修饰符有：

- .stop。
- .prevent。
- .capture。
- .self。
- .once。
- .passive。

以下是事件修饰符的使用示例：

```
<!-- 阻止单击事件继续传播 -->
<a @click.stop="doThis"></a>

<!-- 提交事件不再重载页面 -->
<form @submit.prevent="onSubmit"></form>
```

```
<!-- 修饰符可以串联 -->
<a @click.stop.prevent="doThat"></a>

<!-- 只有修饰符，没有处理器-->
<form @submit.prevent></form>

<!-- 添加事件监听器时使用事件捕获模式 -->
<!-- 即内部元素触发的事件先在此处理，然后才交由内部元素进行处理 -->
<div @click.capture="doThis">...</div>

<!-- 只当在 event.target 是当前元素自身时触发处理函数 -->
<!-- 即事件不是从内部元素触发的 -->
<div @click.self="doThat">...</div>

<!—单击事件将只会触发一次 -->
<a @click.once="doThis"></a>

<!-- 滚动事件的默认行为 (即滚动行为) 将会立即触发    -->
<!-- 而不会等待 'onScroll' 完成                     -->
<!-- 这其中包含 'event.preventDefault()' 的情况    -->
<div @scroll.passive="onScroll">...</div>
```

注 意　使用修饰符时，顺序很重要，相应的代码会以同样的顺序产生。因此，用 v-on:click.prevent.self 会阻止所有的单击，而 v-on:click.self.prevent 只会阻止对元素自身的单击。

.once 修饰符比较特殊，不像其他只能对原生的 DOM 事件起作用的修饰符，.once 修饰符还能被用到自定义的组件事件上。

.passive 修饰符尤其能够提升移动端的性能。需要注意的是，不要把.passive 和.prevent 一起使用，因为.prevent 将会被忽略，同时浏览器可能会向你展示一个警告。请记住，.passive 会告诉浏览器你不想阻止事件的默认行为。

22.3.2　理解按键修饰符

在监听键盘事件时，经常需要检查详细的按键。Vue 允许为键盘事件添加按键修饰符。示例如下：

```
<!-- 只有在 'key' 是 'Enter' 时调用 'vm.submit()' -->
<input @keyup.enter="submit" />
```

可以直接将 KeyboardEvent.key 暴露的任意有效按键名转换为修饰符。示例如下：

```
<input @keyup.page-down="onPageDown" />
```

在上述示例中，处理函数只会在$event.key 等于 PageDown 时被调用。

其他常用的理解按键修饰符还有：

- .enter。
- .tab。
- .delete。
- .esc。

- .space。
- .up。
- .down。
- .left。
- .right。

22.3.3 理解系统修饰键

系统修饰键是指仅在按下相应按键时才触发鼠标或键盘事件。系统修饰键包括：

- .ctrl。
- .alt。
- .shift。
- .meta。

使用示例如下：

```
<!-- Alt + Enter -->
<input @keyup.alt.enter="clear" />

<!-- Ctrl + Click -->
<div @click.ctrl="doSomething">Do something</div>
```

除上述系统修饰键外，还包括.exact 修饰符和鼠标按钮修饰符。

1. .exact修饰符

.exact 修饰符允许用户控制由精确的系统修饰符组合触发的事件。

```
<!-- 即使 Ctrl 与 Alt 或 Shift 被一同按下时也会触发 -->
<button @click.ctrl="onClick">A</button>

<!-- 有且只有 Ctrl 被按下的时候才触发 -->
<button @click.ctrl.exact="onCtrlClick">A</button>

<!-- 没有任何系统修饰符被按下的时候才触发 -->
<button @click.exact="onClick">A</button>
```

2. 鼠标按钮修饰符

鼠标按钮修饰符包括：

- .left。
- .right。
- .middle。

这些修饰符会限制处理函数仅响应特定的鼠标按钮。

22.4 小 结

本章详细介绍了 Vue 事件的概念、事件使用的例子以及事件修饰符。

22.5 练 习 题

1. 请简述什么是事件以及事件的作用。
2. 编写一个多事件处理器的例子。
3. 请简述什么是事件修饰符。

第 23 章

Vue.js 表单

表单是网页中最为普遍的功能，主要负责用户输入数据的采集。

23.1 理解表单输入绑定

Vue 支持用 v-model 指令在表单的<input>、<textarea>及<select>这些输入元素上创建双向数据绑定。它会根据控件类型自动选取正确的方法来更新元素。尽管这看上去有点神奇，但 v-model 本质上不过是语法糖。v-model 的本质是监听用户的输入事件并更新数据，以及对一些极端场景进行一些特殊处理。

v-model 会忽略所有表单元素的 value、checked、selected 等 attribute 的初始值，而总是将当前活动实例的数据作为数据来源。开发人员应该通过 JavaScript 在组件的 data 选项中声明初始值。

v-model 在内部为不同的输入元素使用不同的 property 并抛出不同的事件：

- 对于text和textarea元素，使用value property和input事件。
- 对于checkbox和radio元素，使用checked property和change事件。
- 对于select元素，将value作为prop，并将change作为事件。

23.2 实例 86：表单输入绑定的基础用法

本节介绍表单输入绑定的基础用法，包括文本、多行文本、复选框、单选框、选择框等。

本节的示例源码可以在 form-input-binding 应用下找到。

23.2.1 文本

文本是表单输入绑定的常见类型。以下是一个文本的例子：

```
<template>
  <div>
    <!--绑定文本-->
    <input v-model="message" placeholder="编辑消息" />
    <p>输入的消息是: {{ message }}</p>
  </div>
</template>

<script lang="ts">
import { Vue } from "vue-class-component";

export default class App extends Vue {
  private message: string = "";
}
</script>
```

上述例子中，字符串 message 就是要绑定的文本。当在<input>中输入内容改变 message 时，内容将会同步更新到下面的<p>的{{ message }}中。界面效果如图 23-1 所示。

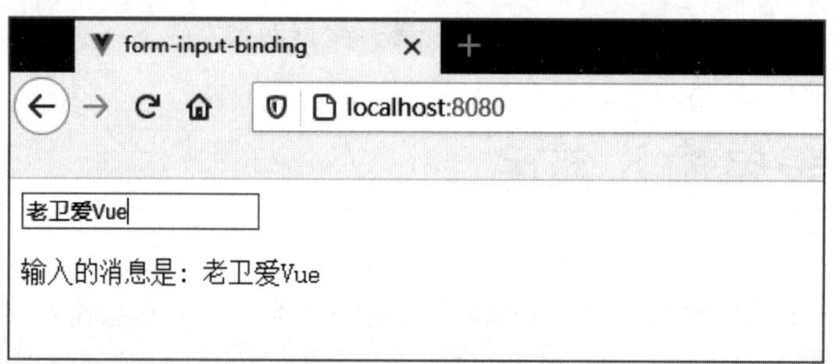

图 23-1　界面效果

23.2.2　多行文本

以下是一个多行文本的例子：

```
<template>
  <div>
    <!--绑定多行文本-->
    <textarea v-model="message" placeholder="编辑消息"></textarea>
    <p>输入的消息是: {{ message }}</p>
  </div>
</template>

<script lang="ts">
import { Vue } from "vue-class-component";

export default class App extends Vue {
  private message: string = "";
}
</script>
```

上述例子中，字符串 message 就是我们要绑定的文本。当我们在<textarea>输入内容改变 message 时，内容将会同步更新到下面的<p>的{{ message }}中。界面效果如图 23-2 所示。

图 23-2　界面效果

23.2.3　复选框

以下是一个单个复选框的例子：

```
<template>
  <div>
    <!--单个复选框，绑定到布尔值-->
    <input type="checkbox" id="checkbox" v-model="checked" />
    <label for="checkbox">是否选中：{{ checked }}</label>
  </div>
</template>

<script lang="ts">
import { Vue } from "vue-class-component";

export default class App extends Vue {
  private checked: boolean = true;
}
</script>
```

上述例子中，字符串 checked 就是我们要绑定的布尔值。当我们在 checkbox 上进行勾选或者取消勾选时，checked 的值将会同步更新到下面的<label>的{{ checked }}中。界面效果如图 23-3 和图 23-4 所示。

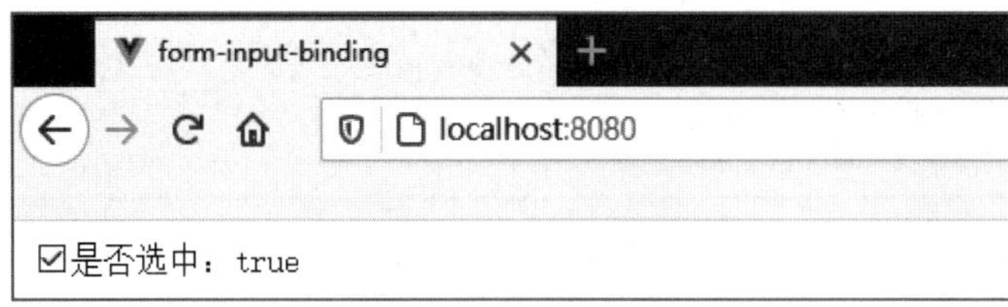

图 23-3　勾选的效果

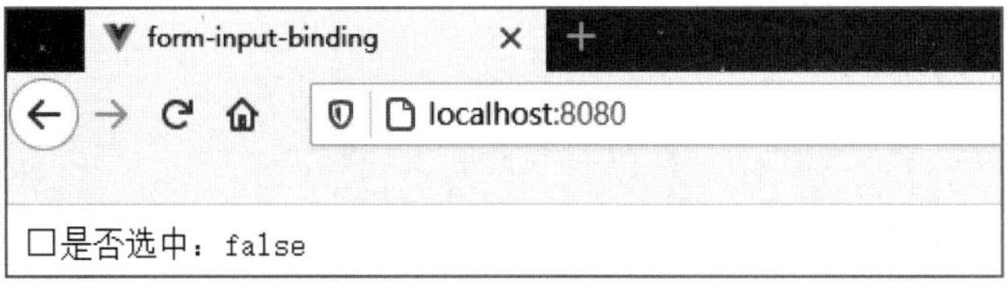

图 23-4　取消勾选的效果

当然，也支持多个复选框绑定到同一个数组。示例如下：

```
<template>
  <div>
    <!--多个复选框，绑定到同一个数组-->
    <div>
      <input type="checkbox" id="baozi" value="包子" v-model="checkedNames" />
      <label for="baozi">包子</label>
      <input type="checkbox" id="cake" value="蛋糕" v-model="checkedNames" />
      <label for="cake">蛋糕</label>
      <input
        type="checkbox"
        id="tangyuan"
        value="汤圆"
        v-model="checkedNames"
      />
      <label for="tangyuan">汤圆</label>
      <br />
      <span>点菜：{{ checkedNames }}</span>
    </div>
  </div>
</template>

<script lang="ts">
import { Vue } from "vue-class-component";

export default class App extends Vue {
  private checkedNames: string[] = [];
}
</script>
```

上述例子中，字符串数组 checkedNames 就是我们要绑定的。当我们在 checkbox 上进行勾选或者取消勾选时，checked 的值将会同步更新到下面的{{ checkedNames }}中。界面效果如图 23-5 所示。

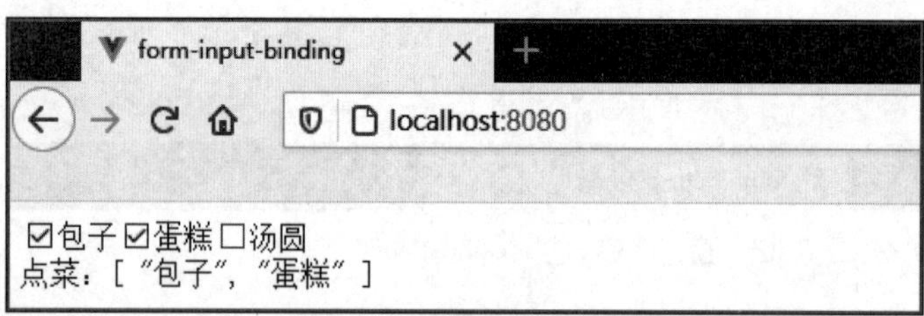

图 23-5　勾选的效果

23.2.4　单选框

以下是一个单选框的例子：

```
<template>
  <div>
    <!--单选框，绑定到同一个值-->
    <div>
      <input type="radio" id="good" value="红星高照" v-model="picked" />
```

```
      <label for="good">红星高照</label>
      <br />
      <input type="radio" id="bad" value="霉运临头" v-model="picked" />
      <label for="bad">霉运临头</label>
      <br />
      <span>预测今日运势：{{ picked }}</span>
    </div>
  </div>
</template>

<script lang="ts">
import { Vue } from "vue-class-component";

export default class App extends Vue {
  private picked: string = "";
}
</script>
```

上述例子中，字符串 picked 就是我们要绑定的值。当我们在 radio 上进行选择时，picked 的值将会同步更新到下面的{{ picked }}中。界面效果如图 23-6 所示。

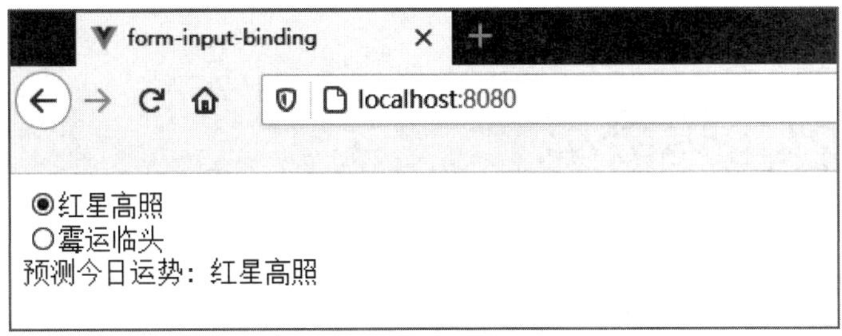

图 23-6　界面效果

23.2.5　选择框

以下是一个选择框的例子：

```
<template>
  <div>
    <!--选择框，绑定到同一个值-->
    <div>
      <select v-model="selected">
        <option disabled value="">选择一个套餐</option>
        <option>A</option>
        <option>B</option>
        <option>C</option>
      </select>
      <span>选择的套餐是：{{ selected }}</span>
    </div>
  </div>
</template>

<script lang="ts">
import { Vue } from "vue-class-component";
```

```
export default class App extends Vue {
  private selected: string = "";
}
</script>
```

上述例子中，字符串 selected 就是我们要绑定的值。当我们在 select 上进行选择时，selected 的值将会同步更新到下面的{{ selected }}中。界面效果如图 23-7 所示。

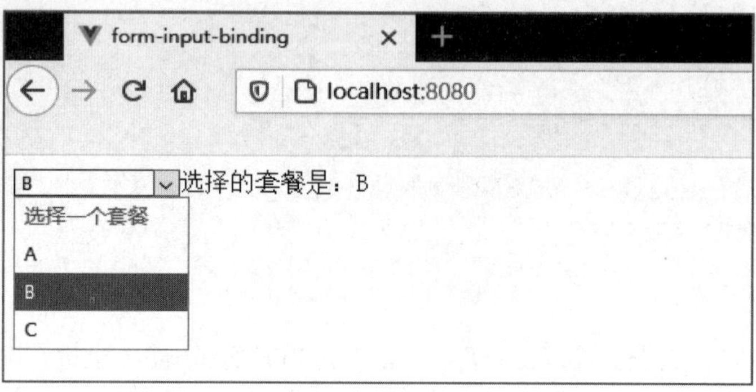

图 23-7 界面效果

23.3 实例 87：值绑定

在前一节我们了解到，对于单选按钮、复选框及选择框的选项，v-model 绑定的值通常是静态字符串（对于复选框也可以是布尔值）。但是有时我们可能想把值绑定到当前活动实例的一个动态 property 上，这时可以用 v-bind 实现。此外，使用 v-bind 可以将输入值绑定到非字符串。

本节的示例源码可以在 form-input-binding-value-binding 应用下找到。

23.3.1 复选框

以下是一个复选框的例子：

```
<template>
  <!--单个复选框，绑定到动态 property 上-->
  <div>
    <input
      type="checkbox"
      id="checkbox"
      v-model="toggle"
      true-value="yes"
      false-value="no"
    />
    <label for="checkbox">是否选中：{{ toggle }}</label>
  </div>
</template>

<script lang="ts">
```

```
import { Vue } from "vue-class-component";

export default class App extends Vue {
  private toggle: string = "yes";
}
</script>
```

上述例子中，字符串 toggle 就是我们要绑定的文本，同时绑定 true 值到 yes，绑定 false 值到 no。当 toggle 的值为 yes 时，界面效果如图 23-8 所示。

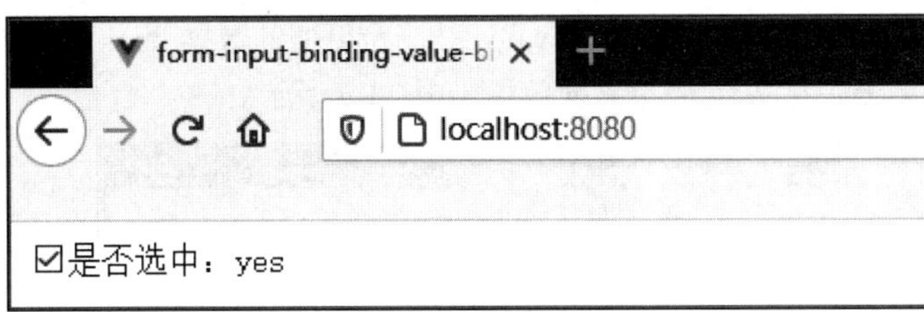

图 23-8　界面效果

23.3.2　单选框

以下是一个单选框的例子：

```
<template>
  <!--单选框，绑定到动态 property 上-->
  <div>
    <label v-for="book in books" :key="book">
      <input type="radio" v-model="picked" v-bind:value="book" />
      {{ book }}
      <br />
    </label>

    <br />
    <span>选中：{{ picked }}</span>
  </div>
</template>

<script lang="ts">
import { Vue } from "vue-class-component";

export default class App extends Vue {
  private picked: string = "";

  private books: string[] = [
    "分布式系统常用技术及案例分析",
    "Spring Boot 企业级应用开发实战",
    "Spring Cloud 微服务架构开发实战",
    "Spring 5 开发大全",
    "分布式系统常用技术及案例分析（第 2 版）",
    "Cloud Native 分布式架构原理与实践",
    "Angular 企业级应用开发实战",
    "大型互联网应用轻量级架构实战",
```

```
    "Java 核心编程",
    "MongoDB+Express+Angular+Node.js 全栈开发实战派",
    "Node.js 企业级应用开发实战",
    "Netty 原理解析与开发实战",
    "分布式系统开发实战",
    "轻量级 Java EE 企业应用开发实战",
  ];
}
</script>
```

上述例子中，通过 v-bind 绑定 value，而 value 是一个可变的数据 book，book 是通过 v-for 遍历生成的。v-bind:value 也可以简化为:value。界面效果如图 23-9 所示。

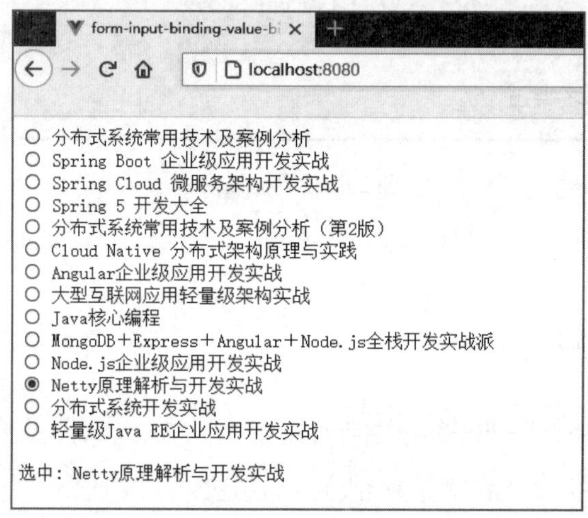

图 23-9　界面效果

23.3.3　选择框

以下是一个选择框的例子：

```
<template>
  <!--选择框，绑定到动态 property 上-->
  <div>
    <select v-model="selected">
      <option disabled value="">选择一本书</option>
      <option v-for="book in bookList" :key="book.id" v-bind:value="book.id">
        {{ book.label }}
      </option>
    </select>
    <span>选择的套餐是：{{ selected }}</span>
  </div>
</template>

<script lang="ts">
import { Vue } from "vue-class-component";

export default class App extends Vue {
  private selected: string = "";
  private bookList: any[] = [
    {
```

```
      id: 1,
      label: "Spring Boot 企业级应用开发实战",
    },
    {
      id: 2,
      label: "Spring Cloud 微服务架构开发实战",
    },
    {
      id: 3,
      label: "Spring 5 开发大全",
    },
    {
      id: 4,
      label: "Netty 原理解析与开发实战",
    },
  ];
}
</script>
```

上述例子中，字符串 selected 就是我们要绑定的值，将其通过 v-bind:value 绑定到动态 property 上。本例的动态 property 是指 book.id。当我们在<select>上进行选择时，selected 的值将会同步更新到下面的{{ selected }}中。界面效果如图 23-10 所示。

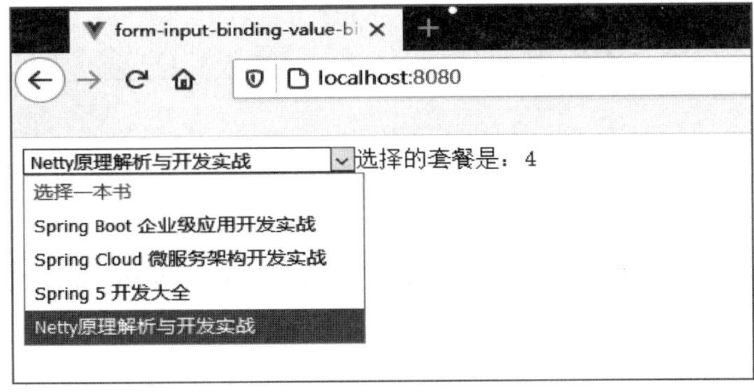

图 23-10　界面效果

23.4　小　结

本章详细介绍了 Vue.js 表单的用法，包括表单输入绑定和值绑定。

23.5　练 习 题

1. 请简述什么是表单的输入绑定。
2. 请编写一个表单输入绑定的例子。
3. 请编写一个表单值绑定的例子。

第 24 章

Vue.js HTTP 客户端

本章介绍如何在 Vue 中使用 HTTP 客户端来访问 HTTP 资源。

24.1 初识 HttpClient

大多数前端应用都具有通过 HTTP 协议与后端服务器或者网络资源的通信机制。现代浏览器原生提供了 XMLHttpRequest 接口和 Fetch API 以实现上述功能。

有关的 Fetch API 详细内容，可以参见 https://developer.mozilla.org/zh-CN/docs/Web/API/Fetch_API。

在 Vue.js 中，支持使用 axios 来为 Vue 应用程序提供 HTTP 客户端功能。axios 包含以下特性：

- 处理从浏览器发出的XMLHttpRequest请求。
- 处理从Node.js发出的HTTP请求。
- 支持Promise API。
- 能够拦截请求和响应。
- 能够转换请求和响应数据。
- 支持取消请求。
- 支持JSON数据的自动转换。
- 客户端支持防止XSRF。

要在 Vue 中使用 axios，需要引入 vue-axios 框架。安装 vue-axios 框架非常简单，只需要在应用中执行以下命令即可：

```
npm install --save axios vue-axios
```

24.2　认识网络资源

为了演示如何通过 HttpClient 来获取网络资源，笔者在互联网上找到了一个简单的 API。该资源的地址为 https://waylau.com/data/people.json。当访问该资源时，可以返回如下的 JSON 格式数据：


```
[{"name": "Michael"},
{"name": "Andy Huang","age": 25,"homePage": "https://waylau.com/books"},
{"name": "Justin","age": 19},
{"name": "Way Lau","age": 35,"homePage": "https://waylau.com"}]
```


其中：

- name代表用户的姓名。
- age指用户的年龄。
- homePage代表用户的主页。

24.3　实例 88：获取 API 数据

本节演示如何通过 vue-axios 来获取 API 数据。

本节的示例源码可以在 vue-axios-demo 应用下找到。

24.3.1　引入 vue-axios

为了引入 vue-axios 框架，在应用根目录下执行如下命令：

```
npm install --save axios vue-axios
```

24.3.2　获取 API 数据

修改 App.vue 文件如下：

```
<script lang="ts">
import { Vue } from "vue-class-component";
import axios from "axios";

export default class App extends Vue {
  // 人员信息列表
  private peopleArray: any[] = [];

  // API 地址
  private apiUrl:string = "https://waylau.com/data/people.json";

  // 初始化时就要获取数据
  mounted() {
    this.getData();
  }

  getData() {
    axios
      .get(this.apiUrl)
      .then((response) => (this.peopleArray = response.data));
```

```
  }

}
</script>
```

在上述修改中：

- peopleArray变量定义了人员信息列表。
- 在类文件中初始化，会执行mounted()生命周期，同时会调用getData()方法。
- getData()方法会通过axios访问apiUrl的地址，从而获取从地址返回的JSON数据。

修改 App.vue 文件中的模板信息如下：

```
<template>
  <div>
    <!-- 使用 v-for 遍历数组 -->
    <h1>人员集合：</h1>
    <ul>
      <li v-for="people in peopleArray" :key="people">
        {{ people.name }} {{ people.age }} {{ people.homePage }}
      </li>
    </ul>

  </div>
</template>
```

上述模板信息比较简单，只是将 peopleArray 中的数据都遍历显示出来。

24.3.3　运行应用

运行应用后，可以看到应用效果如图 24-1 所示。

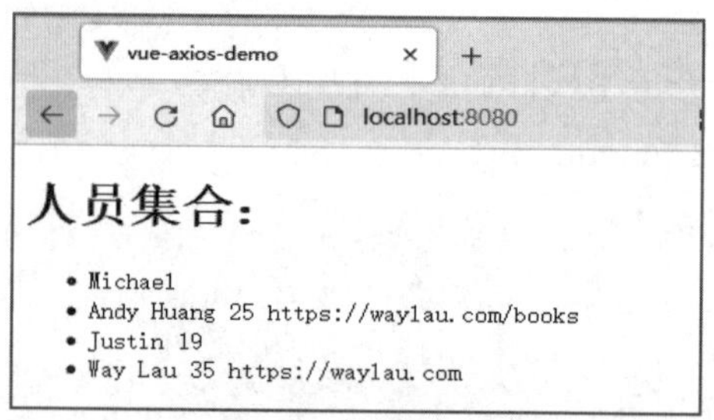

图 24-1　页面效果

24.4　小　结

本章介绍了如何通过 vue-axios 来访问 HTTP API 的过程。

24.5　练 习 题

编写一个示例，通过 vue-axios 来访问一个指定的 HTTP API。

第 25 章 实战：基于 Vue.js 和 Node.js 的互联网应用

从本章开始，将演示如何基于 Vue.js 和 Node.js 架构从零开始实现一个真实的互联网应用——“新闻头条”。

该应用是一款类新闻头条的新闻资讯类应用，整个应用分为客户端 news-ui 和服务端 news-server 两部分。

25.1 应用概述

本章开发的是一款新闻资讯类手机应用，所实现的功能与市面上的新闻头条等类似，主要供用户阅读实时的新闻信息。

“新闻头条”采用当前互联网应用流行的前后台分离技术，所采用的技术都来自 Vue.js+Node.js 全栈开发架构。

“新闻头条”分为前台客户端应用 news-ui 和后台服务器应用 news-server。news-ui 主要采用以 Vue.js、Naive UI、md-editor-v3 为主要技术的前端框架，news-server 采用 Express、Node.js、basic-auth 等技术。

news-ui 部署在 Nginx 中，实现负载均衡。news-server 部署在 Node.js 中。前后台应用通过 REST API 进行通信。应用数据存储在 MongoDB 中。整体架构如图 25-1 所示。

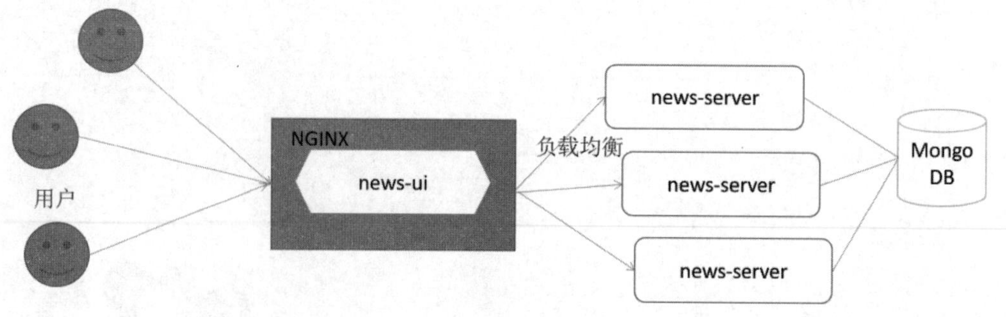

图 25-1 “新闻头条”整体架构

25.1.1 “新闻头条”的核心功能

“新闻头条”主要包含的功能有登录认证、新闻管理、新闻列表的展示、新闻详情的展示等。

- 登录认证：普通用户访问应用无须认证，后台管理员通过登录认证访问后台管理操作。
- 新闻管理：可以实现新闻的发布，该操作需要用户认证才能执行。
- 新闻列表的展示：在应用的首页展示新闻的标题列表。
- 新闻详情的展示：当用户单击新闻的列表项后，可跳转到新闻详情页面以展示新闻的详情。

25.1.2 初始化数据库

应用数据存储在 MongoDB 中，因此首先需要创建一个名为 nodejsBook 的数据库。可以通过下面的命令来创建并使用这个数据库：

```
> use nodejsBook
switched to db nodejsBook
```

在本应用中主要涉及两个文档：user 和 news。其中 user 文档用于存储用户信息，而 news 文档用于存储新闻详情。

25.2 模型设计

用户和新闻的数据模型设计完成之后，就可以进行用户模型和新闻模型的设计了。本书推荐采用 POJO 的编程模式针对用户表和新闻表分别建立用户模型和新闻模型。

25.2.1 用户模型设计

用户模型用 User 类表示。代码如下：

```
export class User {

    constructor(
        public userId: number,
        public username: string, // 账号
        public password: string,  // 密码
```

```
        public email: string // 邮箱
    ) { }
}
```

25.2.2 新闻模型设计

新闻模型用 News 类表示。代码如下：

```
export class News {

    constructor(
        public newsId: number,
        public title: string,    // 标题
        public content: string,  // 内容
        public creation: Date    // 日期
    ) { }
}
```

25.3 接口设计

接口设计主要涉及两方面：内部接口设计和外部接口设计。其中，内部接口设计又可以细分为服务接口和 DAO 接口，外部接口设计主要是指提供给外部应用访问的 REST 接口。

下面主要针对外部应用访问的 REST 接口进行定义。

- GET /admins/hi：用于验证用户是否登录认证通过，如果没有通过，则弹出登录框。
- POST /admins/news：用于创建新闻。
- GET /news：用于获取新闻列表。
- GET /news/:newsId：用于获取指定newsId的新闻详情。

25.4 权限管理

为力求简洁，本书中的示例采用的是基本认证的方式。

浏览器对基本认证提供了必要的支持：

- 当用户发送登录请求后，如果后台服务对用户信息认证失败，则会响应401状态码给客户端（浏览器），则浏览器会自动弹出登录框，要求用户再次输入账号和密码。
- 如果认证通过，则登录框会自动消失，用户可以进行进一步的操作。

25.5 小 结

本章主要介绍基于 Vue.js 和 Node.js 架构的互联网应用“新闻头条”的整体架构设计，主要涉及应用架构设计、模型设计、接口设计、权限管理等内容。

25.6 练 习 题

请简述一个完整的互联网应用应该如何设计，包含哪些内容。

第 26 章

实战：前端 UI 客户端应用

news-ui 是前端 UI 客户端应用，主要使用 Vue.js、Naive UI、md-editor-v3 等技术框架实现。本章详细介绍 news-ui 的实现过程。

26.1 前端 UI 设计

news-ui 是一个汇聚热点新闻的 Web 应用。该应用采用 Vue.js、Naive UI、md-editor-v3 等作为主要实现技术，通过调用 news-server 所提供的 REST 接口服务来将新闻数据在应用中展示出来。

news-ui 应用主要面向的是手机用户，即屏幕应能在宽屏、窄屏之间实现响应式缩放。

news-ui 大致分为首页、新闻详情页两大部分。其中，首页用于展示新闻的标题列表。通过单击首页的列表中的标题能够重定向到该新闻的详情页面。

26.1.1 首页 UI 设计

首页包括新闻列表部分，效果如图 26-1 所示。

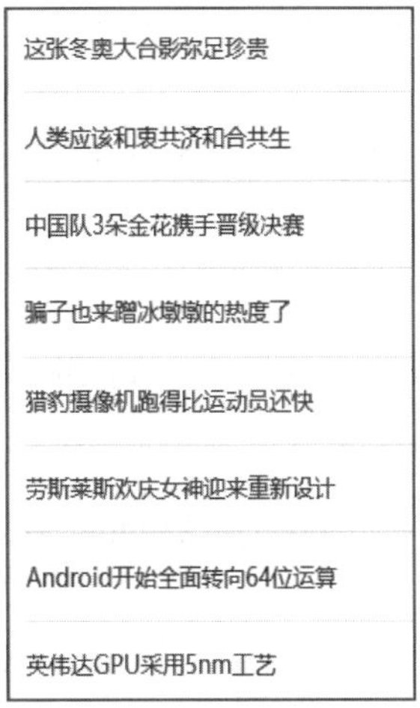

图 26-1 首页界面

在首页应能展示新闻列表。新闻列表主要由新闻标题组成。

26.1.2　新闻详情页 UI 设计

当在首页单击新闻列表条目时，应该能进入新闻详情页。新闻详情页主要用于展示新闻的详细内容，其效果如图 26-2 所示。

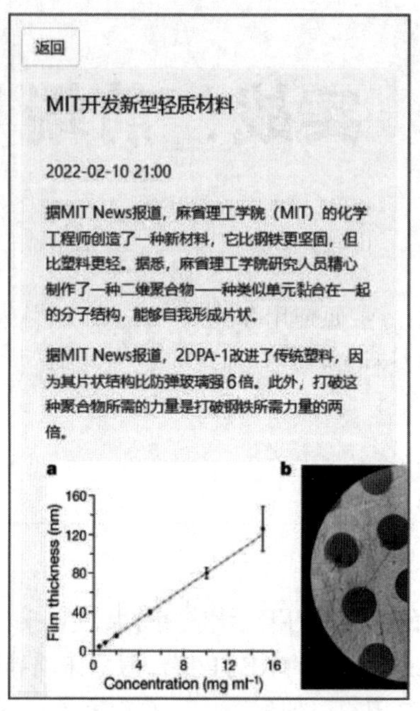

图 26-2　新闻详情页界面

新闻详情页包含返回按钮、新闻标题、新闻发布时间、新闻正文等方面的内容。其中，单击返回按钮可以返回首页（前一次访问记录）。

26.2　实现 UI 原型

本节介绍如何从零开始初始化前台客户端应用的 UI 原型。

26.2.1　初始化 news-ui

通过 Vue CLI 工具可以快速初始化 Vue 应用的骨架。执行：

```
vue create news-ui
```

执行“npm run serve”启动该应用，可以在浏览器 http://localhost:8080/访问该应用。效果如图 26-3 所示。

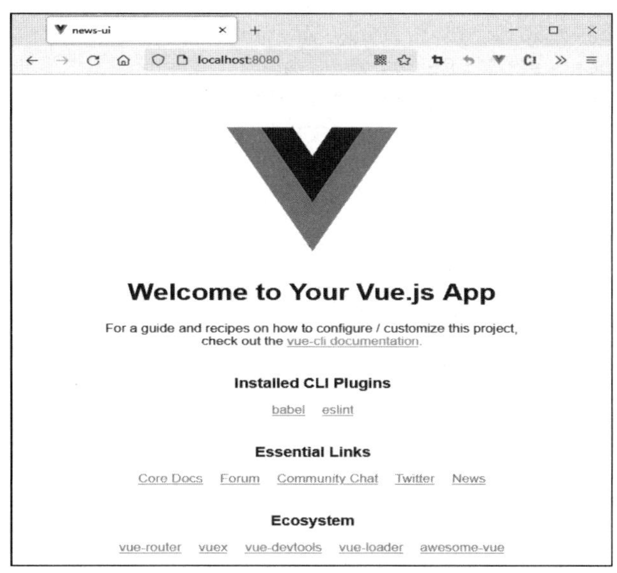

图 26-3　运行界面

26.2.2　添加 Naive UI

为了提升用户体验，需要在应用中引入一款成熟的 UI 组件。目前，市面上有非常多的 UI 组件可供选择，比如 Ant Design Vue、Vuetify、iView、Naive UI 等。这些 UI 组件各有优势。本例采用 Naive UI，主要考虑到该 UI 组件是天然支持 Vue 3 的，且帮助文档、社区资源非常丰富，对于开发者而言非常友好。

Naive UI 具备如下特性：

- 比较完整。有超过70个组件，希望能帮用户少写点代码。它们全都可以Tree Shaking（摇树优化）。
- 主题可调。提供了一个使用TypeScript构建的先进的类型安全主题系统。只需要提供一个样式覆盖的对象，剩下的都交给Naive UI即可。
- 使用TypeScript。Naive UI全量使用TypeScript编写，和用户的TypeScript项目无缝衔接。顺便一提，不需要导入任何CSS就能让组件正常工作。
- 不算太慢。至少select、tree、transfer、table、cascader都可以用虚拟列表。

使用 Naïve UI 需要安装两个库：naive-ui 组件库和字体库。在 Vue 应用根目录下执行如下命令即可：

```
npm i -D naive-ui

npm i -D vfonts
```

使用 Naive UI 时，可以按需导入组件模块。以 Button（按钮）控件为例，如果要在应用中使用 Button 控件，那么只需要引入 Naive UI 的 NButton 组件即可。

以下是在 App 组件中使用 NButton 组件的示例：

```
<template>
  <n-button>Default</n-button>
```

```
    <n-button type="primary">Primary</n-button>
    <n-button type="info">Info</n-button>
    <n-button type="success">Success</n-button>
    <n-button type="warning">Warning</n-button>
    <n-button type="error">Error</n-button>
</template>

<script lang="ts">
import { Options, Vue } from 'vue-class-component';
import { NButton } from 'naive-ui'

@Options({
  components: {
    NButton,
  },
})
export default class App extends Vue {}
</script>
```

最终界面效果如图 26-4 所示。

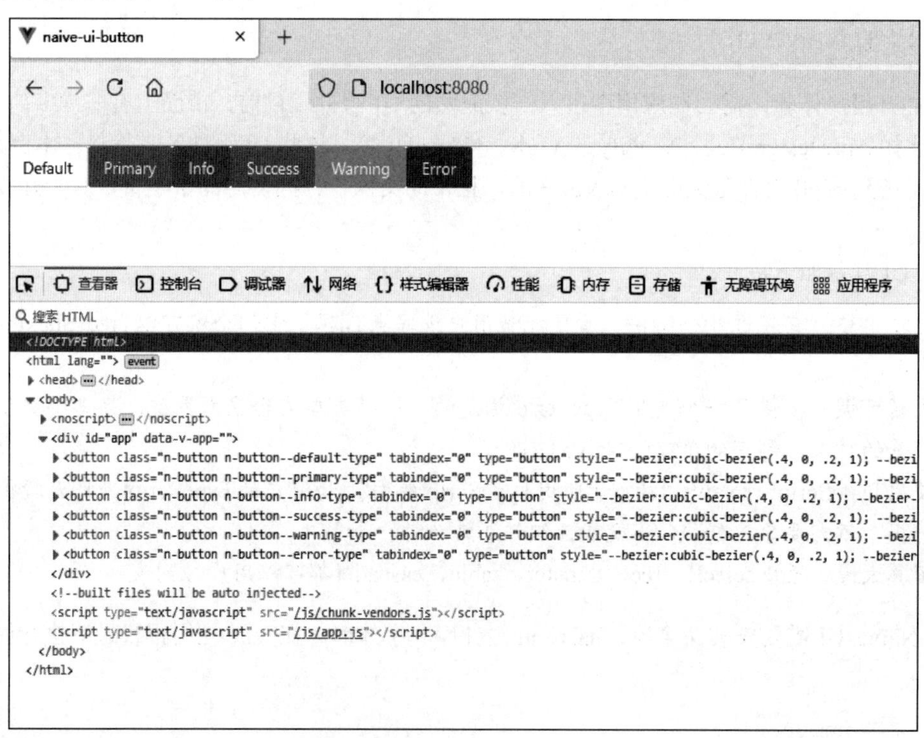

图 26-4　运行界面

26.2.3　创建组件

将首页组件拆分为首页（新闻列表）、新闻详情两部分，然后在应用里面创建与之对应的两个组件。需要创建的两个组件为 NewsList 和 NewsDetail，如图 26-5 所示。

```
∨ NEWS-UI
  > dist
  > node_modules
  > public
  ∨ src
    > assets
    ∨ components
      NewsDetail.vue
      NewsList.vue
    App.vue
```

图 26-5　创建组件

26.2.4　实现新闻列表原型设计

为了实现新闻列表，修改 NewsList.vue 代码如下：

```
<template>
  <n-list>
    <n-list-item v-for="item in newsData" :key="item.title">
      <div>
        <a href="/">{{ item.title }}</a>
      </div>
    </n-list-item>
  </n-list>
</template>

<script lang="ts">
import { Options, Vue } from "vue-class-component";
import { NList, NListItem } from "naive-ui";

@Options({
  components: {
    NList,
    NListItem,
  },
})
export default class NewsList extends Vue {
  private newsData: any[] = [
    { id: "1", title: "这张冬奥大合影弥足珍贵" },
    { id: "2", title: "人类应该和衷共济和合共生" },
    { id: "3", title: "中国队 3 朵金花携手晋级决赛" },
    { id: "4", title: "骗子也来蹭冰墩墩的热度了" },
    { id: "5", title: "猎豹摄像机跑得比运动员还快" },
    { id: "6", title: "劳斯莱斯欢庆女神迎来重新设计" },
    { id: "7", title: "Android 开始全面转向 64 位运算" },
    { id: "8", title: "英伟达 GPU 采用 5nm 工艺" }
  ];
}
</script>
```

其中，newsData 是静态数据，用于展示新闻列表的原型。

同时，为了让整体的布局更加合理，设置 App.vue 的样式：

```
<style>
```

```
a {
  text-decoration: none;
}

#app {
  margin: 10px;
}
</style>
```

运行应用，可以看到如图 26-6 所示的运行效果。

图 26-6　运行界面

为了更加真实地反映移动端访问应用的效果，可以通过浏览器模拟移动端界面的效果。

Firefox、Chrome 等浏览器均支持模拟移动端界面的效果。以 Firefox 浏览器为例，通过“打开”菜单→“更多工具”→“响应式设计模式”来展示移动端界面的效果，步骤如图 26-7 所示。

图 26-7　设置

在模拟移动端访问应用的效果如图 26-8 所示。

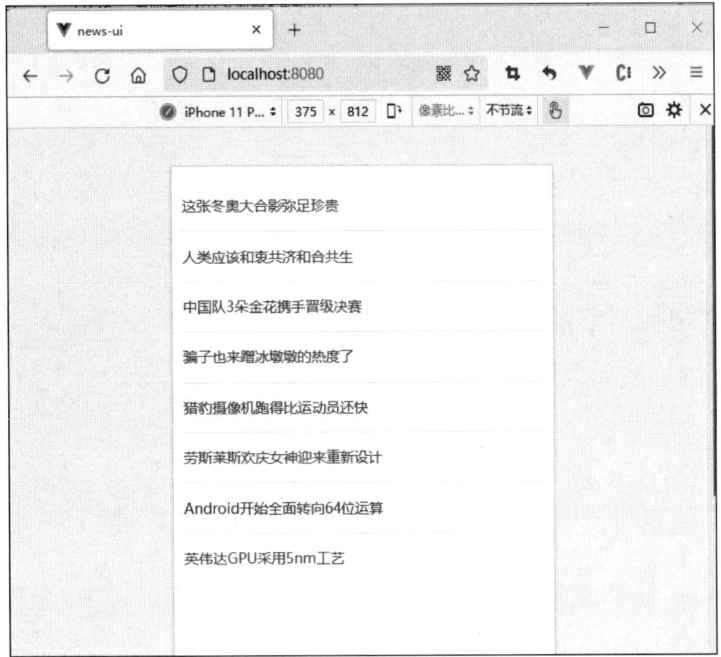

图 26-8　运行界面

26.2.5　实现新闻详情页原型设计

接下来实现新闻详情页原型设计。

新闻详情页用于展示新闻的详细内容。相比于首页的新闻列表的新闻条目而言，新闻详情页还多了新闻发布时间、新闻内容等。

修改 NewsDetail.vue 代码如下：

```
<template>
  <div class="news-detail">
    <n-button>返回</n-button>
    <n-card title="MIT 开发新型轻质材料" embedded :bordered="false">
      <p>2022-02-10 21:00</p>
      <p>
        据 MIT News 报道，麻省理工学院（MIT）的化学工程师创造了一种新材料，它比钢铁更坚固，但
        比塑料更轻。据悉，麻省理工学院研究人员精心制作了一种二维聚合物——一种类似单元黏合在
        一起的分子结构，能够自我形成片状。
      </p>
      <p>
        据 MIT News 报道，2DPA-1 改进了传统塑料，因为其片状结构比防弹玻璃强 6 倍。此外，打破这
        种聚合物所需的力量是打破钢铁所需力量的两倍。
      </p>

      <img
        src="https://nimg.ws.126.net/?url=http%3A%2F%2Fdingyue.ws.126.
        net%2F2022%2F0210%2Fdbe58ee5j00r72dov001uc000j100bug.jpg&thumbnail=
        650x2147483647&quality=80&type=jpg"
```

```
      />

      <p>
        比钢铁更坚固，但比塑料更轻。总而言之，未来的电子设备可能因此而变得更加强大。
      </p>
    </n-card>
  </div>
</template>

<script lang="ts">
import { Options, Vue } from "vue-class-component";
import { NButton, NCard } from "naive-ui";

@Options({
  components: {
    NButton,
    NCard,
  },
})
export default class NewsDetail extends Vue {}
</script>
```

在上述代码中，分别使用了 NButton、NCard 两个组件。其中，NButton 用作返回按钮，而 NCard 用于展示新闻详情内容。

最终，新闻详情界面原型效果如图 26-9 所示。

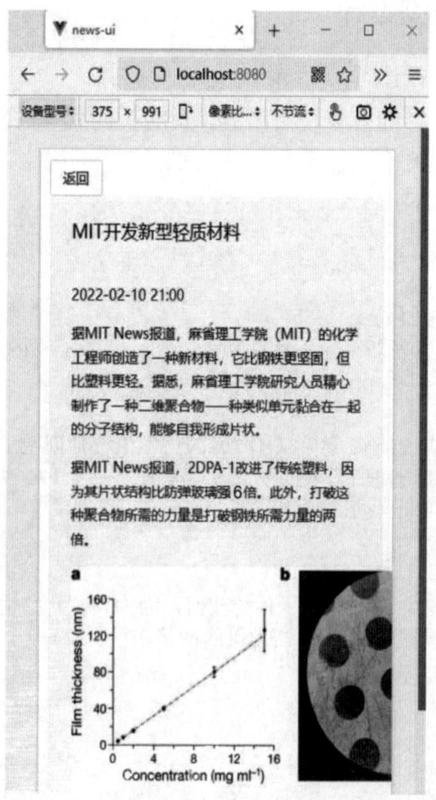

图 26-9　运行界面

26.3 实现路由器

我们需要在首页和新闻详情页两个界面之间来回切换，此时就需要设置路由器。

26.3.1 理解路由的概念

我们知道，在 Web 网页中，是通过超链接来实现网页之间的跳转的。默认情况下，链接是一段具有下画线的蓝色文本，在视觉上与周围的文字明显不同。用手指触击或用鼠标单击一个链接会激活链接；如果使用键盘，那么按 Tab 键直到链接处于焦点，再按 Enter 键或空格键来激活链接。

路由其实就是用来组织用户网站的链接的。比如，当单击页面上的 home 按钮时，页面中就要显示 home 的内容，如果单击页面上的 about 按钮，页面中就要显示 about 的内容。home 按钮指向了 home 内容，而 about 按钮指向了 about 内容。路由帮忙建立起来了一种映射，即单击部分映射到单击之后要显示内容的部分。

单击之后，怎么做到正确的对应，比如单击 home 按钮，页面中怎么就能正好显示 home 的内容，这就要进行路由的配置。

26.3.2 使用路由插件

要在 Vue 应用中使用路由功能，推荐安装路由插件 vue-router 库（https://github.com/vuejs/vue-router-next），这是一个由 Vue 官方维护的路由插件，针对 Vue 3 有着一流的支持和兼容性。

要创建路由，在项目的根目录下执行以下命令即可：

```
npm install vue-router@4
```

上述命令用于将 vue-router 安装到应用中。

26.3.3 创建路由

创建一个路由文件 router.ts，代码如下：

```
import { createRouter, createWebHashHistory } from "vue-router";

import NewsList from "./components/NewsList.vue";

const routes: Array<any> = [
    {
        path: "/",
        name: "NewsList",
        component: NewsList,
    },
    {
        path: "/news/:id",
        name: "NewsDetail",
        // 当访问路由时，它是懒加载的
        component: () =>
            import("./components/NewsDetail.vue"),
```

```
    },

];

const router = createRouter({
    history: createWebHashHistory(), // Hash 模式
    routes,
});

export default router;
```

上述代码设置了路由规则：

- 当访问/路径时，则会响应NewsList组件的内容。
- 当访问/news路径时，则会响应NewsDetail组件的内容。
- createRouter方法用于实例化一个router，其中参数history指定为Hash模式。

通过设置该路由，方便实现首页和新闻详情之间的切换。

26.3.4　如何使用路由

要使用上述定义的 router.ts 路由规则，需要在应用中修改两个地方。

1. 修改main.ts文件

修改如下：

```
import { createApp } from 'vue'
import App from './App.vue'
import router from "./router";

// 使用路由 router
createApp(App).use(router).mount('#app')
```

上述修改是将 router.ts 以插件方式引入应用中。

2. 修改 App.vue

修改内容如下：

```
<template>
  <div id="content">
    <router-view />
  </div>
</template>

<script lang="ts">
import { Vue } from "vue-class-component";

export default class App extends Vue {}
</script>

<style>
a {
```

```
  text-decoration: none;
}

#app {
  margin: 10px;
}
</style>
```

上述代码中，router-view 用于放置路由映射所对应的页面。

26.3.5 修改新闻列表组件

新闻列表组件代码修改如下：

```
<template>
  <n-list>
    <n-list-item v-for="item in newsData" :key="item.title">
      <div>
        <router-link :to="'/news/' + item.id">{{ item.title }}</router-link>
      </div>
    </n-list-item>
  </n-list>
</template>

<script lang="ts">
import { Options, Vue } from "vue-class-component";
import { NList, NListItem } from "naive-ui";

@Options({
  components: {
    NList,
    NListItem,
  },
})
export default class NewsList extends Vue {
  private newsData: any[] = [
    { id: "1", title: "这张冬奥大合影弥足珍贵" },
    { id: "2", title: "人类应该和衷共济和合共生" },
    { id: "3", title: "中国队 3 朵金花携手晋级决赛" },
    { id: "4", title: "骗子也来蹭冰墩墩的热度了" },
    { id: "5", title: "猎豹摄像机跑得比运动员还快" },
    { id: "6", title: "劳斯莱斯欢庆女神迎来重新设计" },
    { id: "7", title: "Android 开始全面转向 64 位运算" },
    { id: "8", title: "英伟达 GPU 采用 5nm 工艺" }
  ];
}
</script>
```

其中：

- <router-link>默认渲染为一个<a>标签。
- <router-link>的to代表了对应的一条路由。

26.3.6 新闻详情组件增加返回按钮事件处理

修改新闻详情组件，在返回按钮上增加事件处理，用于返回上一次的浏览界面（一般就是新闻列表界面）。代码如下：

```
<n-button @click="goback()">返回</n-button>
...
```

上述代码@click 是将按钮的单击事件绑定到指定的 goback()方法上。goback()方法的代码如下：

```
goback(): void {
  // 浏览器回退浏览记录
  this.$router.go(-1);
}
```

上述方法中，$router.go 方法用于回退页面。

26.3.7 运行应用

运行应用，单击新闻列表和返回按钮，就能实现首页和新闻详情页之间的切换。以下是在 Firefox 浏览器中，以“响应式设计模式”运行的效果，如图 26-10 和图 26-11 所示。

图 26-10 新闻列表运行界面

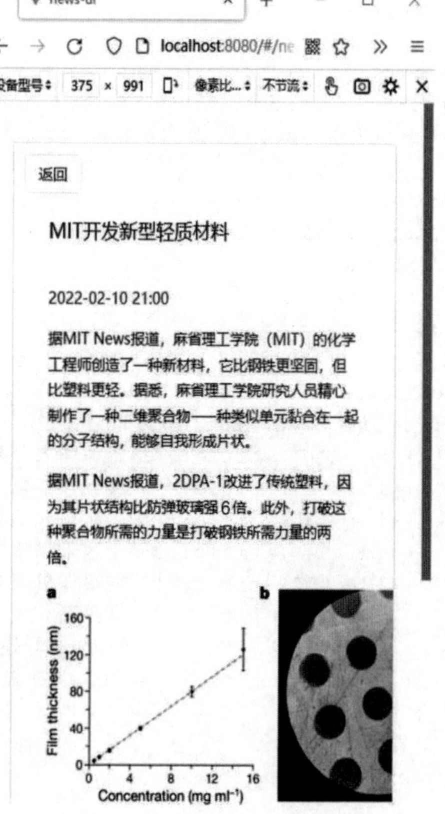

图 26-11 新闻详情运行界面

26.4 小　结

本章主要介绍了 news-ui 前端 UI 客户端应用是如何实现原型设计的，内容包括首页 UI 设计和新闻详情 UI 设计，主要涉及 Vue.js、Naive UI 等技术框架。

26.5 练 习 题

请使用 Vue 技术实现一个前端 UI 客户端应用的原型。

第 27 章

实战：后端服务器应用

news-server 是后台服务器应用，基于 Express、Node.js、basic-auth 等技术实现，并通过 MongoDB 实现数据的存储。

本章详细介绍 news-server 的实现过程。

27.1 初始化后台应用

本节介绍初始化后台 news-server 应用的过程。

27.1.1 初始化应用目录

首先，初始化一个名为 news-server 的应用：

```
$ mkdir news-server
$ cd news-server
```

27.1.2 初始化应用结构

接着，通过 npm init 来初始化该应用的代码结构：

```
$ npm init
This utility will walk you through creating a package.json file.
It only covers the most common items, and tries to guess sensible defaults.

See `npm help init` for definitive documentation on these fields
and exactly what they do.

Use `npm install <pkg>` afterwards to install a package and
save it as a dependency in the package.json file.

Press ^C at any time to quit.
```

```
package name: (news-server)
version: (1.0.0)
description:
entry point: (index.js)
test command:
git repository:
keywords:
author: waylau.com
license: (ISC)
About to write to
D:\workspaceGithub\full-stack-development-with-vuejs-and-nodejs\samples\news-serv
er\package.json:

{
  "name": "news-server",
  "version": "1.0.0",
  "description": "",
  "main": "index.js",
  "scripts": {
    "test": "echo \"Error: no test specified\" && exit 1"
  },
  "author": "waylau.com",
  "license": "ISC"
}


Is this OK? (yes) yes
```

27.1.3　在应用中安装 Express

最后通过 npm install 命令来安装 Express：

```
$ npm install express --save

npm notice created a lockfile as package-lock.json. You should commit this file.
npm WARN news-server@1.0.0 No description
npm WARN news-server@1.0.0 No repository field.

+ express@4.17.3
added 50 packages from 37 contributors in 4.655s
```

27.1.4　编写后台 Hello World 应用

在安装完 Express 之后，就可以通过 Express 来编写 Web 应用了。在 news-server 应用根目录下创建一个 index.js 文件中，在该文件中编写 Hello World 应用代码：

```
const express = require('express');
const app = express();
const port = 8089; // 指定端口号

app.get('/admins/hi', (req, res) => res.send('Hello World!'));
```

```
app.listen(port, () => console.log(`Server listening on port ${port}!`));
```

该示例非常简单，当服务器启动之后会占用 8089 端口。当用户访问应用的“/admins/hi”路径时，会响应“Hello World!”字样的内容给客户端。

27.1.5 运行后台 Hello World 应用

执行下面的命令，以启动服务器：

```
$ node index.js

Server listening on port 8089!
```

服务器启动之后，通过浏览器访问 http://localhost:8089/admins/hi，可以看到如图 27-1 所示的内容。

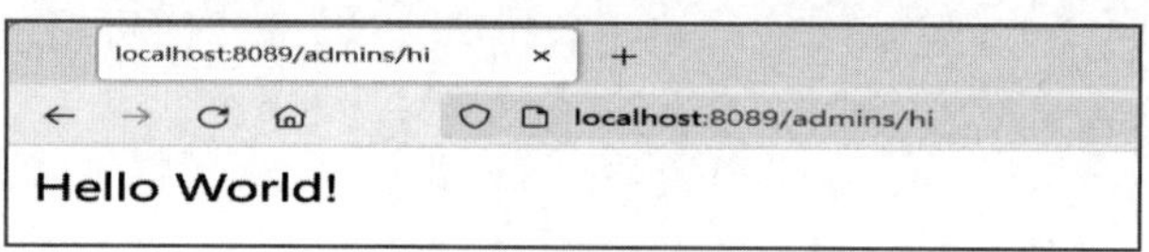

图 27-1 后台管理接口

27.2 初步实现登录认证

本节将实现用户的登录认证功能。

27.2.1 创建后台管理组件

后台管理组件主要用于管理新闻的发布。后台管理的使用用户为管理员角色。换言之，要想访问后台管理界面，需要在前台进行登录授权后才能使用。

在 news-ui 应用的 components 目录下创建后台管理组件 Admin.vue：

```
<template>
  Admin works!
</template>

<script lang="ts">
import { Vue } from "vue-class-component";

export default class Admin extends Vue {

}
</script>
```

27.2.2 添加组件到路由

为了使页面能被访问到，需要将后台管理组件添加到路由 router.ts 中。代码如下：

```
const routes: Array<any> = [
    ...
    {
        path: "/admin",
        name: "Admin",
        // 当访问路由时，它是懒加载的
        component: () =>
            import("./components/Admin.vue"),// 后台管理
    },
];
```

启动应用，访问 http://localhost:8080/#/admin，可以看到后台管理界面效果如图 27-2 所示。

图 27-2　后台管理运行界面

后台管理界面目前还没有任何业务逻辑，只是搭建了一个初级的骨架。

27.2.3　注入 HTTP 客户端

后台只有一个允许管理员角色访问的接口 http://localhost:8089/admins/hi，目前没有设置权限认证拦截，因此任意 HTTP 客户端都可以访问该接口。

我们期望 news-ui 能够访问上述后台接口。为了实现在 Vue 应用中发起 HTTP 请求的功能，需要引入 vue-axios 框架，因此需要在应用中导入该模块。

在 news-ui 应用根目录下执行如下命令来安装 vue-axios 框架：

```
npm install --save axios vue-axios
```

27.2.4　客户端访问后台接口

有了 HTTP 客户端之后，就能远程发起 HTTP 到后台 REST 接口中了。

1. 设置反向代理

由于本项目是一个前后台分离的应用，是分开部署运行应用的，因此势必会遇到跨域访问的问题。

要解决跨域问题，业界最为常用的方式是设置反向代理。其原理是设置反向代理服务器，让 Vue 应用都访问自己的服务器中的 API，而这类 API 都会被反向代理服务器转发到 Node 等后台服务 API 中，这个过程对于 Vue 应用是无感知的。

业界经常采用 Nginx 服务来承担反向代理的职责。而在 Vue 中，使用反向代理将变得更加简单，因为 Vue 自带反向代理服务器。设置方式为，在 Vue 应用的根目录下添加配置文件 vue.config.js，并填写如下格式的内容：

```
module.exports = {
    devServer: {
```

```
        proxy: {
            '/api': {
                target: 'http://localhost:8089/',     //接口域名
                changeOrigin: true,                   //是否跨域
                ws: true,                             //是否代理 websockets
                secure: false,                        //是否为 HTTPS 接口
                pathRewrite: {                        //路径重置
                    '^/api': ''
                }
            }
        }
    }
};
```

这个配置说明，任何 Vue 发起的以“/api/”开头的 URL 都会反向代理到“http://localhost:8089/”开头的 URL 中。举例来说，当在 Vue 应用中发起请求到“http://localhost:8080/api/admins/hiURL”时，反向代理服务器会将该 URL 映射到“http://localhost:8089/admins/hi”。

2. 客户端发起HTTP请求

使用 HTTP 客户端 axios 发起 HTTP 请求。

```
<script lang="ts">
import { Vue } from "vue-class-component";
import axios from "axios";

export default class Admin extends Vue {
  // 后台管理数据
  private adminData: string = "";

  // API 地址
  private apiUrl: string = "/api/admins/hi";

  // 初始化时就要获取数据
  mounted() {
    this.getData();
  }

  getData() {
    axios
      .get(this.apiUrl)
      .then((response) => (this.adminData = response.data))
      .catch((err) =>
        //请求失败的回调函数
        console.log(err)
      );
  }
}
</script>
```

在上述代码中，返回的数据会赋值给 adminData 变量。

3. 绑定数据

编辑 Admin.vue，修改代码如下：

```
<template>
  <p>Get data from admin: {{ adminData }}</p>
</template>
```

上述代码意味着将 adminData 变量绑定到了模板中。任何对 adminData 的赋值都能及时将该值呈现在页面中。

4. 测试

将前后台应用都启动了之后，尝试访问 http://localhost:8080/#/admin 页面，可以看到如图 27-3 所示的界面，说明后台接口已经成功被访问且返回了“Hello World!”文本。该“Hello World!”文本被绑定机制渲染在了界面中。

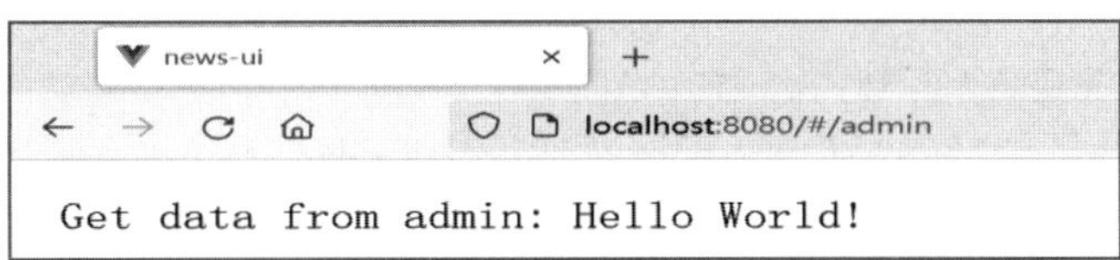

图 27-3　前后访问后台接口

27.2.5　后台接口设置安全认证

通过设置 news-server 的后台接口来实现接口的安全拦截。

1. 安装基本认证插件

通过以下命令来安装基本认证插件 basic-auth：

```
$ npm install basic-auth


npm WARN news-server@1.0.0 No description
npm WARN news-server@1.0.0 No repository field.

+ basic-auth@2.0.1
added 1 package in 1.291s
```

basic-auth 可以用于 Node.js 基本认证解析。

2. 修改后台安全配置

为了对“/admins/hi”接口进行安全拦截，index.js 代码修改如下：

```
const express = require('express');
const app = express();
const port = 8089; // 指定端口号
const auth = require('basic-auth');

app.get('/admins/hi', (req, res) => {
```

```
    var credentials = auth(req)

    // 登录认证检验
    if (!credentials || !check(credentials.name, credentials.pass)) {
        res.statusCode = 401
        res.setHeader('WWW-Authenticate', 'Basic realm="example"')
        res.end('Access denied')
    } else {
        res.send('Hello World!')
    }

});

// 检查权限
const check = function (name, pass) {
    var valid = false;

    // 判断账号和密码是否匹配
    if (('waylau' === name) && ('123456' === pass)) {
        valid = true;
    }
    return valid
}

app.listen(port, () => console.log(`Server listening on port ${port}!`));
```

其中：

- auth方法是basic-auth提供的方法，用于解析HTTP请求中的认证信息。如果解析的结果为空，则校验不通过。
- check方法用于校验用户的账号、密码是否与服务所存储的账号和密码一致。若不一致，则校验不通过。

3. 测试

将前后台应用都启动了之后，尝试访问 http://localhost:8080/#/admin 页面。由于该页面访问http://localhost:8089/admins/hi 接口是需要认证的，因此首次访问时会有如图 27-4 所示的提示框。

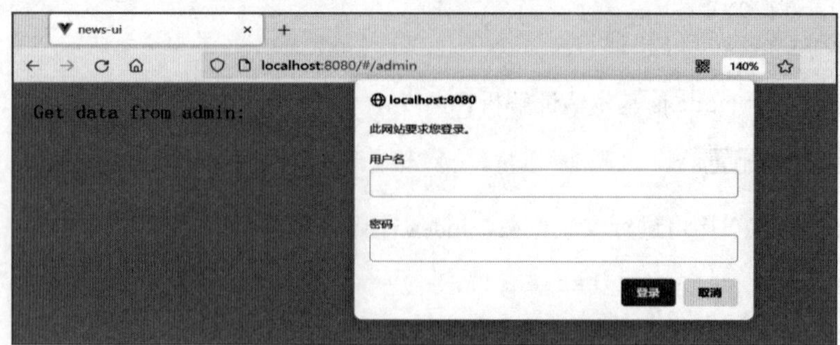

图 27-4 提示登录界面

输入正确的账号“waylau”、密码“123456”，成功登录之后，可以看到如图 27-5 所示的界面，说明后台接口已经认证成功，且返回了“Hello World!”文本。

图 27-5　成功访问接口

目前用户的信息是直接存储在程序中的，后期会转移至数据库中。

27.3　实现新闻编辑器

新闻编辑器用于实现新闻内容在应用中的录入，这样用户才能在应用中看到新闻条目。

由于新闻类的文章内容排版都较为简单，因此在本书中是以 Markdown 作为新闻内容编辑格式的。

27.3.1　集成 md-editor-v3 插件

md-editor-v3 是一款支持 Vue 3 的 Markdown 插件，能够将 Markdown 格式的内容渲染为 HTML 格式的内容。

执行下面的命令，在 news-ui 应用中下载安装 md-editor-v3 插件：

```
$ npm install md-editor-v3 --save
```

27.3.2　导入 md-editor-v3 组件及样式

在应用中导入 md-editor-v3 组件及样式，以便启用 md-editor-v3 功能。代码如下：

```
...
import MdEditor from 'md-editor-v3';
import 'md-editor-v3/lib/style.css'

@Options({
  components: {
    MdEditor,
  },
})
export default class Admin extends Vue {
  ...
}
```

27.3.3　编写编辑器界面

1. 编辑模板

编辑 Admin.vue 模板部分，内容如下：

```
<template>
  <input v-model="markdownTitle" type="text" placeholder="输入标题" />

  <md-editor v-model="markdownContent" @onSave="submitData" />
</template>
```

其中：

- <input>用于输入新闻标题。
- <md-editor>用于输入新闻内容及将新闻内容以HTML格式预览显示，其中@onSave用于触发保存新闻内容的事件。

2. 编辑脚本部分

编辑 Admin.vue 脚本部分，内容如下：

```
<script lang="ts">
import { Options, Vue } from "vue-class-component";
import axios from "axios";
import MdEditor from "md-editor-v3";
import "md-editor-v3/lib/style.css";
import { News } from "./../news";

@Options({
  components: {
    MdEditor,
  },
})
export default class Admin extends Vue {
  // 后台管理数据
  private adminData: string = "";

  // 编辑器标题
  private markdownTitle: string = "";

  // 编辑器内容
  private markdownContent: string = "";

  // API 地址
  private apiUrl: string = "/api/admins/hi";

  // 创建新闻
  private createNewsUrl: string = "/api/admins/news";

  // 初始化时就要获取数据
  mounted() {
    this.getData();
  }

  getData() {
    axios
      .get(this.apiUrl)
      .then((response) => (this.adminData = response.data))
```

```
      .catch((err) =>
        //请求失败的回调函数
        console.log(err)
      );
  }

  // 提交新闻内容到后台
  submitData() {
    axios
      .post(
        this.createNewsUrl,
        new News(this.markdownTitle, this.markdownContent, new Date())
      )
      .then(function (response) {
        console.log(response);
        alert("已经成功提交");
      })
      .catch(function (error) {
        console.log(error);
        alert("提交失败");
      });
  }
}
</script>
```

其中，单击 submitData 方法会将新闻内容提交到后台 REST 接口。

News 类中是客户端新闻的结构，代码如下：

```
export class News {

  constructor(
     public title: string,    // 标题
     public content: string,  // 内容
     public creation: Date,   // 日期
  ) { }
}
```

运行应用后，访问 http://localhost:8080/#/admin，可以看到如图 27-6 所示的编辑器页面。

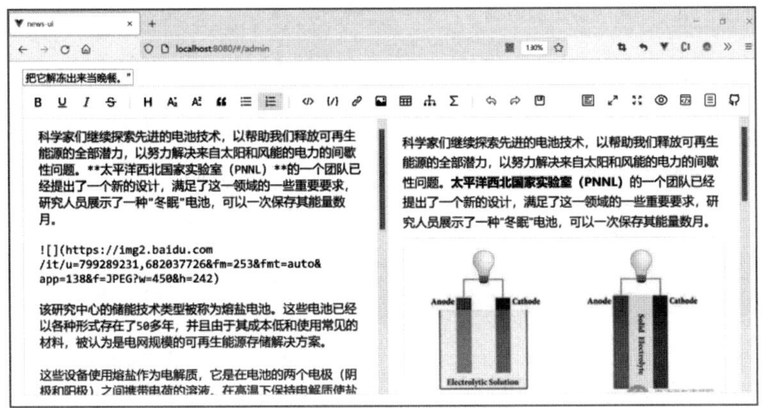

图 27-6　编辑器页面

可以在编辑器中输入新闻的标题和内容。新闻内容会在界面的右方实时生成预览信息。同时，编辑器也支持插入图片的链接。

当然，目前单击“保存”按钮是没有反应的，这是因为还缺少可供保存新闻的后台接口。

27.3.4　后台创建新增新闻接口

为了能够将新闻信息保存下来，在后台 news-server 应用中创建新增新闻接口。

1. 添加mongodb模块

在 news-server 应用中添加 mongodb 模块以便操作 MongoDB。命令如下：

```
$ npm install mongodb --save
```

2. 创建新增新闻接口

创建新增新闻接口。完整的 index.js 代码如下：

```
const express = require('express');
const app = express();
const port = 8089; // 指定端口号
const auth = require('basic-auth');
const bodyParser = require('body-parser');
app.use(bodyParser.json()) // 用于解析 application/json
const MongoClient = require('mongodb').MongoClient;

// 连接 URL
const url = 'mongodb://127.0.0.1:27017';

// 数据库名称
const dbName = 'nodejsBook';

// 创建 MongoClient 客户端
const client = new MongoClient(url,{ useNewUrlParser: true, useUnifiedTopology: true});

app.get('/admins/hi', (req, res) => {

    var credentials = auth(req)

    // 登录认证检验
    if (!credentials || !check(credentials.name, credentials.pass)) {
        res.statusCode = 401
        res.setHeader('WWW-Authenticate', 'Basic realm="example"')
        res.end('Access denied')
    }

    res.send('hello')
});

// 创建新闻
app.post('/admins/news', (req, res) => {
```

```
    var credentials = auth(req)

    // 登录认证检验
    if (!credentials || !check(credentials.name, credentials.pass)) {
        res.statusCode = 401
        res.setHeader('WWW-Authenticate', 'Basic realm="example"')
        res.end('Access denied')
    }

    let news = req.body;
    console.info(news);

    // 使用连接方法来连接到服务器
    client.connect(function (err) {
        if (err) {
            console.error('error end: ' + err.stack);
            return;
        }

        console.log("成功连接到服务器");

        const db = client.db(dbName);

        // 插入新闻
        insertNews(db, news, function () {
        });
    });

    // 响应成功
    res.status(200).end();
});


// 插入新闻
const insertNews = function (db, _news, callback) {
    // 获取集合
    const news = db.collection('news');

    // 插入文档
    news.insertOne({
        title: _news.title, content: _news.content, creation: _news.creation
    })
        .then(function (result) {
            console.log("已经插入文档，响应结果是：");
            console.log(result);
        })
        .catch(function (error) {
            console.log(error);
            console.log("插入失败");
        });
}
```

```
// 检查权限
const check = function (name, pass) {
    var valid = false;

    // 判断账号和密码是否匹配
    if (('waylau' === name) && ('123456' === pass)) {
        valid = true;
    }
    return valid
}

app.listen(port, () => console.log(`Server listening on port ${port}!`));
```

当客户端发送 POST 请求到/admins/news 时，可以实现新闻信息的存储。

27.3.5 运行

运行应用，进行测试。

访问 http://localhost:8080/#/admin，在编辑页面输入内容，也可以插入图片。单击“保存”按钮，提交成功之后，会看到如图 27-7 所示的提示信息。

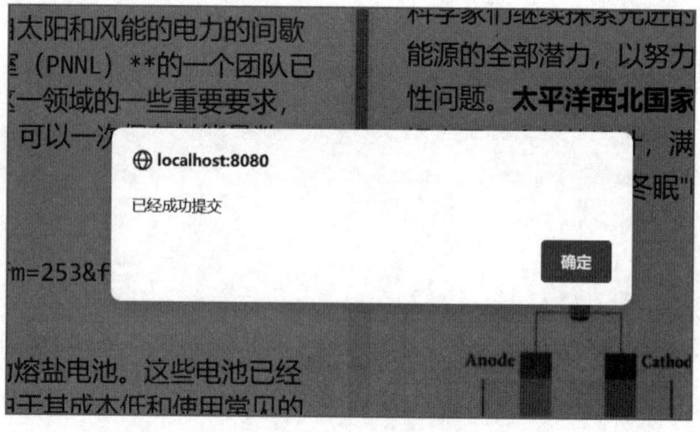

图 27-7 提交成功

27.4 实现新闻列表展示

在首页需要展示最新的新闻列表。news-ui 已经提供了原型，本节将基于这些原型来实现对接真实的后台数据。

27.4.1 后台实现新闻列表查询的接口

在 news-server 应用中新增新闻列表查询的接口。

```
// 查询新闻列表
app.get('/news', (req, res) => {
```

```
    // 使用连接方法来连接到服务器
    client.connect(function (err) {
        if (err) {
            console.error('error end: ' + err.stack);
            return;
        }

        console.log("成功连接到服务器");

        const db = client.db(dbName);

        // 插入新闻
        findNewsList(db, function (result) {
            // 响应成功
            res.status(200).json(result);
        });
    });

});


// 查找全部新闻标题
const findNewsList = function (db, callback) {
    // 获取集合
    const news = db.collection('news');

    // 查询文档
    news.find({}).toArray(function (err, result) {
        console.log("查询所有文档，结果如下：");
        console.log(result)
        callback(result);
    });
}
```

上述例子中，由于新闻列表查询的接口是公开的 API，因此无须对该接口进行权限拦截。

27.4.2　实现客户端访问新闻列表 REST 接口

在完成后台接口之后，就可以在客户端发起对该接口的调用了。

1. 修改组件脚本

修改 NewsList.vue 脚本，代码如下：

```
<script lang="ts">
import { Options, Vue } from "vue-class-component";
import { NList, NListItem } from "naive-ui";
import axios from "axios";
import { News } from "./../news";

@Options({
  components: {
    NList,
```

```
    NListItem,
  },
})
export default class NewsList extends Vue {
  // API 地址
  private newsListUrl: string = "/api/news";

  private newsData: News[] = [];

  // 初始化时就要获取数据
  mounted() {
    this.getData();
  }

  getData() {
    axios
      .get<News[]>(this.newsListUrl)
      .then((response) => {
        this.newsData = response.data;
      })
      .catch((err) =>
        //请求失败的回调函数
        console.log(err)
      );
  }
}
</script>
```

上述代码实现了对新闻列表 REST 接口的访问。

2. 修改组件模板

修改 NewsList.vue 模板，代码如下：

```
<template>
  <n-list>
    <n-list-item v-for="item in newsData" :key="item.title">
      <div>
        <router-link :to="'/news/' + item._id">{{ item.title }}</router-link>
      </div>
    </n-list-item>
  </n-list>
</template>
```

router-link 将会指向真实的_id 所对应的 URL。_id 是 MongoDB 服务器所返回的默认主键。

27.4.3 运行应用

运行应用，进行测试。

访问首页 http://localhost:8080，可以看到如图 27-8 所示的首页内容。

图 27-8　新闻列表

将鼠标移到任意新闻条目上，可以看到每个条目上都有不同的 URL，示例如下：

```
http://localhost:8080/#/news/624be49b33901d2ae7e1c01f
```

这些 URL 就是为了下一步重定向到该条目的新闻详情页面做准备的。上面示例中的“624be49b33901d2ae7e1c01f”就是该新闻数据在 MongoDB 中的_id。

接下来将实现新闻详情页的改造。

27.5　实现新闻详情展示

news-ui 已经提供了新闻详情的原型，本节将基于这些原型来实现对接真实的后台数据。

27.5.1　在后服务器实现查询新闻详情的接口

在 news-server 应用中增加查询新闻详情的接口。代码如下：

```
...
const ObjectId = require('mongodb').ObjectId;

// 根据 id 查询新闻信息
app.get('/news/:newsId', (req, res) => {
```

```
    let newsId = req.params.newsId;
    console.log("newsId为" + newsId);

    // 使用连接方法来连接到服务器
    client.connect(function (err) {
        if (err) {
            console.error('error end: ' + err.stack);
            return;
        }

        console.log("成功连接到服务器");

        const db = client.db(dbName);

        // 查询新闻
        findNews(db, newsId, function (result) {
            // 响应成功
            res.status(200).json(result);
        });
    });

});

// 查询指定新闻
const findNews = function (db, newsId, callback) {
    // 获取集合
    const news = db.collection('news');

    // 查询指定文档
    news.findOne({_id: ObjectId(newsId)},function (err, result) {
        if (err) {
            console.error('error end: ' + err.stack);
            return;
        }

        console.log("查询指定文档，响应结果是：");
        console.log(result);
        callback(result);
    });
}
```

在上述示例中：

- 通过req.params来获取客户端传入的newsId参数。
- 将newsId转为ObjectId，以作为MongoDB的查询条件。

27.5.2 实现客户端访问新闻详情 REST 接口

在完成后台接口之后，就可以在客户端发起对该接口的调用了。

1. 修改组件脚本

修改 NewsDetail.vue 脚本，代码如下：

```
<script lang="ts">
import { Options, Vue } from "vue-class-component";
import { NButton, NCard } from "naive-ui";
import { News } from "./../news";
import axios from "axios";
import MdEditor from "md-editor-v3";

@Options({
  components: {
    NButton,
    NCard,
    MdEditor,
  },
})
export default class NewsDetail extends Vue {
  // 新闻详情页面数据
  private newsDetailResult: News = new News("", "", new Date());

  // 新闻详情 API 地址
  private newsApiUrl: string = "/api/news/";

  // 新闻详情主键
  private newsId: string = "";

  // 初始化时就要获取数据
  mounted() {
    this.getData();
  }

  // 调用 API 数据
  getData() {
    // 从路由参数中获取要访问的 URL
    this.newsId = this.$route.params.id.toString();

    console.log("receive id: " + this.newsId);

    axios
      .get<News>(this.newsApiUrl + this.newsId)
      .then((response) => {
        this.newsDetailResult = response.data;

        console.log(this.newsDetailResult);
      })
      .catch((err) =>
        //请求失败的回调函数
        console.log(err)
      );
  }
```

```
    // 返回
    goback(): void {
      // 浏览器回退浏览记录
      this.$router.go(-1);
    }
  }
</script>
```

上述代码实现了对新闻详情页的 REST 接口的访问。

需要注意的是，newsId 是从$route 路由器对象里面获取出来的。

2. 修改组件模板

修改 NewsDetail.vue 模板，代码如下：

```
<template>
  <div class="news-detail">
    <n-button @click="goback()">返回</n-button>
    <n-card :title="newsDetailResult.title" embedded :bordered="false">
      <p>{{ newsDetailResult.creation }}</p>

      <md-editor v-model="newsDetailResult.content" previewOnly="true" />
    </n-card>
  </div>
</template>
```

上述<md-editor>组件由于只是涉及 Markdown 的预览，而不需要编辑，因此将属性 previewOnly 设置为 true，这样界面只会呈现预览功能。

27.5.3　运行应用

运行应用，进行测试。

访问首页 http://localhost:8080，单击任意新闻条目，可以切换至新闻详情页面，界面如图 27-9 所示。

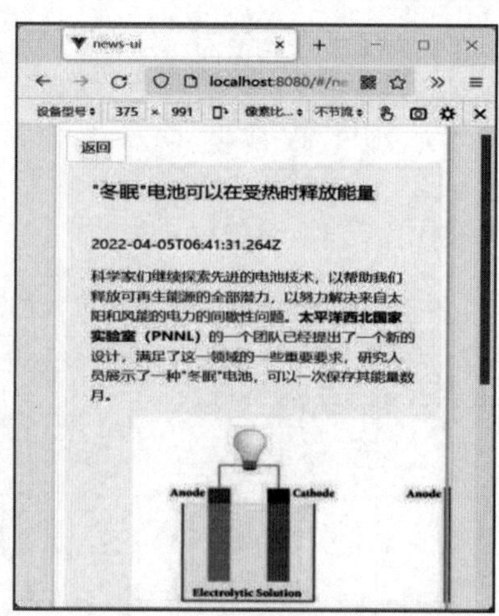

图 27-9　新闻详情页

新闻详情显示的是数据库最新的内容。

27.6　实现认证信息存储及读取

在之前的章节中，已经初步实现了用户的登录认证，但认证信息是硬编码在程序中的。本节将对登录认证进行进一步的改造，实现认证信息在数据库中的存储及读取。

27.6.1　实现认证信息的存储

为力求简单，我们将认证的信息通过 MongoDB 客户端初始化到了 MongoDB 服务器中。脚本如下：

```
db.user.insertOne(
   { username: "waylau", password:"123456", email:"waylau521@gmail.com" }
)
```

换言之，当用户登录时，输入账号“waylau”和密码“123456”，就认为认证是通过的。

27.6.2　实现认证信息的读取

现在认证的信息已经存储在 MongoDB 服务器中，需要提供一个方法来读取用户的信息：

```
// 查询指定用户
const findUser = function (db, name, callback) {
    // 获取集合
    const user = db.collection('user');

    // 查询指定文档
    user.findOne({ username: name }, function (err, result) {
        if (err) {
            console.error('error end: ' + err.stack);
            return;
        }

        console.log("查询指定文档，响应结果是：");
        console.log(result);
        callback(result);
    });
}
```

上述 findUser 方法用于查询之前用户账号的信息。当查询用户账号为“waylau”时，响应结果如下：

```
{
  _id: 5d6a7e220da53b7ebedf3bbc,
  username: 'waylau',
  password: '123456',
  email: 'waylau521@gmail.com'
```

```
}
```

27.6.3 改造认证方法

认证方法 check 也需要改造。代码如下：

```
const check = function (name, pass, callback) {
    var valid = false;

    // 使用连接方法来连接到服务器
    client.connect(function (err) {
        if (err) {
            console.error('error end: ' + err.stack);
            return valid;
        }

        console.log("成功连接到服务器");

        const db = client.db(dbName);

        // 判断账号和密码是否匹配
        findUser(db, name, function (result) {
            // 响应成功
            if ((result.username === name) && (result.password === pass)) {
                valid = true;
                console.log("验证通过");
                callback(valid);
            } else {
                valid = false;
                console.log("验证失败");
                callback(valid);
            }
        });
    });
}
```

check 会调用 findUser 的返回结果以验证传入的用户账号和密码是否合法。

27.6.4 改造对外的接口

有两个外部接口依赖 check，都需要进行相应的调整。

1. “/admins/hi”接口调整

“/admins/hi”接口调整如下：

```
app.get('/admins/hi', (req, res) => {

    var credentials = auth(req)

    // 登录认证检验
    if (!credentials) {
        res.statusCode = 401;
```

```
        res.setHeader('WWW-Authenticate', 'Basic realm="example"');
        res.end('Access denied');
    } else {
        check(credentials.name, credentials.pass, function (valid) {
            if (valid) {
                res.send('hello');
            } else {
                res.statusCode = 401;
                res.setHeader('WWW-Authenticate', 'Basic realm="example"');
                res.end('Access denied');
            }

        })
    }
});
```

2. “/admins/news”接口调整

“/admins/news”接口调整如下：

```
// 创建新闻
app.post('/admins/news', (req, res) => {

    var credentials = auth(req)

    // 登录认证检验
    if (!credentials) {
        res.statusCode = 401;
        res.setHeader('WWW-Authenticate', 'Basic realm="example"');
        res.end('Access denied');
    } else {
        check(credentials.name, credentials.pass, function (valid) {
            if (valid) {

                let news = req.body;
                console.info(news);

                // 使用连接方法来连接到服务器
                client.connect(function (err) {
                    if (err) {
                        console.error('error end: ' + err.stack);
                        return;
                    }

                    console.log("成功连接到服务器");

                    const db = client.db(dbName);

                    // 插入文档
                    insertNews(db, news, function () {
                    });
                });
```

```
                // 响应成功
                res.status(200).end();
            } else {
                res.statusCode = 401;
                res.setHeader('WWW-Authenticate', 'Basic realm="example"');
                res.end('Access denied');
            }

        })
    }

});
```

27.7 小 结

本章是新闻头条服务端的代码的开发，主要是基于 Express、Node.js、basic-auth 等技术实现，并通过 MongoDB 实现数据的存储。

有关新闻头条客户端及服务端的代码已经全部开发完成了，基本已经实现了新闻列表的查询、新闻详情的展示、新闻的录入及权限认证。受限于篇幅，书中的代码力求保持简单易懂，注重将核心的实现方式呈现给读者。但如果想将这款应用作为商业软件的话，还需要进一步完善，其中包括：

- 用户的管理。
- 用户信息的修改。
- 用户角色的分配。
- 新闻内容的编辑。
- 新闻分配。
- 图片服务器的实现。

……

这些待完善项还需要读者通过自己在学习本书的过程中所掌握的基础知识来举一反三，将新闻头条应用精益求精。本书最后所罗列的“参考文献”内容也可以用于读者平时的扩展学习。

27.8 练 习 题

请使用 Express、Node.js、basic-auth 等技术实现一个新闻头条服务端，并通过 MongoDB 实现数据的存储。

第28章 实战：使用 Nginx 实现高可用

Nginx 是免费的、开源的、高性能的 HTTP 服务器和反向代理，同时也是 IMAP/POP3 代理服务器。Nginx 以其高性能、稳定性、丰富的功能集、简单的配置和低资源消耗而闻名。

本章将介绍如何通过 Nginx 来实现前端应用（news-ui）的部署，同时实现后台应用（news-server）的高可用。

28.1 Nginx 概述与安装

28.1.1 Nginx 介绍

Nginx 是为解决 C10K 问题[1]而编写的市面上仅有的几个服务器之一。与传统服务器不同，Nginx 不依赖于线程来处理请求，相反，它使用更加可扩展的事件驱动（异步）架构。这种架构在负载下使用小的但更重要的可预测的内存量，即使在不需要处理数千个并发请求的场景下，仍然可以从 Nginx 的高性能和占用内存少等方面中获益。Nginx 可以说在各个方面都适用，从最小的 VPS 一直到大型服务器集群。

Nginx 具有很多非常优越的特性：

- 作为Web服务器：相比Apache，Nginx使用更少的资源，支持更多的并发连接，体现更高的效率，这点使Nginx尤其受到虚拟主机提供商的欢迎。
- 作为负载均衡服务器：Nginx既可以在内部直接支持Rails和PHP，也可以支持作为HTTP代理服务器对外进行服务。Nginx用C编写，系统资源开销小，CPU使用效率高。
- 作为邮件代理服务器：Nginx同时也是一个非常优秀的邮件代理服务器。

1 所谓 C10K 问题，指的是服务器同时支持成千上万个客户端的问题，也就是 Concurrent 10000 Connection 的简写。由于硬件成本的大幅度降低和硬件技术的进步，如果一台服务器同时能够服务更多的客户端，那么也就意味着服务每一个客户端的成本大幅度降低，从这个角度来看，C10K 问题显得非常有意义。

28.1.2 下载、安装、运行 Nginx

Nginx 下载地址为 http://nginx.org/en/download.html，可以免费在该网址下载各个操作系统的安装包。

1. 安装、运行Nginx

以下是各个操作系统不同的安装方式。

（1）Linux 和 BSD

大多数 Linux 发行版和 BSD 版本在通常的软件包存储库中都有 Nginx，它们可以通过任何通常用于安装软件的方法进行安装，如在 Debian 平台使用 apt-get，在 Gentoo 平台使用 emerge，在 FreeBSD 平台使用 ports，等等。

（2）Red Hat 和 CentOS

首先添加 Nginx 的 yum 库，接着创建名为/etc/yum.repos.d/nginx.repo 的文件，并粘贴如下配置到文件中：

CentOS 的配置如下：

```
[nginx]
name=nginx repo
baseurl=http://nginx.org/packages/centos/$releasever/$basearch/
gpgcheck=0
enabled=1
```

RHEL 的配置如下：

```
[nginx]
name=nginx repo
baseurl=http://nginx.org/packages/rhel/$releasever/$basearch/
gpgcheck=0
enabled=1
```

由于 CentOS、RHEL 和 Scientific Linux 之间填充$releasever 变量的差异，有必要根据用户的操作系统版本手动将$releasever 变量的值替换为 5（5.x）或 6（6.x）。

（3）Debian/Ubuntu

分发页面 http://nginx.org/packages/ubuntu/dists/列出了可用的 Nginx Ubuntu 版本支持。有关 Ubuntu 版本映射到发布名称，请访问官方 Ubuntu 版本页面 https://wiki.ubuntu.com/Releases。

在/etc/apt/sources.list 中附加适当的脚本。如果担心存储库添加的持久性（即 DigitalOcean Droplets），则可以将适当的部分添加到/etc/apt/sources.list.d/下的其他列表文件中，例如/etc/apt/sources.list.d/nginx.list。

```
## Replace $release with your corresponding Ubuntu release.
deb http://nginx.org/packages/ubuntu/ $release nginx
deb-src http://nginx.org/packages/ubuntu/ $release nginx
```

比如 Ubuntu 16.04（Xenial）版本，设置如下：

```
deb http://nginx.org/packages/ubuntu/ xenial nginx
deb-src http://nginx.org/packages/ubuntu/ xenial nginx
```

要想安装，执行如下脚本：

```
sudo apt-get update
sudo apt-get install nginx
```

安装过程如果有如下错误：

```
W: GPG error: http://nginx.org/packages/ubuntu xenial Release: The following signatures couldn't be verified because the public key is not available: NO_PUBKEY $key
```

则执行下面的命令：

```
## Replace $key with the corresponding $key from your GPG error.
sudo apt-key adv --keyserver keyserver.ubuntu.com --recv-keys $key
sudo apt-get update
sudo apt-get install nginx
```

（4）Debian 6

关于在 Debian 6 上安装 Nginx，添加下面的脚本到/etc/apt/sources.list：

```
deb http://nginx.org/packages/debian/ squeeze nginx
deb-src http://nginx.org/packages/debian/ squeeze nginx
```

（5）Ubuntu PPA

这个 PPA 由志愿者维护，不由 nginx.org 分发。由于它有一些额外的编译模块，因此可能更适合用户的环境。

可以从 Launchpad 上的 Nginx PPA 获取最新的稳定版本的 Nginx。需要具有 root 权限才能执行以下命令。

Ubuntu 10.04 及更新版本执行下面的命令：

```
sudo -s
nginx=stable # use nginx=development for latest development version
add-apt-repository ppa:nginx/$nginx
apt-get update
apt-get install nginx
```

如果有关于 add-apt-repository 的错误，则可能先要安装 python-software-properties。对于其他基于 Debian/Ubuntu 的发行版，可以尝试使用最可能在旧版套件上工作的 PPA 的变体：

```
sudo -s
nginx=stable # use nginx=development for latest development version
echo "deb http://ppa.launchpad.net/nginx/$nginx/ubuntu lucid main" >
/etc/apt/sources.list.d/nginx-$nginx-lucid.list
apt-key adv --keyserver keyserver.ubuntu.com --recv-keys C300EE8C
apt-get update
apt-get install nginx
```

（6）Win32

在 Windows 环境上安装 Nginx，命令如下：

```
cd c:\
unzip nginx-1.15.8.zip
ren nginx-1.15.8 nginx
```

```
cd nginx
start nginx
```

如果有问题，可以参看日志 c:nginxlogserror.log。

此外，目前 Nginx 官网只提供了 32 位的安装包，如果想安装 64 位的版本，可以查看由 Kevin Worthington 维护的 Windows 版本（https://kevinworthington.com/nginx-for-windows/）。

2. 启动和验证安装Nginx

Nginx 正常启动后会占用 80 端口。打开任务管理器，能够看到相关的 Nginx 活动线程，如图 28-1 所示。

名称	3% CPU	45% 内存	22% 磁盘	3% 网络
Microsoft Windows Search P...	0%	1.7 MB	0 MB/秒	0 Mbps
Microsoft Windows Search ...	0%	19.7 MB	0 MB/秒	0 Mbps
nginx.exe (32 位)	0%	1.5 MB	0 MB/秒	0 Mbps
nginx.exe (32 位)	0%	1.2 MB	0 MB/秒	0 Mbps
NVIDIA Container	0%	1.1 MB	0 MB/秒	0 Mbps
NVIDIA User Experience Driv...	0%	2.7 MB	0 MB/秒	0 Mbps
pcas service (32 位)	0.1%	2.0 MB	0 MB/秒	0 Mbps
QQ安全防护进程（Q盾）(32 ...	0%	4.6 MB	0 MB/秒	0 Mbps
Runtime Broker	0%	9.2 MB	0 MB/秒	0 Mbps
Service binary	0%	0.3 MB	0 MB/秒	0 Mbps
SmartScreen	0%	10.1 MB	0 MB/秒	0 Mbps
Synaptics Pointing Device He...	0%	0.1 MB	0 MB/秒	0 Mbps
Synaptics TouchPad 64-bit E...	0%	0.7 MB	0 MB/秒	0 Mbps
ThunderPlatform应用程序 (32...	1.1%	196.2 MB	2.3 MB/秒	7.9 Mbps

图 28-1　Nginx 活动线程

打开浏览器，访问 http://localhost:80（其中 80 端口号可以省略），就能看到 Nginx 的欢迎页面，如图 28-2 所示。

图 28-2　Nginx 的欢迎页面

关闭 Nginx 的执行：

```
nginx -s stop
```

28.1.3 常用命令

Nginx 启动后，有一个主进程（master process）和一个或多个工作进程（worker process），主进程的作用主要是读入和检查 Nginx 的配置信息，以及维护工作进程；工作进程才是真正处理客户端请求的进程。具体要启动多少个工作进程，可以在 Nginx 的配置文件 nginx.conf 中通过 worker_processes 指令指定。可以通过以下这些命令来控制 Nginx：

```
nginx -s [ stop | quit | reopen | reload ]
```

其中：

- nginx -s stop：强制停止Nginx，无论工作进程当前是否正在处理用户请求，都会立即退出。
- nginx -s quit：优雅地退出Nginx，执行这个命令后，工作进程会将当前正在处理的请求处理完毕后再退出。
- nginx -s reload：重载配置信息。当Nginx的配置文件改变之后，通过执行这个命令使更改的配置信息生效，而无须重新启动Nginx。
- nginx -s reopen：重新打开日志文件。

当重载配置信息时，Nginx 的主进程首先检查配置信息，如果配置信息没有错误，则主进程会启动新的工作进程，并发出信息通知旧的工作进程退出，旧的工作进程接收到信号后，会等到处理完当前正在处理的请求后退出。如果 Nginx 检查配置信息发现错误，就会回滚所做的更改，沿用旧的工作进程继续工作。

28.2 部署前端应用

正如前面所介绍的那样，Nginx 也是高性能的 HTTP 服务器，因此可以部署前端应用(news-ui)。本节详细介绍部署前端应用的完整流程。

28.2.1 编译前端应用

执行下面的命令来对前端应用进行编译：

```
$ npm run build

> news-ui@0.1.0 build
> vue-cli-service build


 |  Building for production...

  DONE  Compiled successfully in 14128ms                              19:25:03

   File                                   Size                        Gzipped
```

```
  dist\js\chunk-vendors.103af608.js        191.46 KiB          68.07 KiB
  dist\js\chunk-456383e6.2dde148b.js        92.56 KiB          26.63 KiB
  dist\js\chunk-0231dea6.ffe91303.js        45.06 KiB          12.27 KiB
  dist\js\app.7625a4d1.js                  5.58 KiB            2.36 KiB
  dist\js\chunk-62cf65b8.0c1f52d5.js        1.68 KiB            0.86 KiB
  dist\css\chunk-62cf65b8.f47f288f.css      38.64 KiB          15.73 KiB
  dist\css\app.2dce3160.css                0.04 KiB            0.06 KiB

  Images and other types of assets omitted.

 DONE  Build complete. The dist directory is ready to be deployed.
 INFO  Check out deployment instructions at
https://cli.vuejs.org/guide/deployment.html
```

编译后的文件默认放在 dist 文件夹下，如图 28-3 所示。

full-stack-development-with-vuejs-and-nodejs › samples › news-ui

名称	修改日期	类型	大小
dist	2022/4/5 19:25	文件夹	
node_modules	2022/4/5 9:37	文件夹	
public	2022/2/8 21:50	文件夹	
src	2022/4/5 11:13	文件夹	
.gitignore	2022/2/8 22:02	GITIGNORE 文件	1 KB
babel.config.js	2022/2/8 22:02	JavaScript 文件	1 KB
package.json	2022/4/5 9:37	JSON 文件	2 KB
package-lock.json	2022/4/5 9:37	JSON 文件	1,180 KB
README.md	2022/2/8 22:02	MD 文件	1 KB
tsconfig.json	2022/2/8 22:02	JSON 文件	1 KB
vue.config.js	2022/4/4 23:43	JavaScript 文件	1 KB

图 28-3 dist 文件夹

28.2.2 部署前端应用编译文件

将前端应用编译文件复制到 Nginx 安装目录的 html 目录下，如图 28-4 所示。

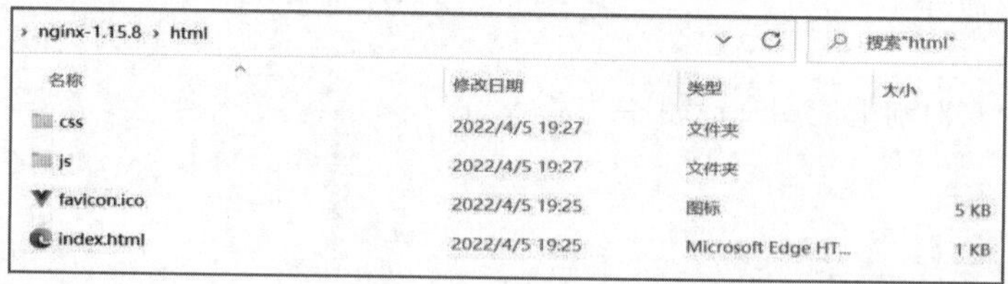

图 28-4 html 目录

28.2.3 配置 Nginx

打开 Nginx 安装目录下的 conf/nginx.conf，配置如下：

```
worker_processes  1;
```

```
events {
   worker_connections  1024;
}


http {
   include       mime.types;
   default_type  application/octet-stream;

   sendfile        on;

   keepalive_timeout  65;

   server {
      listen       80;
      server_name  localhost;

      location / {
         root   html;
         index  index.html index.htm;

         #处理前端应用路由
         try_files $uri $uri/ /index.html;
      }

      #反向代理
      location /api/ {
         proxy_pass  http://localhost:8089/;
      }

      error_page   500 502 503 504  /50x.html;
      location = /50x.html {
         root   html;
      }
   }

}
```

其修改点主要在于：

- 新增了try_files配置，主要是用于处理前端应用的路由器。
- 新增了location节点，用于执行反向代理，将前端应用中的HTTP请求转发到后台服务接口上去。

28.3 实现负载均衡及高可用

在大型互联网应用中，应用的实例通常会部署多个，其好处在于：

- 实现了负载均衡。让多个实例去分担用户请求的负荷。
- 实现了高可用。当多个实例中任意一个实例挂掉了，剩下的实例仍然能够响应用户的请求访问。因此，从整体上看，部分实例的故障并不影响整体使用，因此具备高可用。

本节将演示如何基于 Nginx 来实现负载均衡及高可用。

28.3.1 配置负载均衡

在 Nginx 中，负载均衡配置如下：

```
...
upstream news-server {
    server 127.0.0.1:8083;
    server 127.0.0.1:8081;
    server 127.0.0.1:8082;
}

server {
    listen       80;
    server_name  localhost;

    location / {
        root   html;
        index  index.html index.htm;

        #处理前端应用路由
        try_files $uri $uri/ /index.html;
    }

    #反向代理
    location /api/ {
        proxy_pass  http://news-server/;
    }

    error_page   500 502 503 504  /50x.html;
    location = /50x.html {
        root   html;
    }

}
...
```

其中：

- listen用于指定Nginx启动时所占用的端口号。
- proxy_pass设置了代理服务器，而这个代理服务器设置在upstream中。
- upstream中的每个server代表了后台服务的一个实例。在这里我们设置了3个后台服务实例。

针对前端应用路由，我们还需要设置 try_files。

28.3.2 负载均衡常用算法

在 Nginx 中，负载均衡常用算法主要包括以下几种。

1. 轮询（默认）

每个请求按时间顺序逐一分配到不同的后端服务器，如果某个后端服务器不可用，就能自动剔除。

以下就是轮询的配置：

```
upstream news-server {
    server 127.0.0.1:8083;
    server 127.0.0.1:8081;
    server 127.0.0.1:8082;
}
```

2. 权重

可以通过 weight 来指定轮询权重，用于后端服务器性能不均的情况。权重值越大，则被分配请求的概率越高。

以下就是权重的配置：

```
upstream news-server {
    server 127.0.0.1:8083 weight=1;
    server 127.0.0.1:8081 weight=2;
    server 127.0.0.1:8082 weight=3;
}
```

3. ip_hash

每个请求按访问 IP 的 hash 值来分配，这样每个访客固定访问一个后端服务器，可以解决 session 的问题。

以下就是 ip_hash 的配置：

```
upstream news-server {
    ip_hash;
    server 192.168.0.1:8083;
    server 192.168.0.2:8081;
    server 192.168.0.3:8082;
}
```

4. fair

按后端服务器的响应时间来分配请求，响应时间短的优先分配。

以下就是 fair 的配置：

```
upstream news-server {
    fair;
    server 192.168.0.1:8083;
    server 192.168.0.2:8081;
    server 192.168.0.3:8082;
}
```

5. url_hash

按访问 URL 的 hash 结果来分配请求，使每个 URL 定向到同一个后端服务器，后端服务器为缓存时比较有效。例如，在 upstream 中加入 hash 语句，server 语句中不能写入 weight 等其他的参数，hash_method 是使用的 hash 算法。

以下就是 url_hash 的配置：

```
upstream news-server {
    hash $request_uri;
    hash_method crc32;
    server 192.168.0.1:8083;
```

```
    server 192.168.0.2:8081;
    server 192.168.0.3:8082;
}
```

28.3.3 实现后台服务的高可用

所谓的高可用，简单来说就是同一个服务会配置多个实例。这样，即便某一个实例出故障挂掉了，其他剩下的实例仍然能够正常地提供服务，这样整个服务就是可用的。

为了实现后台服务的高可用，需要对后台应用 news-server 做一些调整。

1. 应用启动实现传参

在 news-server 应用中，端口号 8089 是硬编码在程序中的，这样就无法在同一台机子上启动多个应用示例。

需要支持端口号在应用启动时传递给程序，代码调整如下：

```
const process = require('process');
const port = process.argv[2] || 8089;

...

app.listen(port, () => console.log(`Server listening on port ${port}!`));
```

上述例子中：

- 如果在命令行启动时不带端口参数，比如node index，则应用启动在8089端口。
- 如果在命令行启动时指定端口参数，比如node index 8081，则应用启动在8081端口。

2. 应用多实例启动

执行下面的命令启动三个不同的服务实例：

```
$ node index 8081

$ node index 8082

$ node index 8083
```

这三个实例会占用不同的端口，是独立运行在各自的进程中的，如图 28-5 所示。

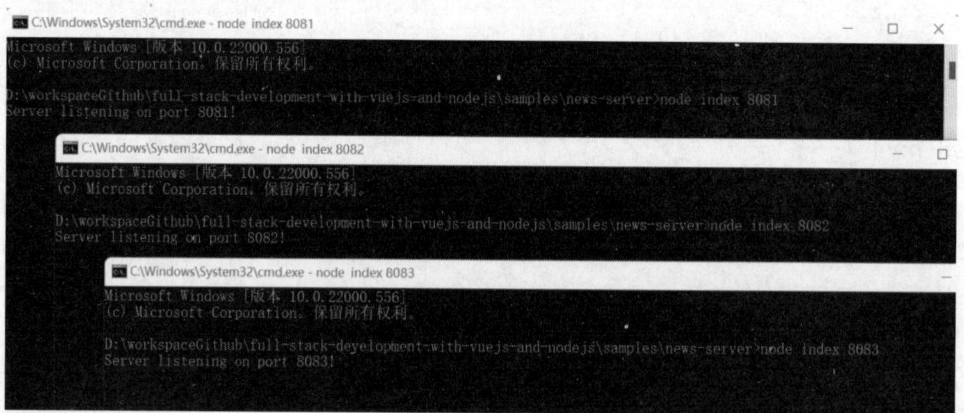

图 28-5 运行后台服务

提 示

在实际项目中，服务实例往往会部署在不同的主机中。书中的示例为了能够简单演示，所以部署在了同一个主机上，但本质上部署方式是类似的。

28.3.4 运　行

后台服务启动之后，再启动 Nginx 服务器，而后在浏览器的 http://localhost/地址访问前台应用，同时观察后台控制台输出的内容，如图 28-6 所示。

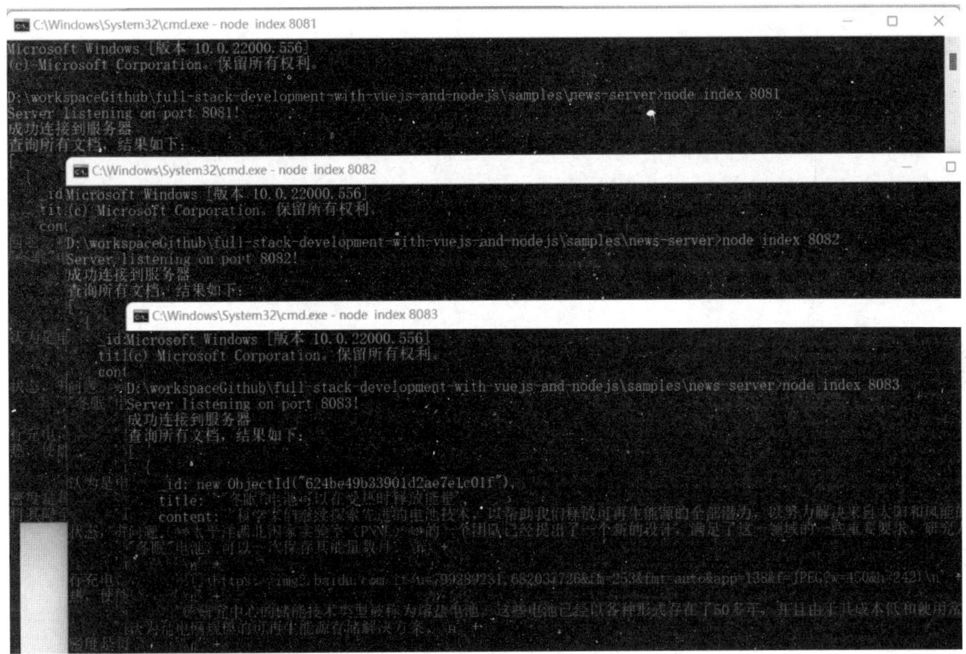

图 28-6　后台负载均衡情况

可以看到，三台后台服务都会轮流地接收到前台的请求。为了模拟故障，也可以将其他的任意一个后台服务停掉，可以发现前台仍然能够正常响应，这就实现了应用的高可用。

28.4 小　结

本章主要介绍通过 Nginx 来实现前端应用（news-ui）的部署，并同时实现后台应用（news-server）的高可用。

28.5 练 习 题

1. 对前端应用（news-ui）进行编译。
2. 用 Nginx 来实现前端应用（news-ui）的部署。
3. 实现后台应用（news-server）的高可用。

参考文献

[1] 柳伟卫. Vue.js 企业级应用开发实战[M]. 北京：电子工业出版社，2022.

[2] 柳伟卫. Angular 企业级应用开发实战[M]. 北京：电子工业出版社，2019.

[3] 柳伟卫. Node.js 企业级应用开发实战[M]. 北京：北京大学出版社，2020.

[4] 柳伟卫. Cloud Native 分布式架构原理与实践[M]. 北京：电子工业出版社，2019.

[5] 柳伟卫. Spring Cloud 微服务架构开发实战[M]. 北京：北京大学出版社，2018.

[6] 柳伟卫. 分布式系统常用技术及案例分析[M]. 北京：电子工业出版社，2017.

[7] 柳伟卫. Netty 原理解析与开发实战[M]. 北京：电子工业出版社，2020.

[8] 柳伟卫. MongoDB＋Express＋Angular＋Node.js 全栈开发实战[M]. 北京：电子工业出版社，2020.